utb 5692

Eine Arbeitsgemeinschaft der Verlage

Brill | Schöningh – Fink · Paderborn
Brill | Vandenhoeck & Ruprecht · Göttingen – Böhlau Verlag · Wien · Köln
Verlag Barbara Budrich · Opladen · Toronto
facultas · Wien
Haupt Verlag · Bern
Verlag Julius Klinkhardt · Bad Heilbrunn
Mohr Siebeck · Tübingen
Narr Francke Attempto Verlag – expert verlag · Tübingen
Ernst Reinhardt Verlag · München
transcript Verlag · Bielefeld
Verlag Eugen Ulmer · Stuttgart
UVK Verlag · München
Waxmann · Münster · New York
wbv Publikation · Bielefeld
Wochenschau Verlag · Frankfurt am Main

Dietmar Ernst | Joachim Häcker

Risikomanagement im Unternehmen

Schritt für Schritt

UVK Verlag · München

Umschlagmotiv: © iStockphoto MarsYu

Bibliografische Information der Deutschen Nationalbibliothek

Die Deutsche Nationalbibliothek verzeichnet diese Publikation in der Deutschen Nationalbibliografie; detaillierte bibliografische Daten sind im Internet über http://dnb.dnb.de abrufbar.

– ein Unternehmen der Narr Francke Attempto Verlag GmbH + Co. KG
Dischingerweg 5 · D-72070 Tübingen

Internet: www.narr.de
eMail: info@narr.de

Einbandgestaltung: Atelier Reichert, Stuttgart
CPI books GmbH, Leck

utb-Nr. 5692
ISBN978-3-8252-5692-0 Print
ISBN978-3-8385-5692-5 ePDF
ISBN978-3-8463-5692-0 ePub

Inhalt

Vorwort

Das Managen von Risiken ist eines der großen Themen in der Wirtschaft und in der akademischen Ausbildung. Pandemien, Wirtschaftskrisen, Umbrüche durch neue Technologien und Wettbewerber erfordern unternehmerische Entscheidungen, um Unternehmen langfristig erfolgreich aufzustellen. Diese Entscheidungen müssen gut vorbereitet sein. Da zukünftige Entwicklungen nicht sicher prognostiziert werden können, müssen in der Entscheidungsfindung die Risiken (im Sinne von Chancen und Gefahren) auf die zu erwartenden Erträge berücksichtigt werden.

Das Risikomanagement unterstützt die Unternehmensführung, wesentliche Risiken, die den Unternehmenserfolg oder -bestand gefährden können, rechtzeitig zu erkennen und zu bewältigen. Das Risikomanagement umfasst die Aufgaben der

- Risikoidentifikation,
- Risikoquantifizierung,
- Risikoaggregation und
- Risikoanalyse,
- Risikobewertung und
- Risikoabsicherung.

Risikomanagement ist ein durchaus komplexes Thema. Es ist geprägt von

- zahlreichen gesetzlichen und quasi-gesetzlichen Anforderungen,
- quantitativem Know-how, das statistische Kenntnisse und das Verständnis von Risikomodellen erfordert sowie
- der Beherrschung von IT-Tools, um die oben genannten Aufgaben des Risikomanagements umzusetzen.

Die gesetzlichen und quasi-gesetzlichen Anforderungen an das Risikomanagement in Unternehmen wurden in den letzten Jahren konkretisiert und verschärft. In Deutschland wurde die Entwicklung des Risikomanagements wesentlich geprägt vom Gesetz zur Kontrolle und Transparenz im Unternehmensbereich (KonTraG) aus dem Jahr 1998 und dem darauf aufbauenden IDW Prüfungsstandard (IDW PS 340), der im Jahre 2020 eine neue Fassung erhielt. Zentral ist folgende Forderung in § 91 Abs. 2 AktG:

> *„Der Vorstand hat geeignete Maßnahmen zu treffen, insbesondere ein Überwachungssystem einzurichten, damit den Fortbestand der Gesellschaft gefährdende Entwicklungen früh erkannt werden."*

Das KonTraG betrifft aber nicht nur Aktiengesellschaften, sondern besitzt auch eine Ausstrahlungswirkung auf andere Rechtsformen.

Eine „bestandsbedrohende Entwicklung" gemäß § 91 Abs. 2 AktG früh zu erkennen, setzt ein funktionierendes Risikomanagementsystem voraus, welches die oben genannten Aufgaben abdecken kann.

Um den aktuellen Stand der Risikomanagementsysteme und den Umgang mit dem PS 340 in der Praxis zu untersuchen, wurden mehrere empirische Studien durchgeführt. In einer Studie von Deloitte[1] aus dem Jahr 2020 wurden 64 Risikomanagementverantwortliche von deutschen Unternehmen befragt. Die Studienteilnehmer wurden zu den in ihren Unternehmen eingesetzten Risikomanagementsystem in Bezug auf die Neuerungen des IDW PS 340 n. F. befragt. Dabei ergaben sich folgende Ergebnisse:

Risikotragfähigkeitskonzepte der befragten Unternehmen: Über die Hälfte der befragten Risikomanager gab an, dass ihre Unternehmen aktuell kein Konzept zur Ableitung der Risikotragfähigkeit besitzen.

Risikoaggregation: 43 % der Teilnehmer gaben an, ihre Gesamtrisikoposition durch die Addition von Schadenserwartungen einzelner Risiken zu ermitteln. Dass die Addition von Einzelrisiken kein geeignetes Verfahren für die Bestimmung des Gesamtrisikos einer Kapitalgesellschaft ist, war nicht bekannt oder wurde ignoriert. Lediglich 24 % der befragten Unternehmen nutzen ein geeignetes quantitatives Aggregationsverfahren in Form eines Simulationsverfahrens.

Zu ähnlichen Ergebnissen kommt eine von Köhlbrandt et al.[2] durchgeführte empirische Studie zur Umsetzung gesetzlicher Anforderungen nach den §§ 91 und 93 AktG bei DAX- und MDAX-Unternehmen. Für den Mittelstand ist zu erwarten, dass der Handlungsbedarf im Bereich Risikomanagement noch deutlich größer ist.

In der akademischen Ausbildung und der beruflichen Weiterbildungen beobachten wir seit Jahren, dass das Interesse und die Kompetenzen in quantitativen Themen stark abnehmen. Selbst in der Ausbildung von Risikomanagern wurde der Umfang quantitativer Methoden zurückgefahren, obgleich die Quantifizierung und Aggregierung von Risiken diese Kompetenzen gerade erfordern.

Der Grund für die nachlassende Bereitschaft, sich mit quantitativen Methoden im Risikomanagement auseinanderzusetzen, liegt nicht an den Risikomanagern oder Studierenden selbst, sondern vielmehr an der Art und Weise, wie die quantitative Ausbildung erfolgt.

Nähert man sich dem Thema des quantitativen Risikomanagements von der mathematisch-statistischen Seite, so werden Risikomanager und Studierende mit Lehrmaterialien konfrontiert, die meist mit Formeln überhäuft sind, die von einem Wirtschaftswissenschaftler nicht ohne Weiteres nachvollzogen werden können. Ferner fehlt häufig der Bezug zur Praxis. Betrachtet man das Thema Risikomanagement von der wirtschaftswissenschaftlichen Seite, so werden quantitative Methoden nur in Grundzügen behandelt und stärker auf das qualitative Risikomanagement eingegangen. Dazwischen klafft eine Lücke, die es für Wirtschaftswissenschaftler schwierig macht, Zugang zum quantitativen Risikomanagement zu erhalten.

Das vorliegende Lehr- und Praktikerbuch setzt sich zum Ziel, diese Lücke zu schließen. Es stellt die Grundlage der Ausbildung zum „Certified Financial Engineer (CFE)“ mit der Spezialisierung „Risikomanagement“ und unserem MBA in „Applied Quantitative Finance“ dar. Dabei kommt folgende Philosophie zum Tragen:

---

1 Deloitte: Benchmarkstudie Risikomanagement 2020. Ausgestaltung von Risikomanagementsystemen nach IDW PS 981 und IDW PS 340 n.F., www2.deloitte.com/de/de/pages/audit/articles/risikomanagement-benchmarkstudie-2020.html, abgerufen am: 23.03.2021.

2 Vgl. Köhlbrandt, Jasper/Gleißner, Werner/Günther, Thomas: Umsetzung gesetzlicher Anforderungen an das Risikomanagement in DAX- und MDAX-Unternehmen. Eine empirische Studie zur Erfüllung der gesetzlichen Anforderungen nach den §§ 91 und 93 AktG, veröffentlich in: Corporate Finance, Heft 7-8/2020, S. 248.

- **IDW PS 340 konform:** Das vorliegende Lehrbuch und der „Certified Financial Engineer (CFE)“ vermitteln alle Kompetenzen, die vom IDW PS 340 gefordert werden, von der Risikoanalyse bis hin zur Risikoaggregation mit der Monte-Carlo-Simulation.
- **Case Study basierte Weiterbildung:** Das vorliegende Lehrbuch und der Lehrgang sind auf einer fortlaufenden Case Study basiert, die Aufgaben im realen Risikomanagement abbildet. Das bedeutet, dass das Erlernte sofort in der Berufspraxis umgesetzt werden kann.
- **Hoher Lernerfolg:** Die Case Study ist jeweils in kleine Aufgaben unterteilt, die ohne großen zeitlichen Aufwand bearbeitet werden können. Der Lernerfolg ist sofort sichtbar.
- **Niveauorientierte Weiterbildung:** Jeder Teilnehmer kann den Zertifikatslehrgang auf dem Niveau ablegen, auf dem er sich weiterbilden möchte. Es werden sowohl Einsteiger als auch erfahrene Risikomanager auf ihre Kosten kommen.
- **Flexibles Lernen:** Der Certified Financial Engineer ist digital. Sie müssen keine Präsenzzeit vor Ort einkalkulieren und können immer an den Case Studies arbeiten, wann und wo Sie möchten.
- **Modeling-based Risikomanagement:** Wir verfolgen den Ansatz des Modeling-based Risikomanagement. Sie setzen alles direkt in Excel und Excel Add-ins um. Damit ist ein hoher Nutzen und Lernerfolg garantiert.
- **Minimale Vorkenntnisse erforderlich:** Sie benötigen nur minimale mathematische und statistische Vorkenntnisse. Die Inhalte werden Ihnen Schritt für Schritt vermittelt und zwar nur in der Tiefe, die Sie auch wirklich benötigen. Erfahrene Risikomanager können darauf aufbauend beliebig vertiefen.
- **Persönliche Betreuung:** Unsere Philosophie lautet: Weiterbildung gelingt nur, wenn sie Spaß macht und motiviert. Aufgrund der didaktischen Aufbereitung des Lehrgangs und der intensiven Betreuung ist der Lernerfolg garantiert.
- **Feed-back durch Erfolgskontrollen:** Sie haben im Lehrgang Erfolgskontrollen und bekommen direkte Rückmeldung zu Ihren selbst erstellten Modellen.
- **Professionelle Lehrgangsmaterialen:** Sie erhalten qualitativ hochwertige Lehrgangsmaterialen, Excel-Mustermodelle und exakte Lösungsbeschreibungen. Momentan werden Lehrvideos erstellt, die Sie zusätzlich unterstützen.
- **Akkreditiertes Programm:** Die Inhalte des „Certified Financial Engineer (CFE)“ sind akkreditiert und werden auch im MBA „Applied Quantitative Finance“ eingesetzt.
- **Deutsch oder englisch:** Sie können das Programm auf deutsch oder englisch absolvieren.
- **Anerkannter Titel:** Die Titel „Certified Financial Engineer (CFE)“ und MBA in „Applied Quantitative Finance“ genießen eine hohe Reputation bei Unternehmen und eröffnet Ihnen interessante Karrierechancen.

In der Lehre und beruflichen Weiterbildung hat sich gezeigt, dass sich mit unserem modeling- und fallstudienbasierten Ansatz des Risikomanagements das Thema quantitatives Risikomanagement für alle Interessierten problemlos erschließen lässt. Wir freuen uns stets zu sehen, mit welcher Begeisterung und Motivation unsere Teilnehmer und Studierende an den Fallstudien arbeiten und wie groß die Erkenntnisfortschritte sind. Da quantitatives Risikomanagement eine Querschnittfunktion zum Controlling, Corporate Finance, Derivaten und Portfolio Management besitzt, eröffnet es sehr gute Karrieremöglichkeiten. In einer Welt zunehmender Digitalisierung und Data Analytics sind Wirtschaftswissenschaftler mit einer quantitativen Ausbildung gesucht. Wir wünschen Ihnen mit diesem Lehrbuch, beim Zertifikatslehrgang „Certified Financial Engineer“ (CFE) sowie beim MBA in „Applied Quantitative Finance“ viel Freude und Erkenntnisgewinne. Mehr zu unseren Programmen finden Sie unter:

www.eiqf.de
www.certified-financial-engineer.de
www.hfwu.de/qfx

An dieser Stelle möchten wir auch sehr herzlich allen danken, die uns während der Erstellung des Buches fachlich unterstützt haben. Unser besonderer Dank bei der Erstellung des Buchs gelten Herrn Sean Bradbury, Herrn Pascal Bruhn und Herrn Leonardo Minoia. Für zahlreiche fachliche Anregungen und Diskussionen danken wir Frau Prof. Dr. Anja Blatter, Herrn Prof. Dr. Werner Gleißner, Frau Prof. Dr. Cornelia Niederdrenk-Felgner und Herrn Dr. Sandro Scheid. Unser Lektor, Herr Dr. Jürgen Schechler, hat uns wie bei allen bisherigen Buchprojekten verlagsseitig ganz hervorragend unterstützt. Vielen Dank für die Offenheit, neue didaktische Wege zu gehen.

Über Fragen und Anregungen zu unserem Buch freuen wir uns sehr. Sie erreichen uns unter info@eiqf.de.

Prof. Dr. Dr. Dietmar Ernst　　　　Prof. Dr. Dr. Joachim Häcker

Stimmen zum Buch

Das Buch führt in einer sehr verständlichen Art und Weise in das quantitative Risikomanagement ein. Die Case Studies zeigen praxisnahe Fälle und deren Lösungen. Alle Modelle können in Excel problemlos nachvollzogen werden, ohne dass vertiefte mathematische und statistische Kenntnisse erforderlich sind. Dieses Lehrbuch vermittelt die Kompetenzen, die in den Standards wie dem IDW PS 340 gefordert sind. Die Kompetenzen im Bereich Risikoquantifizierung und Risikoaggregation" sind durch das am 01.01.2021 in Kraft getretenen StaRUG nun auch bei mittelständischen Unternehmen nötig. Die geforderte Früherkennung möglicher bestandsgefährdender Entwicklungen erfordert nämlich z.B. und eine Risikoaggregation, um auch Kombinationseffekte von Einzelrisiken auszuwerten.

Prof. Dr. Werner Gleißner, Vorstand der FutureValue Group AG und Honorarprofessor für Betriebswirtschaft an der Technischen Universität Dresden

Marktpreisrisiken oder allgemein Finanzrisiken sind für praktisch jedes Unternehmen von besonderer Bedeutung für den wirtschaftlichen Erfolg. Diese Risiken entstehen beispielsweise aus schwankenden Einkaufspreisen für Rohstoffe, Änderungen der Fremdfinanzierungszinsen oder volatilen Aktienkursen. Sie können zwar einen erheblichen Einfluss auf den Gewinn eines Unternehmens haben, auf Basis umfangreicher historischer Daten kann aber eine gut quantifizierte Risikobewertung gelingen und Risikosicherungsmaßnahmen können eingeleitet werden.

Das vorliegende Werk stellt hierfür notwendige Berechnungsmethoden zur Risikoanalyse vor. Nach Einführung von elementaren Größen wie Rendite und Volatilität leitet das Buch über zu Value-at-Risk, Conditional-Value-at-Risk sowie Lower Partial Moments und geht auch auf Methoden zur Simulation möglicher künftiger Ausprägungen der betrachteten Preise bzw. Kurse ein.

Ein besonderer Vorzug dieses Buches ist, neben der stets übersichtlichen Darstellung der relevanten mathematischen Formeln, die Vorstellung der notwendigen Berechnungsformeln in Microsoft Excel. So gelingt die direkte selbständige Anwendung, was die Verständlichkeit deutlich erhöht und zum Weiterarbeiten motiviert. Begünstigt wird dies zudem durch einen einheitlichen Beispielkontext der enthaltenen Übungsaufgaben, so dass stets ein „roter Faden" erkennbar ist.

Wer nach einer anwendungsorientierten Einführung ins Finanzrisikomanagement sucht, wird hier fündig!

Prof. Dr. Christoph Mayer, Mitglied des Vorstands der RMA Risk Management & Rating Association e.V.

Das Risikomanagement entwickelt sich getrieben vom Aufsichtsrecht gegenwärtig von einer Geschichtensammlung von Einzelrisiken hin zu einer methodischen Analyse des Unternehmensrisikos als Ganzem. Das ‚Kursbuch Risikomanagement im Unternehmen' von Dietmar Ernst und Joachim Häcker führt in die dafür notwendigen quantitativen Methoden einschließlich der

Monte-Carlo Simulation Schritt für Schritt ein. Durch den Fokus auf Excel und das Addin Risk Kit können die Methoden in allen Themengebieten des Risikocontrollings vom Einkauf von Rohstoffen über die Investitionsrechnung bis zum Enterprise Risk Management unmittelbar im Unternehmen eingesetzt werden, ohne noch einmal übersetzt werden zu müssen.

Dr. Uwe Wehrspohn, Geschäftsführender Gesellschafter der Wehrspohn GmbH & Co. KG

Genereller Aufbau des Case Study

Die Case Study ist in zwei Courses unterteilt. Jeder Course ist wiederum in drei Course Units unterteilt.

Course 1 beschäftigt sich mit der Risikoanalyse und ist in folgende Course Units unterteilt:

- Course Unit 1: Graphische Darstellung von Risiken
- Course Unit 2: Varianz und Standardabweichung
- Course Unit 3: Modelle zur Berechnung der Volatilität

Course 2 beinhaltet die Anwendung von quantitativen Instrumenten im Risikomanagement und Risikoanalyse und ist in folgende Course Units unterteilt:

- Course Unit 1: Unterschiedliche Arten des Value at Risk und der Lower Partial Moments sowie Extremwerttheorie
- Course Unit 2: Bestimmung von Portfoliorisiken
- Course Unit 3: Hedging von absicherbaren Risiken und Modellierung nicht-abgesicherter Risiken

Detaillierter Aufbau der Case Study

Course 1: Risikoanalyse

Course Unit 1: Graphische Darstellung von Risiken

- Sie erhalten einen Datensatz bestehend aus drei Assets, die für das Rohstoffpreisänderungsrisiko, das Wechselkursrisiko und Zinsänderungsrisiko stehen.
- Sie lernen die unterschiedliche Berechnung von diskreten und stetigen Renditen kennen und können diese für unterschiedliche Zeiträume berechnen.
- Sie sind in der Lage, stetige und diskrete Renditen graphisch darzustellen und die dahinterstehenden statistischen Konzepte zu erklären.
- Sie können die Größen Schiefe und Wölbung berechnen und ihre Inhalte interpretieren.

Course Unit 2: Varianz und Standardabweichung

- Sie berechnen die Varianz und Standardabweichung sowie die Semivarianz und Semistandardabweichung.
- Sie sind in der Lage, diese Größen für unterschiedliche Zeitperioden zu berechnen.

Course Unit 3: Modelle zur Berechnung der Volatilität

- Sie beherrschen und verstehen die verschiedenen Verfahren, um gleitende Volatilitäten zu berechnen, und können diese erklären.
- Sie können Unterschiede und Gemeinsamkeiten zwischen den EWMA-, ARCH- und GARCH-Modellen erklären sowie Vor- und Nachteile dieser Verfahren aufzeigen.
- Sie können Optimierungen für diese Verfahren durchführen.

Course 2: Quantitative Instrumente im Risikomanagement

Course Unit 1: Unterschiedliche Arten des Value at Risk und der Lower Partial Moments sowie Extremwerttheorie

- Sie berechnen den Value at Risk, den Relativen Value at Risk und den Conditional Value at Risk (Expected Shortfall) für diskrete und stetige Renditen.
- Sie können Vor- und Nachteile bei der Verwendung diskreter und stetiger Renditen bei der Value-at-Risk-Berechnung erklären.
- Sie sind in der Lage, die Ergebnisse graphisch darzustellen.
- Sie beherrschen die Konzepte der Lower Partial Moments, können diese berechnen und interpretieren.
- Sie kennen die Besonderheiten der Extremwerttheorie und können diese zu den Value-at-Risk-Konzepten abgrenzen sowie Vor- und Nachteile benennen.
- Sie sind in der Lage, Risiken mit der Extremwerttheorie zu berechnen.

Course Unit 2: Bestimmung von Portfoliorisiken

- Sie können das Portfoliorisiko mit der Varianz-Kovarianz-Methode berechnen und das Konzept in die moderne Kapitalmarkttheorie einordnen.
- Sie beherrschen Portfoliorisikoberechnung mit Hilfe der historischen Simulation und können die Unterschiede zur Varianz-Kovarianz-Methode erklären.
- Sie sind in der Lage, Monte-Carlo-Simulationen für normalverteilte und kalibrierte Risikoparameter durchzuführen und Unterschiede in den Ergebnissen zu erklären.
- Sie kennen das Konzept der Copula-Funktionen, können dieses erklären und zur Berechnung des Portfoliorisikos anwenden.

Course Unit 3: Hedging von absicherbaren Risiken und Modellierung nicht-abgesicherter Risiken

- Sie sind in der Lage, absicherbare und nicht-absicherbare Risiken im Unternehmen zu identifizieren.
- Sie kennen unterschiedliche Instrumente, um Finanzrisiken absichern zu können.
- Sie sind in der Lage, Zinsänderungsrisiken mit Futures/Forwards, Swaps und Optionen abzusichern.
- Sie können nicht-absicherbare Risiken in den Business-Plan eines Unternehmens einbauen.
- Sie kennen die Unterschiede zwischen Planwerten und Erwartungswerten.
- Sie aggregieren Einzelrisiken im Business-Plan mit Hilfe der Monte-Carlo-Simulation.
- Sie berechnen basierend auf der Monte-Carlo-Simulation unterschiedliche Risikokennziffern.

Philosophie des Buchs

In diesem Buch lernen Sie quantitatives Risikomanagement anhand von Fallstudien praxisnah einzusetzen. Dabei verwenden wir unseren Ansatz des Financial-Modeling-basierten Engineerings. „Modellieren heißt Kapieren". Dies mag etwas „flapsig" klingen, ist aber der erfolgversprechendste Weg, sich komplexe Sachverhalte anzueignen. Sie werden sehen, dass Sie für die Fallstudien überschaubare mathematische und statistische Vorkenntnisse benötigen. Der Lernerfolg und das Verständnis der Modelle und Theorien erfolgt durch das Modellieren.

Wir verwenden als Software Excel. Excel ist sehr variabel, sehr weit verbreitet, die Grundfunktionen sind relativ einfach erlernbar, es gibt gute Kontrollmöglichkeiten und relativ große Datenmengen können verarbeitet werden. Ergänzend benutzen wir in diesem Buch das Excel-Add-In „Risk Kit", welches uns weitere statistische und stochastische Möglichkeiten bis hin zur Monte-Carlo-Simulation ermöglicht. Es kann aber auch jede andere Software von anderen Anbietern verwendet werden. Vielfach stehen kostenfreie Testversionen zur Verfügung. Im Aufbau und der Funktionsweise sind diese alle sehr ähnlich und für unsere Zwecke vollkommen ausreichend. Teilenehmer des „Certified Financial Engineer (CFE)" und der MBA in „Applied Quantitative Finance" eine kostenfreie Vollversion von Risk Kit für ein halbes Jahr.

Wir wollen unser Buch einem breiten Leserkreis zugänglich machen. Der Leser soll wie im Titel erwähnt Schritt für Schritt die Funktionsweise von Optionen und Futures nachvollziehen können. Deshalb können Sie unter

www.certified-financial-engineer.de/lehrgang/lehrgangsmaterialien

die in diesem Buch behandelten Excel-Spreadsheets herunterladen. Diese Spreadsheets basieren auf dem Lehrkonzept des Financial Modeling, das aus folgenden fünf Schritten besteht:

Schritt 1: Unter wird das Assignment erläutert. Dort ist die genaue Aufgabenstellung gegeben.

Schritt 2: Hintergründe zu diesem Themenkomplex sind unter aufgeführt.

Schritt 3: Hier lernen Sie unter *fx* die jeweiligen Formeln kennen, mit denen das Ergebnis des jeweiligen Assignments berechnet werden kann.

Schritt 4: Unter ist die jeweilige Umsetzung in Excel dargestellt. Am Ende eines jeden Assignments sehen Sie im Rahmen eines Excel-Screenshots das Excel-Ergebnis mit allen Zahlen im Überblick.

Schritt 5: Abschließend finden Sie unter Literaturhinweise und Verweise auf das Excel-Tool.

Das Framework der Excel-Datei ist analog zu den im Buch aufgeführten Excel-Arbeitsblättern gehalten. Sie können sich somit zuerst die Inhalte von Schritt 1 und Schritt 2 selbst erarbeiten, indem Sie die relevanten Stellen im Buch lesen.

Wir empfehlen dann gemäß Schritt 3 die Formeln aus dem Buch in die heruntergeladenen Excels zu übernehmen.

In Schritt 4 vervollständigen Sie dann die zum jeweiligen Assignment gehörenden Zellen in dem entsprechenden Ordner. Zuletzt können Sie dann ihr Ergebnis mit dem Excel-Screenshot im Buch vergleichen. Sollten Sie Abweichungen feststellen, so können Sie wieder zurück zu Schritt 2 gehen und solange Änderungen vornehmen, bis Ihr Excel-Arbeitsblatt exakt dem Screenshot im Buch gleicht. Learning by doing!

Background-Informationen zur Case Study „RISIKOMANAGEMENT IM UNTERNEHMEN"

Financial Engineering im Risikomanagement

Sie sind Head of Risk Management bei PHARMA GROUP und haben die Aufgabe, das bestehende Risikomanagement von PHARMA GROUP durch die Instrumente des Financial Engineerings quantitativ zu stärken. Sie werden vom CFO der PHARMA GROUP gebeten, ein Konzept für dieses Projekt „Financial Engineering im Risikomanagement" zu entwickeln, die Inhalte festzulegen und dieses bereits auf das bestehende Risikomanagement von PHARMA GROUP anzuwenden.

Course 1: Risikoanalyse

Nach diesen einleitenden Informationen über unsere Case Study wollen wir nun endlich mit Course 1 beginnen.

Course 1 behandelt folgende Themen:

- Course Unit 1: Graphische Darstellung von Risiken
- Course Unit 2: Varianz und Standardabweichung
- Course Unit 3: Modelle zur Berechnung der Volatilität

Quantitative Beschreibung von Risiken
Sie haben sich entschlossen, zunächst die Risiken des Ölpreises anhand historischer Daten zu analysieren. Hierzu finden Sie die Erdölpreise ab dem 31.12.t(5) rückwirkend für die letzten 5 Jahre in der Excel-Datei `Case Study Risikomanagement Teil 1`. Für die Risikoanalyse benötigen Sie die Renditen. Sie möchten wissen, welche Verteilung die historischen Renditen des Ölpreises besitzen, um geeignete Risikomaße anwenden zu können. Hierzu ermitteln Sie die Häufigkeitsverteilung, Verteilungsfunktion und Dichtefunktion der Renditen.

Course Unit 1: Grafische Darstellung von Risiken

Assignment 1: Renditeberechnung

Aufgabe

Berechnen Sie die diskrete, tägliche Rendite und die stetige, tägliche Rendite für den Erdölpreis ab dem 31.12.t(5) rückwirkend für die letzten 5 Jahre.

Inhalt

Der wichtigste Punkt im Risikomanagement ist zunächst die Frage: Was ist eigentlich Risiko? Der traditionelle Ansatz ist hierbei, das Risiko an den Zielen eines Unternehmens auszurichten. Werden die vorgegebenen Ziele verfehlt, so ist dies schlecht, werden die Ziele erfüllt oder übererfüllt, so ist das gut. Die Ziele in einem Unternehmen kann man in finanzielle und produktive Ziele unterteilen. Wir konzentrieren uns hier auf die finanziellen Ziele und betrachten Risiken, die aus Vermögenswerten wie Rohstoffe, Wechselkurse und Zinsen entstehen. Bei der Definition von Risiko lehnen wir uns an die Sichtweise der Mathematik und Statistik an und verstehen unter **Risiko** die Abweichung vom Erwartungswert.

Risiken gehen aus den Veränderungen von Preisen oder Werten für Vermögensgegenstände hervor. Diese können **absolut** gemessen (der Erdölpreis ist um 5,00 US$ gestiegen) oder

relativ gemessen werden (der Erdölpreis ist um 5,0% gestiegen). Das Verwenden der relativen Veränderungen erlaubt es, Risiken unterschiedlicher Vermögensgegenstände zu vergleichen und zu einem Gesamtrisiko zu aggregieren. Die relativen Wertveränderungen werden bei verzinslichen Finanzprodukten als Zinsen und bei anderen Finanzprodukten als Wertänderung bezeichnet. Wir verwenden hier den einheitlichen Begriff der **Rendite**. Hier können wir wiederum

- diskrete Renditen
- stetige Renditen unterscheiden.

Die relative Wertveränderung oder diskrete Rendite r^d betrachtet zwei einzelne Zeitpunkte (Anlagezeitpunkt und das Ende des Anlagezeitraumes) bzw. mehrere Anlagezeitpunkte innerhalb eines Anlagezeitraums.

Bei einer stetigen Rendite r^s wird davon ausgegangen, dass das eingesetzte Kapital kontinuierlich verzinst wird. Der Unterschied zur diskreten Rendite liegt in der Betrachtung der Zeiträume, in denen die Anlage verzinst wird. Es kann durchaus sein, dass eine Anlage nicht nur monatlich, sondern auch wöchentlich, täglich oder sogar stündlich oder in noch kürzeren Intervallen verzinst wird. Bei einer stetigen Rendite unterstellt man infinitesimal (unendlich) kleine Anlageperioden. Je kleiner die Verzinsungszeiträume sind, desto geringer ist der Unterschied zwischen der diskreten und der stetigen Rendite.

Im Risikomanagement stellt sich stets die Frage, ob wir diskrete oder stetige Renditen als Grundlage für unsere weiteren Berechnungen verwenden wollen. Die Entscheidung für die diskrete oder für die stetige Rendite machen wir im Folgenden von der vorhandenen Datenbasis abhängig. Arbeitet man mit empirischen Daten und empirischen Verteilungen, bietet es sich an, die relevanten Risikoparameter mit der intuitiv verständlichen diskreten Rendite zu berechnen. Dies gilt auch für die historische Simulation. Wollen wir hingegen Risikoberechnungen auf Grundlage von Normalverteilungen vornehmen, dann entscheiden wir uns für stetige Renditen, da Normalverteilungen mit stetigen Renditen besser modelliert werden können. Dies gilt auch für die Berechnung des Portfoliorisikos mit der Varianz-Kovarianz-Methode und der Monte-Carlo-Simulation, bei denen eine Normalverteilung der Risikofaktoren und des Portfolios angenommen wird bzw. eine eigene Dichtefunktion durch Kalibrierung erstellt wird. Ferner setzen wir stetige Rendite bei der Modellierung stochastischer Prozesse ein.

Wichtige Formeln

Berechnung der diskreten, täglichen Rendite:

$$r_t^d = \frac{W_t - W_{t-1}}{W_{t-1}} = \frac{W_t}{W_{t-1}} - 1$$

(1.1.1.1)

$r_t^d =$ Diskrete Rendite zum Zeitpunkt t, hier am Tag t
$W_t =$ Wert zum Zeitpunkt t, hier am Tag t
$W_{t-1} =$ Wert zum Zeitpunkt $t-1$

Arbeitsmappe: `Case Study Risikomanagement Teil 1` ➲ Arbeitsblatt: `Renditen`

Excel-Beispiel: `D8=C8/C7-1`

Berechnung der stetigen täglichen Rendite:

$$r^s = ln\left(\frac{W_t}{W_{t-1}}\right)$$

(1.1.1.2)

$r^s =$ Stetige Rendite
$W_t =$ Wert zum Zeitpunkt t, hier am Tag t
$W_{t-1} =$ Wert zum Zeitpunkt $t-1$

Excel-Beispiel: `E8=LN(C8/C7)`

Vorgehensweise

- Erstellen Sie eine Spalte für den Erdölpreis (Spalte `C`). Verlinken Sie die Zellen dieser Spalte mit den Werten aus dem Tabellenblatt `Annahmen Ölpreise`, so dass die Erdölpreise für den angegebenen Zeitraum auf dem Tabellenblatt `Renditen` angezeigt werden.
- Berechnen Sie die diskrete, tägliche Rendite gemäß der oben aufgeführten Formel `D8=C8/C7-1`.
- Berechnen Sie danach die stetige, tägliche Rendite gemäß der oben aufgeführten Formel `E8=LN(C8/C7)`.

Ergebnis

	A	B	C	D	E
1					
2		Asset	Erdöl		
3					
4		Währung	in USD		
5					
6		Datum	Erdölpreis	Diskrete Rendite	Stetige Rendite
7		01.01.t(1)	98,42		
8		02.01.t(1)	95,44	-3,03%	-3,07%
9		03.01.t(1)	93,96	-1,55%	-1,56%
10		06.01.t(1)	93,43	-0,56%	-0,57%
11		07.01.t(1)	93,67	0,26%	0,26%
12		08.01.t(1)	92,33	-1,43%	-1,44%
13		09.01.t(1)	91,66	-0,73%	-0,73%
14		10.01.t(1)	92,72	1,16%	1,15%
15		13.01.t(1)	91,80	-0,99%	-1,00%

Abbildung 1: Diskrete und stetige Renditen

Literatur und Verweise auf das Excel-Tool

Ernst, D., Häcker J. (2016): Financial Modeling, 2. Auflage, Schäffer-Poeschel, S. 610-611.

Hull, J. C. (2014): Risikomanagement: Banken, Versicherungen und andere Finanzinsitutionen, 3. Auflage, Pearson, S. 592-593.

Wüst, K. (2014): Risikomanagement: Eine Einführung mit Anwendungen in Excel, UTB, S. 27-43.

Siehe Excel-Datei: `Case Study Risikomanagement Teil 1`, Excel-Arbeitsblatt `Renditen`

Assignment 2: Erstellung eines Histogramms

Aufgabe

Erstellen Sie ein Histogramm für die diskreten, täglichen Renditen des Erdölpreises ab dem 31.12.t(5) rückwirkend für die letzten 5 Jahre, um die Häufigkeitsverteilung graphisch aufzuzeigen. Wählen Sie eine geeignete Einteilung der Daten in Klassen.

Inhalt

Risiko ist die Abweichung vom Erwartungswert. Aus den Risiken der Vergangenheit für die Risiken der Zukunft zu lernen, ist eine der Hauptaufgaben des Risikomanagements. Am besten kann das gelingen, wenn lange Zeitreihen historischer Daten vorliegen. Dies ist beispielsweise bei Aktienkursen, Rohstoffpreisen, Wechselkursen oder Zinsen gegeben. Um Risiken grafisch darzustellen, verwendet man Histogramme.

Ein Histogramm ist eine grafische Darstellung der diskreten Häufigkeitsverteilung statistischer Daten. Es ist eine spezielle Form des Säulendiagramms. Dabei werden die Merkmalsausprägungen auf der X-Achse und die Häufigkeiten auf der Y-Achse eingetragen. Die Häufigkeit eines Messwertes in einem vorab definierten Intervall wird durch eine balkenförmige Fläche über dem Intervall dargestellt – dies kann relativ (in Prozent) oder absolut geschehen. In der Statistik wird ein Histogramm als Häufigkeitsverteilung bezeichnet.

Ein Histogramm vermittelt einen schnellen grafischen Überblick über die Verteilung von Renditen. Dadurch kann die Größe der Streuung und das Risiko des Vermögenswertes verdeutlicht werden. Ein Histogramm erlaubt, größere Datenmengen deutlich besser zu erfassen als mit einer Tabelle. Eine Ballung von Extremrisiken an den Rändern der Verteilung kann schnell erkannt werden.

Wichtige Formeln

Arbeitsmappe: `Case Study Risikomanagement Teil 1` ➲ Arbeitsblatt: `Histogramm`

Bestimmung des Minimums der Renditen:

Excel-Beispiel: `H8=MIN(D8:D1310)`

Bestimmung des Maximums der Renditen:

Excel-Beispiel: `H9=MAX(D8:D1310)`

Bestimmung des Mittelwerts der Renditen:

Excel-Beispiel: `H10=MITTELWERT(D8:D1310)`

Bestimmung der Anzahl der Renditen:

Excel-Beispiel: `H11=ANZAHL(D8:D1310)`

Vorgehensweise

- Für die Erstellung des Histogramms werden zunächst die diskreten, täglichen Renditen in Spalte `D` berechnet.
- Dann werden
  - das Minimum `H8=MIN(D8:D1310)`,
  - das Maximum `H9=MAX(D8:D1310)`,
  - der Mittelwert `H10=MITTELWERT(D8:D1310)` sowie
  - die Anzahl der Renditen `H11=ANZAHL(D8:D1310)` mit den jeweiligen Excel-Funktionen berechnet.
- Dies hilft, passende Intervalle (Klassenbereiche) für das Histogramm festzulegen.
- Zur Erstellung des Histogramms wird hier der Klassenbereich in den Zellen `F14:F40` festgelegt. Die Angaben stammen aus dem Arbeitsblatt `Annahmen allgemein`.
- In unserem Excel-Beispiel reicht der Klassenbereich von -13% und erhöht sich jeweils in 1,0%-Schritten auf 13 %.
- Mittels der Analyse-Funktion `HISTOGRAMM` lässt sich die Verteilung sehr leicht ermitteln.
- Zur Funktion kommt man in Excel über `Daten` ➲ `Analyse` ➲ `Datenanalyse` ➲ `Histogramm`. Für den Fall, dass in Ihrer Excel-Version `Analyse` nicht aktiviert ist, gehen sie über `Datei` ➲ `Optionen` ➲ `Add-Ins` ➲ `Los` ... und setzen ein Häckchen bei `Analysis ToolPak` und am besten gleich auch bei `Solver Add-In`, das wir später auch benötigen. Bestätigen Sie Ihre Auswahl mit `OK`.

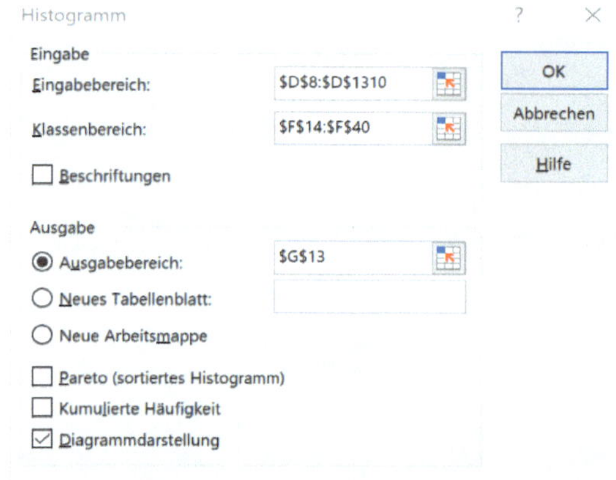

Abbildung 2: Eingaben zur Erstellung eines Histogramms

- Abbildung 2 zeigt den Eingabebereich zur Erstellung des Histogramms.
- Als Eingabebereich werden die diskreten, täglichen Renditen `D8:D1310` eingegeben, als Klassenbereich die vorher bestimmten Klassenobergrenzen in den Zellen `F14:F40` und als Ausgabebereich die Zelle `G13`, ab der das Ergebnis angezeigt werden soll.
- Des Weiteren wird das Feld `Diagrammdarstellung` angeklickt, um sofort ein Schaubild aus den Daten zu erhalten.
- Es werden die Spalten Klasse und Häufigkeit automatisch eingefügt und berechnet.
- Es empfiehlt sich aus optischen Gründen, das Schaubild in Excel nachträglich noch an das eigene Design anzupassen.

Ergebnis

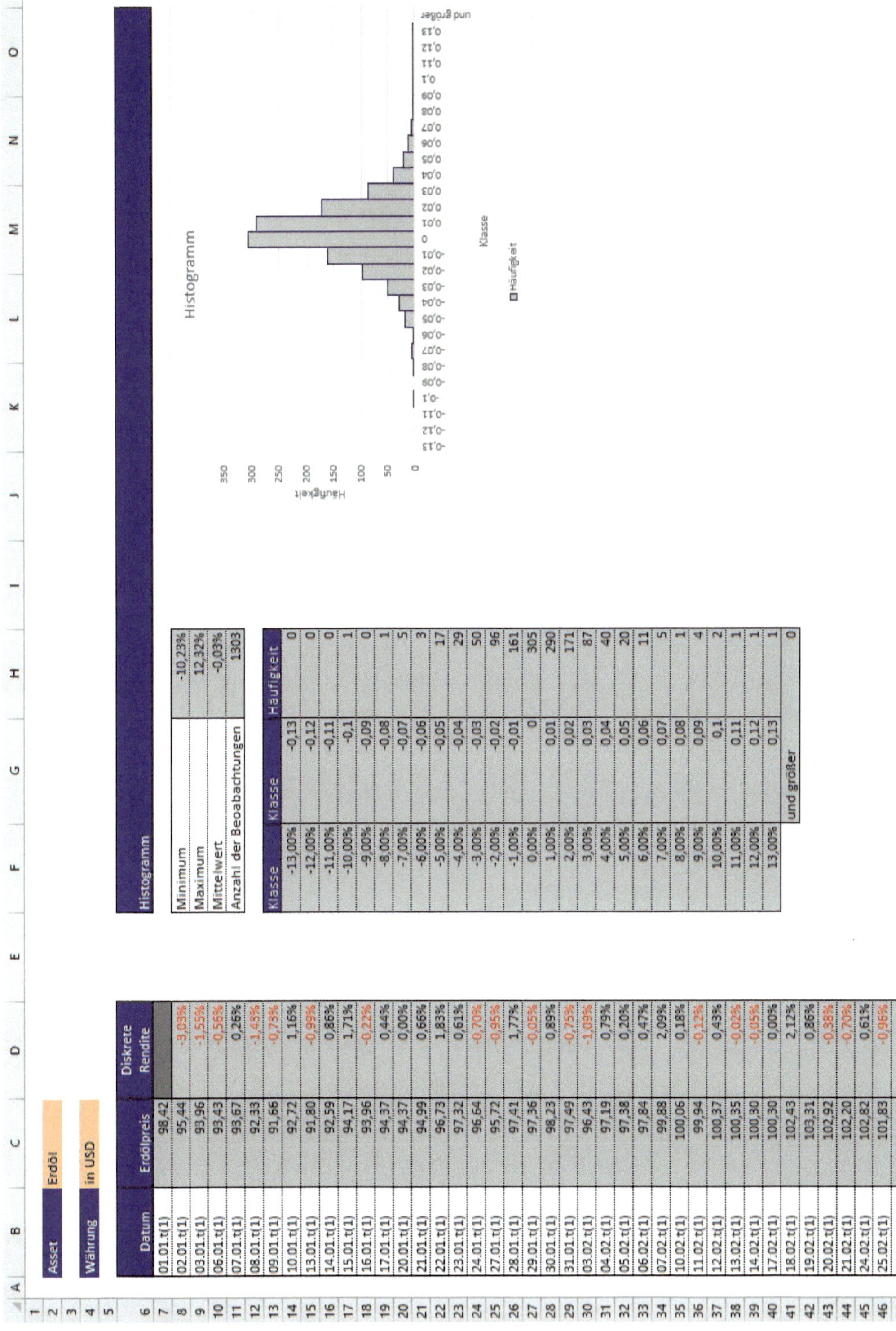

Asset	Erdöl
Währung	in USD

Datum	Erdölpreis	Diskrete Rendite
01.01.t(1)	98,42	
02.01.t(1)	95,44	-3,03%
03.01.t(1)	93,96	-1,55%
06.01.t(1)	93,43	-0,56%
07.01.t(1)	93,67	0,26%
08.01.t(1)	92,33	-1,43%
09.01.t(1)	91,66	-0,73%
10.01.t(1)	92,72	1,16%
13.01.t(1)	91,80	-0,99%
14.01.t(1)	92,59	0,86%
15.01.t(1)	94,17	1,71%
16.01.t(1)	93,96	-0,22%
17.01.t(1)	94,37	0,44%
20.01.t(1)	94,37	0,00%
21.01.t(1)	94,99	0,66%
22.01.t(1)	96,73	1,83%
23.01.t(1)	97,32	0,61%
24.01.t(1)	96,64	-0,70%
27.01.t(1)	95,72	-0,95%
28.01.t(1)	97,41	1,77%
29.01.t(1)	97,36	-0,05%
30.01.t(1)	98,23	0,89%
31.01.t(1)	97,49	-0,75%
03.02.t(1)	96,43	-1,09%
04.02.t(1)	97,19	0,79%
05.02.t(1)	97,38	0,20%
06.02.t(1)	97,84	0,47%
07.02.t(1)	99,88	2,09%
10.02.t(1)	100,06	0,18%
11.02.t(1)	99,94	-0,12%
12.02.t(1)	100,37	0,43%
13.02.t(1)	100,35	-0,02%
14.02.t(1)	100,30	-0,05%
17.02.t(1)	100,30	0,00%
18.02.t(1)	102,43	2,12%
19.02.t(1)	103,31	0,86%
20.02.t(1)	102,92	-0,38%
21.02.t(1)	102,20	-0,70%
24.02.t(1)	102,82	0,61%
25.02.t(1)	101,83	-0,96%

Histogramm

Minimum	-10,23%
Maximum	12,32%
Mittelwert	-0,03%
Anzahl der Beoabachtungen	1303

Klasse	Klasse	Häufigkeit
-13,00%	-0,13	0
-12,00%	-0,12	0
-11,00%	-0,11	0
-10,00%	-0,1	1
-9,00%	-0,09	0
-8,00%	-0,08	1
-7,00%	-0,07	5
-6,00%	-0,06	3
-5,00%	-0,05	17
-4,00%	-0,04	29
-3,00%	-0,03	50
-2,00%	-0,02	96
-1,00%	-0,01	161
0,00%	0	305
1,00%	0,01	290
2,00%	0,02	171
3,00%	0,03	87
4,00%	0,04	40
5,00%	0,05	20
6,00%	0,06	11
7,00%	0,07	5
8,00%	0,08	1
9,00%	0,09	4
10,00%	0,1	2
11,00%	0,11	1
12,00%	0,12	1
13,00%	0,13	1
	und größer	0

Abbildung 3: Erstellung eines Histogramms

Literatur und Verweise auf das Excel-Tool

Ernst, D., Häcker J. (2016): Financial Modeling, 2. Auflage, Schäffer-Poeschel, S. 640-645.

Gleißner, W. (2016): Grundlagen des Risikmanagements, 3. Auflage, Vahlen, S. 25-28.

Siehe Excel-Datei `Case Study Risikomanagement Teil 1`, Excel-Arbeitsblatt `Histogramm`

Assignment 3: Erstellung einer Dichtefunktion und einer Verteilungsfunktion

Aufgabe

Erstellen Sie eine Dichtefunktion und eine Verteilungsfunktion für die stetigen, täglichen Renditen des Erdölpreises basierend auf der Annahme einer Normalverteilung.

Inhalt

Bei einer diskreten Zufallsvariable gibt es endlich viele mögliche Beobachtungswerte, zu denen jeweils eine positive Wahrscheinlichkeit gehört. Daher können den Beobachtungswerten Wahrscheinlichkeiten zugeordnet werden. Im stetigen Fall gibt es dagegen unendlich viele theoretisch mögliche Realisationen. Die Wahrscheinlichkeit, mit der ein bestimmter Wert eintritt – berechnet als Anzahl der günstigen Werte durch Anzahl der im stetigen Fall infinitesimal vielen möglichen Werte – ist dementsprechend für alle Werte gleich null. Daher gibt es bei stetigen Zufallsvariablen keine Wahrscheinlichkeitsfunktion.

An ihre Stelle tritt in diesem Fall die Dichtefunktion. Eine Dichtefunktion gibt an, wie dicht die betrachteten Variablen um einen beliebigen Punkt verteilt sind. Je höher die Dichte an dieser Stelle ist, desto höher ist die Wahrscheinlichkeit, dass eine Variable aus diesem Bereich realisiert wird.

Eine Verteilungsfunktion beschreibt den Zusammenhang zwischen einer Zufallsvariablen und deren Wahrscheinlichkeiten. Sie gibt an, mit welcher Wahrscheinlichkeit eine Zufallsvariable höchstens einen bestimmten Wertebereich annimmt. Die Wahrscheinlichkeitsfunktion beschreibt damit die kumulative Wahrscheinlichkeit. Die Dichtefunktion ist die erste Ableitung der Verteilungsfunktion.

Eine der wichtigsten stetigen Wahrscheinlichkeitsverteilungen, ist die Normalverteilung. Die Dichtefunktion der Normalverteilung hat ein glockenförmiges Aussehen. Das Aussehen und die Eigenschaften der Normalverteilung werden durch zwei Parameter bestimmt:

- Erwartungswert μ: Er beschreibt die Zahl, die die Zufallsvariable im Mittel annimmt.
- Standardabweichung σ: Sie zeigt die Streuung um den Erwartungswert.

Die gesamte Fläche, die von der Kurve der Normalverteilung eingeschlossen wird (daher das Integral von $-\infty$ bis ∞), hat stets einen Wert von eins.

Die Standardnormalverteilung ist eine Normalverteilung, bei der der Erwartungswert = 0 und die Standardabweichung = 1 sind.

Wichtige Formeln

Berechnung des Erwartungswert, der dem Mittelwert der stetigen, täglichen Renditen entspricht:

$$\mu = \frac{1}{m} \sum_{t=1}^{m} r_t$$

(1.1.3.1)

$\mu =$ Erwartungswert der Rendite
$m =$ Anzahl der Beobachtungen
$r_t =$ Rendite im Zeitpunkt t

Arbeitsmappe: `Case Study Risikomanagement Teil 1` ➲ Arbeitsblatt: `Dichte- & Verteilungsfunktion`

Excel-Beispiel: `E7=MITTELWERT(Renditen!E8:E1310)`

Berechnung der Standardabweichung (ausgehend von einer Stichprobe) der stetigen täglichen Renditen:

$$\sigma = \sqrt{\frac{1}{m-1} \sum_{t=1}^{m} (r_t - \mu)^2}$$

(1.1.3.2)

$\sigma =$ Standardabweichung der Rendite
$m =$ Anzahl der Beobachtungen
$r_t =$ Rendite im Zeitpunkt t
$\mu =$ Erwartungswert der Rendite

Excel-Beispiel: `E8=STABW.S(Renditen!E8:E1310)`

Bestimmung der Wahrscheinlichkeit der Renditen:

Excel-Beispiel: `B11='Annahmen allgemein'!C37`

Berechnung der Perzentile der Normalverteilung (als Perzentile werden die Quantile von 0,0001 bis 0,99 in Schritten von 0,0001 bezeichnet):

Excel-Beispiel: `C11=NORM.INV(B11;$E$7;$E$8)`

Interpretation:

- 0,01% der Renditen sind kleiner als -8,44%.
- 50,00% der Renditen sind kleiner als -0,06%.

Berechnung der Dichte der Normalverteilung:

Excel-Beispiel: `D11=NORM.VERT(C11;$E$7;$E$8;FALSCH)`

Interpretation: Es gibt keine ökonomische Interpretation für die Dichte.

Berechnung der kumulierten Wahrscheinlichkeit:

Excel-Beispiel: `E11=NORM.VERT(C11;$E$7;$E$8;WAHR)`

Interpretation:

- Die Wahrscheinlichkeit, dass die stetige, tägliche Rendite höchstens einen Wert von -8,44% annimmt, beträgt 0,01%.
- Die Wahrscheinlichkeit, dass die stetige, tägliche Rendite höchstens einen Wert von -0,06% annimmt, beträgt 50,00%.

Vorgehensweise

- Erstellen Sie eine Spalte für die Wahrscheinlichkeiten (Spalte `B`). Verlinken Sie die Zellen dieser Spalte mit den Werten aus dem Tabellenblatt `Annahmen allgemein`, so dass die Wahrscheinlichkeiten auf dem Tabellenblatt `Dichte- & Verteilungsfunktion` angezeigt werden.
- Berechnen Sie die Werte der Normalverteilung `C11=NORM.INV(B11;$E$7;$E$8)`, die Dichte `D11=NORM.VERT(C11;$E$7;$E$8;FALSCH)` und die kumulierte Wahrscheinlichkeit gemäß der oben aufgeführten Formel `E11=NORM.VERT(C11;$E$7;$E$8;WAHR)`.

Ergebnis

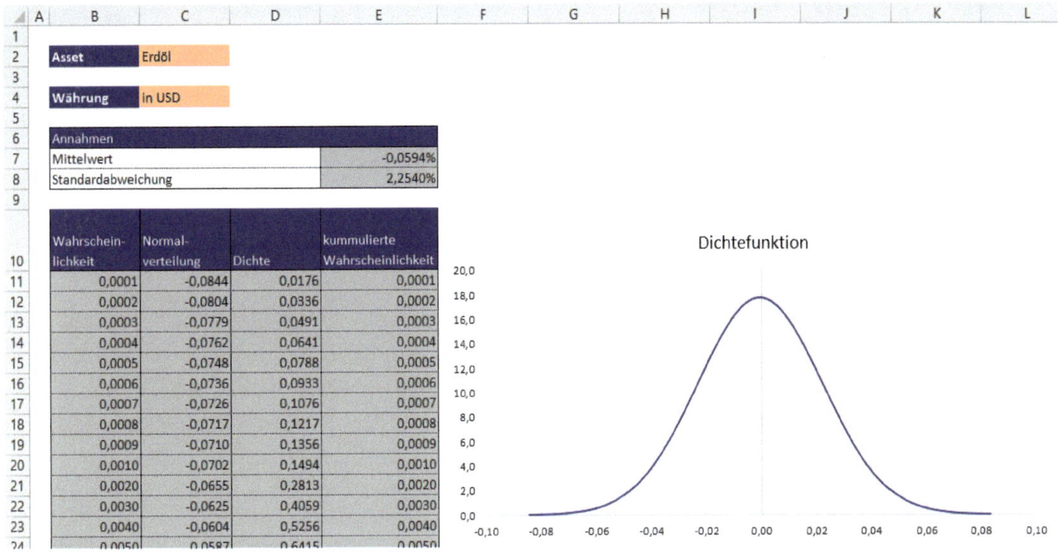

Asset	Erdöl
Währung	in USD

Annahmen	
Mittelwert	-0,0594%
Standardabweichung	2,2540%

Wahrschein-lichkeit	Normal-verteilung	Dichte	kummulierte Wahrscheinlichkeit
0,0001	-0,0844	0,0176	0,0001
0,0002	-0,0804	0,0336	0,0002
0,0003	-0,0779	0,0491	0,0003
0,0004	-0,0762	0,0641	0,0004
0,0005	-0,0748	0,0788	0,0005
0,0006	-0,0736	0,0933	0,0006
0,0007	-0,0726	0,1076	0,0007
0,0008	-0,0717	0,1217	0,0008
0,0009	-0,0710	0,1356	0,0009
0,0010	-0,0702	0,1494	0,0010
0,0020	-0,0655	0,2813	0,0020
0,0030	-0,0625	0,4059	0,0030
0,0040	-0,0604	0,5256	0,0040

Abbildung 4: Erstellung einer Dichtefunktion

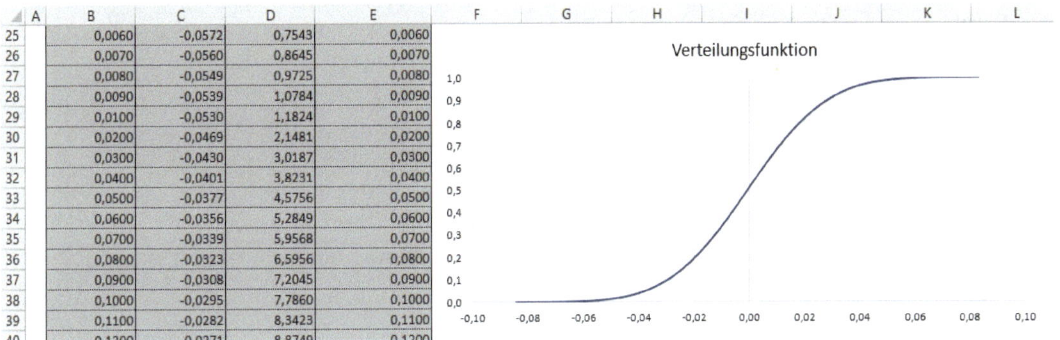

B	C	D	E
0,0060	-0,0572	0,7543	0,0060
0,0070	-0,0560	0,8645	0,0070
0,0080	-0,0549	0,9725	0,0080
0,0090	-0,0539	1,0784	0,0090
0,0100	-0,0530	1,1824	0,0100
0,0200	-0,0469	2,1481	0,0200
0,0300	-0,0430	3,0187	0,0300
0,0400	-0,0401	3,8231	0,0400
0,0500	-0,0377	4,5756	0,0500
0,0600	-0,0356	5,2849	0,0600
0,0700	-0,0339	5,9568	0,0700
0,0800	-0,0323	6,5956	0,0800
0,0900	-0,0308	7,2045	0,0900
0,1000	-0,0295	7,7860	0,1000
0,1100	-0,0282	8,3423	0,1100

Abbildung 5: Erstellung einer Verteilungsfunktion

Literatur und Verweise auf das Excel-Tool

Ernst, D., Häcker J. (2016): Financial Modeling, 2. Auflage, Schäffer-Poeschel, S. 640-645.

Gleißner, W. (2016): Grundlagen des Risikmanagements, 3. Auflage, Vahlen, S. 25-28.

Viani, U. (2012): Risikomanagement, Schäffer-Poeschel, S. 56-57.

Wüst, K. (2014): Risikomanagement: Eine Einführung mit Anwendungen in Excel, UTB, S. 294-303.

Siehe Excel-Datei `Case Study Risikomanagement Teil 1`, Excel-Arbeitsblatt `Dichte- & Verteilungsfunktion`

Assignment 4: Berechnung der Schiefe (Skewness)

Aufgabe

Berechnen Sie die Schiefe (Skewness) für die diskreten, täglichen Renditen des Erdölpreises.

Interpretieren Sie das Ergebnis und vergleichen Sie Ihre Aussage mit dem Histogramm.

Inhalt

Schiefe (Skewness) und Wölbung (Kurtosis) sind Maße, die die Abweichung einer Verteilung von der Normalverteilung beschreiben. Der Exzess gibt die Differenz der Wölbung der betrachteten Funktion zur Wölbung der Dichtefunktion einer normalverteilten Zufallsgröße an, die eine Wölbung von null aufweist. Bei normalverteilten Werten sind sowohl Schiefe als auch Exzess gleich null. Je weiter die Werte von der Null entfernt sind, umso weniger wahrscheinlich sind die Daten normalverteilt.

Die Schiefe gibt an, ob die Verteilung symmetrisch ist oder nicht. Die Schiefe (Skewness) ist eine statistische Kennzahl, die die Art und Stärke der Asymmetrie einer Wahrscheinlichkeitsverteilung beschreibt. Sie zeigt an, ob und wie stark die Verteilung nach rechts (rechtssteil, linksschief, negative Schiefe) oder nach links (linkssteil, rechtsschief, positive Schiefe) geneigt ist. Jede nicht symmetrische Verteilung heißt schief.

Die Schiefe kann jeden reellen Wert annehmen.

- Bei negativer Schiefe, Schiefe < 0, spricht man von einer linksschiefen oder rechtssteilen Verteilung. Sie fällt in typischen Fällen auf der linken Seite flacher ab als auf der rechten.
- Bei positiver Schiefe, Schiefe > 0, spricht man von einer rechtsschiefen oder linkssteilen Verteilung. Sie fällt typischerweise umgekehrt auf der rechten Seite flacher ab als auf der linken.

Wichtige Formeln

Folgende Formeln liegen der Berechnung der Schiefe zugrunde. Es wird eine Stichprobe als Datengrundlage angenommen:

$$Schiefe = skewness = g_m = \frac{m_3}{\sigma^3}$$

(1.1.4.1)

m_3 = zentrale Moment 3. Ordnung
σ^3 = dritte Potenz der Standardabweichung

Man dividiert also das zentrale Moment 3. Ordnung durch die dritte Potenz der Standardabweichung.

$$m_3 = \frac{m}{(m-1)\cdot(m-2)} \sum_{t=1}^{m} \left(r_t - \overline{r_t}\right)^3$$

(1.1.4.2)

$$\sigma^3 = \left(\sqrt{\frac{1}{m-1} \sum_{t=1}^{m} \left(r_t - \overline{r_t}\right)^2}\right)^3$$

(1.1.4.3)

Durch den „Korrekturfaktor“ $\frac{m}{(m-1)\cdot(m-2)}$ wird der Schätzer für die Schiefe erwartungstreu.

Arbeitsmappe: `Case Study Risikomanagement Teil 1` ➲ Arbeitsblatt: `Schiefe & Wölbung`

Berechnung der Schiefe:

Excel-Beispiel: `K18=K16/K17`

Berechnung der Schiefe mit Hilfe der Excel-Funktion:

Excel-Beispiel: `K19=SCHIEFE(D8:D1310)`

Vorgehensweise

- Die Schiefe kann händisch und über die Excel-Funktion `SCHIEFE` berechnet werden.
- Bei Verwendung der Excel-Funktion `SCHIEFE` müssen lediglich die Renditen eingegeben werden. Nachteil der Excel-Funktion `SCHIEFE` ist, dass sie eine Blackbox darstellt und man zunächst nicht weiß, wie die Berechnung erfolgt und ob eine Stichprobe oder Grundgesamtheit der Daten unterstellt wird.
- Wenn man die Excel-Funktion `SCHIEFE` nachvollzieht, wird zunächst das zentrale Moment 3. Ordnung unter der Annahme einer Stichprobe berechnet. Hierzu wird zunächst für alle Renditen (`D8:D1310`) die Differenz zwischen den Renditen und deren Mittelwert berechnet. Die Ergebnisse werden mit der Zahl drei potenziert (`F8:F1310`). Danach wird aus diesen Ergebnissen die Summe der dritten Potenz berechnet `K11=SUMME(F8:F1310)`. Im nächsten Schritt ermitteln wir den Korrekturfaktor für eine endliche Population `K15=ANZAHL(D8:D1310)/((ANZAHL(D8:D1310)-1)*(ANZAHL(D8:D1310)-2))`. Wird die Summe der dritten Potenz (`K11`) mit dem Korrekturfaktor (`K15`) multipliziert, resultiert daraus das zentrale Moment dritter Ordnung (`K16=K15*K11`).
- Danach wird die dritte Potenz der Standardabweichung ebenfalls unter Annahme einer Stichprobe berechnet (`K17=STABW.S(D8:D1310)^3`).

- Dividiert man das zentrale Moment 3. Ordnung durch die dritte Potenz der Standardabweichung, resultiert die Schiefe `K18=K16/K17`.
- Die Schiefe von 0,233804207 besagt, dass die vorliegende Verteilung eine leicht rechtsschiefe oder leicht linkssteile Form besitzt. Insgesamt kann sie jedoch als sehr symmetrisch beschrieben werden. Dies wird auch durch Abbildung 6 deutlich.

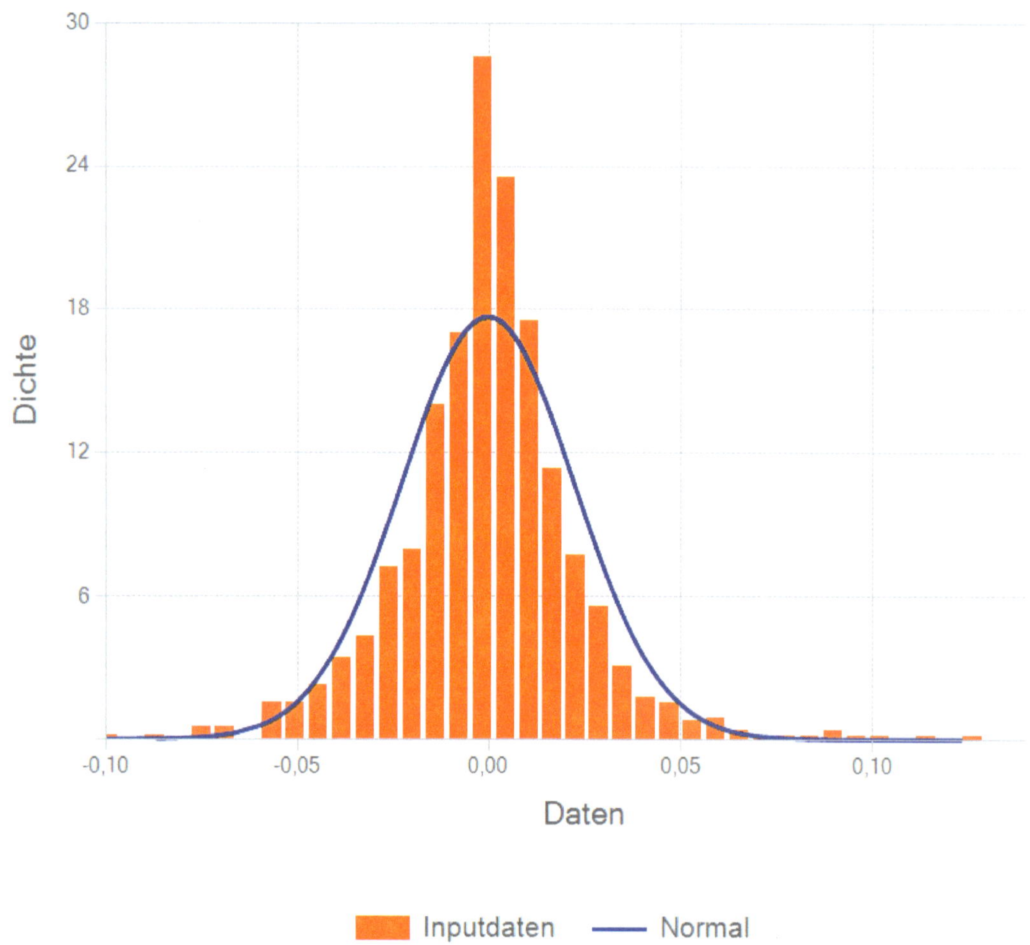

Abbildung 6: Vergleich des Histogramms und der Normalverteilung mit Hilfe der Schiefe

Ergebnis

Asset	Erdöl
Währung	in USD

Datum	Erdölpreis	Diskrete Rendite	$(r_t - \bar{r_t})^2$	$(r_t - \bar{r_t})^3$	$(r_t - \bar{r_t})^4$
01.01.t(1)	98,42				
02.01.t(1)	95,44	-3,03%	8,96333E-04	-2,68351E-05	8,03412E-07
03.01.t(1)	93,96	-1,55%	2,30054E-04	-3,48936E-06	5,29250E-08
06.01.t(1)	93,43	-0,56%	2,81018E-05	-1,48971E-07	7,89711E-10
07.01.t(1)	93,67	0,26%	8,45852E-06	2,46004E-08	7,15466E-11
08.01.t(1)	92,33	-1,43%	1,95048E-04	-2,72403E-06	3,80437E-08
09.01.t(1)	91,66	-0,73%	4,78448E-05	-3,30942E-07	2,28913E-09
10.01.t(1)	92,72	1,16%	1,41707E-04	1,68689E-06	2,00808E-08
13.01.t(1)	91,80	-0,99%	9,18293E-05	-8,79978E-07	8,43262E-09
14.01.t(1)	92,59	0,86%	8,00175E-05	7,15777E-07	6,40280E-09
15.01.t(1)	94,17	1,71%	3,02901E-04	5,27172E-06	9,17493E-08
16.01.t(1)	93,96	-0,22%	3,57370E-06	-6,75581E-09	1,27714E-11
17.01.t(1)	94,37	0,44%	2,21196E-05	1,04032E-07	4,89275E-10

Mittelwert	-0,03%
Standardabweichung	0,022562373
$\sum(r_t - \bar{r_t})^2$	0,662796982
$\sum(r_t - \bar{r_t})^3$	0,003491005
$\sum(r_t - \bar{r_t})^4$	0,002028113

Schiefe:

m/((m-1)*(m-2))	0,000769230
m_3	0,000002685
Standardabweichung^3 = S^3	0,000011486
Schiefe Formel	0,233804207
Schiefe Excel	0,233804207

Abbildung 7: Berechnung der Schiefe

Literatur und Verweise auf das Excel-Tool

Gleißner, W. (2016): Grundlagen des Risikmanagements, 3. Auflage, Vahlen, S. 210.

Hull, J. C. (2014): Risikomanagement: Banken, Versicherungen und andere Finanzinsitutionen, 3. Auflage, Pearson, S. 563.

Romeike, F., Hasger, P. (2013): Erfolgsfaktor Risikomanagement 3.0, 3. Auflage, SpringerGabler, S. 447-448.

Siehe Excel-Datei `Case Study Risikomanagement Teil 1`, Excel-Arbeitsblatt `Schiefe & Wölbung`

Assignment 5: Berechnung der Wölbung (Kurtosis)

Aufgabe

Berechnen Sie die Wölbung (Kurtosis) für die diskreten, täglichen Renditen des Erdölpreises.

Interpretieren Sie das Ergebnis und vergleichen Sie Ihre Aussage mit dem Histogramm.

Inhalt

Die Wölbung (Kurtosis) beschreibt, ob die Verteilung im Gegensatz zur Normalverteilung spitz oder abgeflacht ist. Die Wölbung (Kurtosis) ist eine Maßzahl für die Steilheit bzw. „Spitzigkeit" einer (eingipfligen) Wahrscheinlichkeitsverteilung. Der Exzess gibt die Differenz der Wölbung der betrachteten Funktion zur Wölbung der Dichtefunktion einer normalverteilten Zufallsgröße an. Entspricht die Wölbung der betrachteten Funktion der Wölbung einer Normalverteilung, beträgt der Exzess null.

- Eine positive Kurtosis zeigt eine spitz zulaufende Verteilung (eine so genannte leptokurtische Verteilung) an.
- Eine negative Kurtosis zeigt eine flache Verteilung (platykurtische Verteilung) an.

Eine spitze Verteilung hat einen positiven Exzess. Hier liegen dann mehr Beobachtungen als gewöhnlich in den Enden der Verteilung, weshalb diese auch heavy-tailed genannt wird.

Ein negativer Exzess beschreibt eine abgeflachte Verteilung. Eine solche Verteilung hat im Vergleich zur Normalverteilung dünne Enden (light-tailed).

Wichtige Formeln

Folgende Formel liegt der Berechnung der Kurtosis zugrunde:

$$Wölbung = kurtosis = g_k = \frac{m_4}{\sigma^4}$$

(1.1.5.1)

m_4	= zentrale Moment 4. Ordnung
σ^4	= vierte Potenz der Standardabweichung

Man dividiert also das zentrale Moment 4. Ordnung durch die vierte Potenz der Standardabweichung.

Folgende Formel liegt der Berechnung des Exzesses zugrunde:

$$Exzess = kurtosis - kurtosis(Normalverteilung)$$

(1.1.5.2)

Zieht man von der ermittelten Kurtosis die Kurtosis der Normalverteilung ab, erhält man den Exzess. Die Kurtosis einer Normalverteilung beträgt immer 3. Mit Hilfe des Exzesses kann festgestellt werden, inwieweit die Wölbung einer Verteilung der Wölbung der bekannten Normalverteilung gleicht.

Die Formel für das zentrale Moment 4. Ordnung lautet:

$$m_4 = \frac{m \cdot (m+1)}{(m-1) \cdot (m-2) \cdot (m-3)} \sum_{t=1}^{m} \left(r_t - \overline{r_t}\right)^4$$

(1.1.5.3)

Durch den „Korrekturfaktor" $\frac{m \cdot (m+1)}{(m-1) \cdot (m-2) \cdot (m-3)}$ wird der Schätzer für die Kurtosis erwartungstreu.

$$\sigma^4 = \left(\sqrt{\frac{1}{m} \sum_{t=1}^{m} \left(r_t - \overline{r_t}\right)^2}\right)^4$$

(1.1.5.4)

Auch die Kurtosis der Normalverteilung in Höhe von 3 muss noch wie folgt angepasst werden, um erwartungstreu zu sein.

$$3 \cdot \frac{(m-1)^2}{(m-2) \cdot (m-3)}$$

(1.1.5.5)

Arbeitsmappe: `Case Study Risikomanagement Teil 1` ➲ Arbeitsblatt: `Schiefe & Wölbung`

Berechnung der Kurtosis:

Excel-Beispiel: `K26=K24/K25`

Berechnung des Exzesses:

Excel-Beispiel: `K27=K24/K25-K23`

Berechnung des Exzesses mit Hilfe der Excel-Funktion:

Excel-Beispiel: `K28=KURT(D8:D1310)`

Vorgehensweise

- Die Wölbung/Kurtosis kann händisch und über die Excel-Funktion `KURT` berechnet werden.
- Bei Verwendung der Excel-Funktion `KURT` müssen lediglich die Renditen eingegeben werden. Nachteil der Excel-Funktion `KURT` ist wiederum, dass sie eine Blackbox darstellt und man zunächst nicht weiß, wie die Berechnung erfolgt und ob eine Stichprobe oder Grundgesamtheit der Daten unterstellt wird.
- Wenn man die Excel-Funktion `KURT` nachvollzieht, wird zunächst das zentrale Moment 4. Ordnung unter der Annahme einer Stichprobe berechnet. Hierzu wird zunächst für alle Renditen (`D8:D1310`) die Differenz zwischen den Renditen und deren Mittelwert berechnet. Die Ergebnisse werden mit der Zahl vier potenziert (`G8:G1310`). Danach wird aus diesen Ergebnissen die Summe der vierten Potenz berechnet `K12=SUMME(G8:G1310)` berechnet. Im nächsten Schritt ermitteln wir den Korrekturfaktor für eine endliche Population `K22=(ANZAHL(D8:D1310)*(ANZAHL(D8:D1310)+1))/((ANZAHL(D8:D1310)-1)*(ANZAHL(D8:D1310)-2)*(ANZAHL(D8:D1310)-3))`. Wird die Summe der vierten Potenz (`K12`) mit dem Korrekturfaktor (`K22`) multipliziert, resultiert daraus das zentrale Moment vierter Ordnung (`K24=K22*K12`).
- Danach wird die vierte Potenz der Standardabweichung ebenfalls unter Annahme einer Stichprobe berechnet `K25=STABW.S(D8:D1310)^4`.
- Dividiert man das zentrale Moment 4. Ordnung durch die vierte Potenz der Standardabweichung, resultiert die Kurtosis (`K26=K24/K25`).
- Nach Abzug der korrigierten Kurtosis der Normalverteilung erhält man den Exzess, den man wie oben angegeben interpretieren kann `K27=K24/K25-K23`.
- Dasselbe Resultat erhalten wir durch die Excel-Funktion `KURT`, wobei diese eigentlich den Exzess und nicht die Kurtosis berechnet. Es lohnt sich daher stets, die Excel-Funktionen kritisch nachzuvollziehen.
- Eine positive Kurtosis von 3,031774784 deutet auf eine spitz zulaufende Verteilung (eine so genannte leptokurtische Verteilung) hin. Dies wird auch durch Abbildung 8 deutlich.

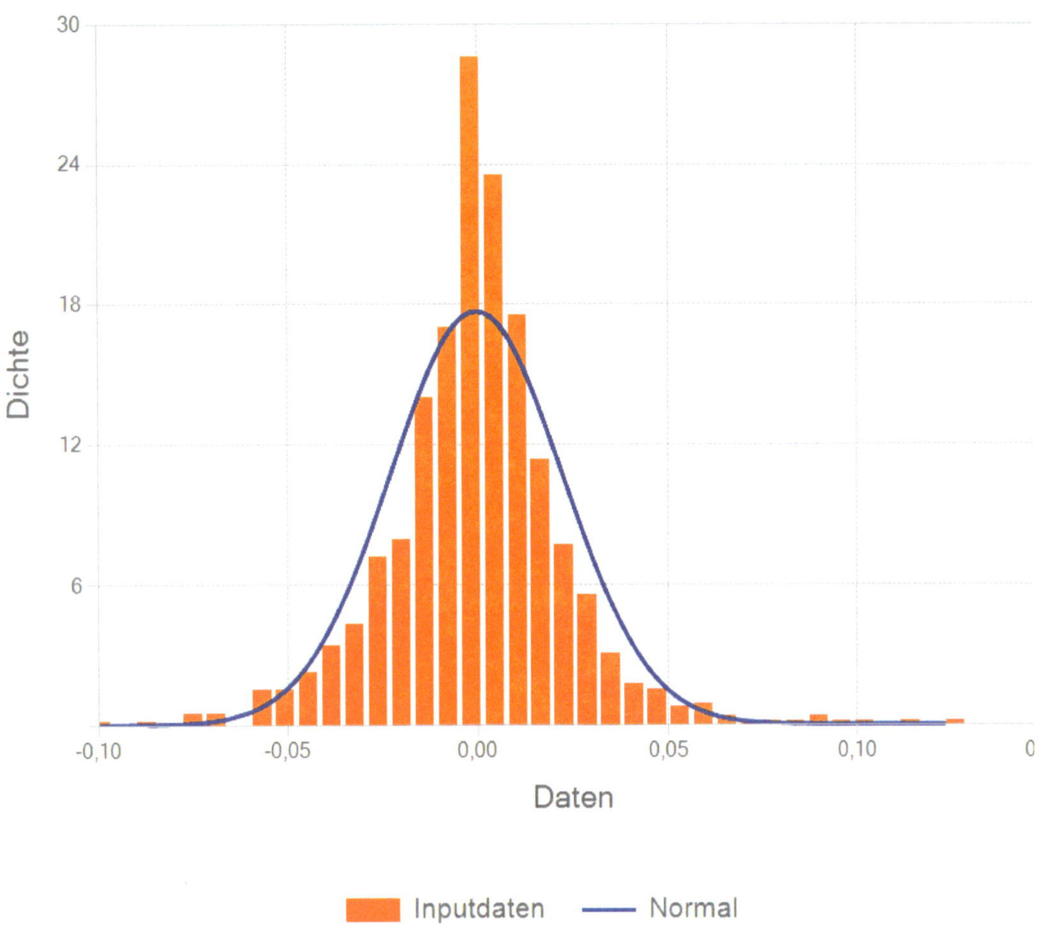

Abbildung 8: Vergleich des Histogramms und der Normalverteilung mit Hilfe der Wölbung

Ergebnis

	A	B	C	D	E	F	G	H	I	J	K
20		20.01.t(1)	94,37	0,00%	1,15318E-07	3,91604E-11	1,32983E-14				
21		21.01.t(1)	94,99	0,66%	4,77408E-05	3,29863E-07	2,27918E-09		Wölbung:		
22		22.01.t(1)	96,73	1,83%	3,48095E-04	6,49451E-06	1,21170E-07		(m*(m+1))/((m-1)*(m-2)*(m-3))		0,000771597
23		23.01.t(1)	97,32	0,61%	4,14612E-05	2,66970E-07	1,71903E-09		(3*(m-1)^2)/((m-2)*(m-3))		3,006924851
24		24.01.t(1)	96,64	-0,70%	4,41916E-05	-2,93771E-07	1,95289E-09		m_4		0,000001565
25		27.01.t(1)	95,72	-0,95%	8,42776E-05	-7,73692E-07	7,10271E-09		Standardabweichung^4 = S^4		0,000000259
26		28.01.t(1)	97,41	1,77%	3,23829E-04	5,82738E-06	1,04865E-07		Wölbung	Formel	6,038699635
27		29.01.t(1)	97,36	-0,05%	3,01748E-08	-5,24162E-12	9,10516E-16		Exzess	Formel	3,031774784
28		30.01.t(1)	98,23	0,89%	8,60348E-05	7,98015E-07	7,40198E-09		Exzess	Excel	3,031774784
29		31.01.t(1)	97,49	-0,75%	5,17501E-05	-3,72278E-07	2,67807E-09				

Abbildung 9: Berechnung der Wölbung

Literatur und Verweise auf das Excel-Tool

Gleißner, W. (2016): Grundlagen des Risikmanagements, 3. Auflage, Vahlen, S. 210.

Hull, J. C. (2014): Risikomanagement: Banken, Versicherungen und andere Finanzinsitutionen, 3. Auflage, Pearson, S. 563.

Romeike, F., Hasger, P. (2013): Erfolgsfaktor Risikomanagement 3.0, 3. Auflage, SpringerGabler, S. 447-448.

Siehe Excel-Datei `Case Study Risikomanagement Teil 1`, Excel-Arbeitsblatt `Schiefe & Wölbung`

Course Unit 2: Varianz und Standardabweichung

Assignment 6: Berechnung der Varianz

Aufgabe

Berechnen Sie die Varianz für die stetigen, täglichen Renditen des Erdölpreises basierend auf der Annahme einer Stichprobe.

Inhalt

Die <u>Varianz</u> ist ein Streuungsmaß, welches die Verteilung von Werten um den Mittelwert kennzeichnet.

Wichtige Formeln

Berechnung der Varianz (ausgehend von einer Stichprobe) der stetigen, täglichen Renditen:

$$\sigma^2 = \frac{1}{m-1}\sum_{t=1}^{m}(r_t - \mu)^2$$

(1.2.6.1)

σ^2	= Varianz der Renditen
m	= Anzahl der Beobachtungen
r_t	= Rendite im Zeitpunkt t
μ	= Erwartungswert der Rendite

Arbeitsmappe: `Case Study Risikomanagement Teil 1` ➲ Arbeitsblatt: `Varianz und Standardabweichung`

Excel-Beispiel: `I8=VAR.S(D8:D1310)`

Vorgehensweise

- Berechnen Sie die Varianz basierend auf den stetigen, täglichen Renditen in der Spalte `D`.

Ergebnis

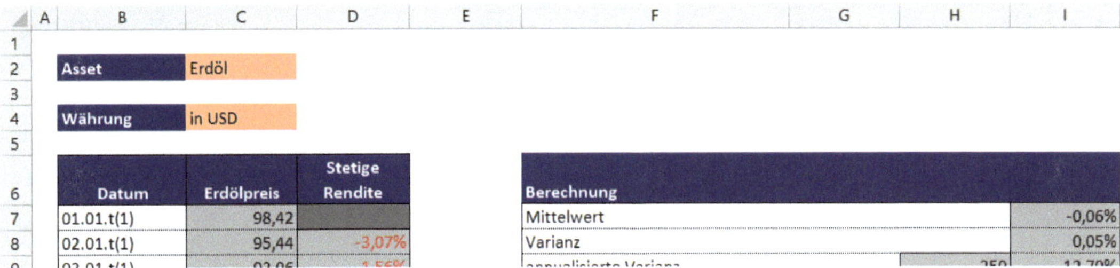

Abbildung 10: Berechnung der Varianz

Literatur und Verweise auf das Excel-Tool

Ernst, D., Häcker J. (2016): Financial Modeling, 2. Auflage, Schäffer-Poeschel, S. 646-647.

Gleißner, W. (2016): Grundlagen des Risikmanagements, 3. Auflage, Vahlen, S. 25-28.

Hull, J. C. (2014): Risikomanagement: Banken, Versicherungen und andere Finanzinsitutionen, 3. Auflage, Pearson, S. 247-248.

Romeike, F., Hasger, P. (2013): Erfolgsfaktor Risikomanagement 3.0, 3. Auflage, SpringerGabler, S. 125-126.

Viani, U. (2012): Risikomanagement, Schäffer-Poeschel, S. 52.

Wüst, K. (2014): Risikomanagement: Eine Einführung mit Anwendungen in Excel, UTB, S. 56-62.

Siehe Excel-Datei `Case Study Risikomanagement Teil 1`, Excel-Arbeitsblatt `Varianz und Standardabweichung`

Assignment 7: Berechnung der annualisierten und unterperiodigen Varianz

Aufgabe

Berechnen Sie aus der täglichen Varianz die annualisierte Varianz für 250 Handelstage. Berechnen Sie danach ausgehend von der annualisierten Varianz die monatliche Varianz.

Inhalt

Der Vergleich von Risiken hat nur Sinn, wenn dieselben Zeiträume betrachtet werden. So hat es beispielsweise keinen Sinn, Varianzen auf Monatsebene mit Varianzen auf Jahresebene zu vergleichen. Aus diesem Grund sollten Risiken für unterschiedliche Zeiträume vergleichbar gemacht werden.

Bei der Berechnung der Varianz und der Standardabweichung werden als Berechnungsgrundlage stetige Renditen präferiert. Stetige Renditen haben gegenüber diskreten Renditen die Eigenschaft und den Vorteil der Zeitadditivität. Das bedeutet, dass bei stetigen Renditen sich die Rendite über einen längeren Zeitraum als Summe der Renditen über die kurzen Zeiträume berechnen lässt.

Wichtige Formeln

Ist die Varianz für eine Periode mit der Länge t gegeben (z. B. die tägliche Varianz) gegeben, so gilt für die Varianz einer Periode, die $n \cdot t$ Zeiteinheiten (z. B. die annualisierte Varianz) umfasst:

$$\sigma^2_{annualisiert} = \sigma^2_t \cdot m$$

(1.2.7.1)

$\sigma^2_{annualisiert}$	= Varianz der Rendite auf Jahresebene
σ^2_t	= unterjährige Varianz der Rendite
t	= einzelne unterjährige Periode, z. B. Tag
m	= Anzahl der Perioden

Arbeitsmappe: `Case Study Risikomanagement Teil 1` ➲ Arbeitsblatt: `Varianz und Standardabweichung`

Excel-Beispiel: `I9=I8*H9`

Für die Umrechnung der Varianz der Rendite auf Jahresebene in eine unterjährige Varianz der Rendite gilt:

$$\sigma_t^2 = \sigma_{annualisiert}^2 \cdot \frac{1}{m} = \frac{\sigma_{annualisiert}^2}{m}$$

(1.2.7.2)

Excel-Beispiel: `I10=I9/H10`

Vorgehensweise

- Berechnen Sie die annualisierte und monatliche Varianz basierend auf den obigen Formeln.

Ergebnis

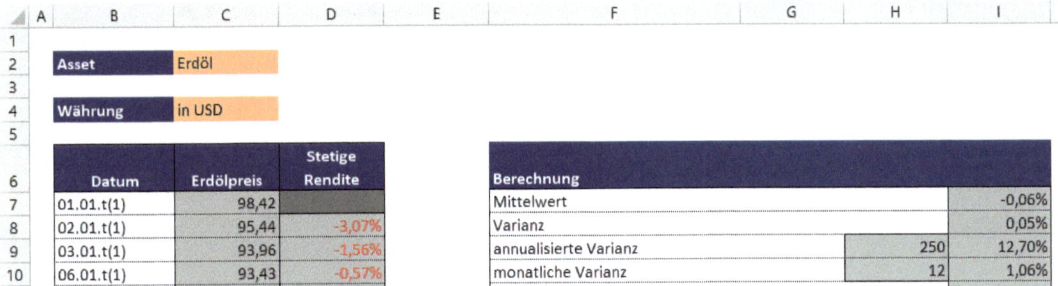

	A	B	C	D	E	F	G	H	I
1									
2		Asset	Erdöl						
3									
4		Währung	in USD						
5									
6		Datum	Erdölpreis	Stetige Rendite		Berechnung			
7		01.01.t(1)	98,42			Mittelwert			-0,06%
8		02.01.t(1)	95,44	-3,07%		Varianz			0,05%
9		03.01.t(1)	93,96	-1,56%		annualisierte Varianz		250	12,70%
10		06.01.t(1)	93,43	-0,57%		monatliche Varianz		12	1,06%

Abbildung 11: Berechnung der annualisierten und unterjährigen Varianz

Literatur und Verweise auf das Excel-Tool

Ernst, D., Häcker J. (2016): Financial Modeling, 2. Auflage, Schäffer-Poeschel, S. 649-650.

Hull, J. C. (2014): Risikomanagement: Banken, Versicherungen und andere Finanzinsitutionen, 3. Auflage, Pearson, S. 246-248.

Wüst, K. (2014): Risikomanagement: Eine Einführung mit Anwendungen in Excel, UTB, S. 56-62.

Siehe Excel-Datei `Case Study Risikomanagement Teil 1`, Excel-Arbeitsblatt `Varianz und Standardabweichung`

Assignment 8: Berechnung der Standardabweichung

Aufgabe

Berechnen Sie die Standardabweichung für die stetigen, täglichen Renditen des Erdölpreises basierend auf der Annahme einer Stichprobe.

Inhalt

Die Standardabweichung ist die durchschnittliche Entfernung aller gemessenen Ausprägungen eines Merkmals vom Durchschnitt. Die Standardabweichung kann entweder direkt oder als Wurzel der Varianz berechnet werden.

Wichtige Formeln

Berechnung der Standardabweichung (ausgehend von einer Stichprobe) der stetigen, täglichen Renditen:

$$\sigma = \sqrt{\frac{1}{m-1}\sum_{t=1}^{m}(r_t - \mu)^2}$$

(1.2.8.1)

$\sigma =$	Standardabweichung der Rendite
$m =$	Anzahl der Beobachtungen
$r_t =$	Rendite im Zeitpunkt t
$\mu =$	Erwartungswert der Rendite

Arbeitsmappe: `Case Study Risikomanagement Teil 1` ➲ Arbeitsblatt: `Varianz und Standardabweichung`

Excel-Beispiel: `I11=STABW.S(D8:D1310)`

Berechnung der Standardabweichung (ausgehend von einer Stichprobe) als Wurzel der Varianz:

$$\sigma = \sqrt{\sigma^2} = \sqrt{Var[r]}$$

(1.2.8.2)

$\sigma =$	Standardabweichung der Rendite
$\sigma^2 =$	Varianz der Rendite

Excel-Beispiel: `I12=WURZEL(I8)`

Vorgehensweise

- Berechnen Sie die Standardabweichung direkt.
- Berechnen Sie zunächst die Varianz und ziehen Sie dann die Wurzel.

Ergebnis

Asset	Erdöl
Währung	in USD

Datum	Erdölpreis	Stetige Rendite
01.01.t(1)	98,42	
02.01.t(1)	95,44	-3,07%
03.01.t(1)	93,96	-1,56%
06.01.t(1)	93,43	-0,57%
07.01.t(1)	93,67	0,26%
08.01.t(1)	92,33	-1,44%

Berechnung		
Mittelwert		-0,06%
Varianz		0,05%
annualisierte Varianz	250	12,70%
monatliche Varianz	12	1,06%
Standardabweichung		2,25%
Standardabweichung		2,25%

Abbildung 12: Berechnung der Standardabweichung

Literatur und Verweise auf das Excel-Tool

Ernst, D., Häcker J. (2016): Financial Modeling, 2. Auflage, Schäffer-Poeschel, S. 647-649.

Gleißner, W. (2016): Grundlagen des Risikmanagements, 3. Auflage, Vahlen, S. 25-28.

Hull, J. C. (2014): Risikomanagement: Banken, Versicherungen und andere Finanzinsitutionen, 3. Auflage, Pearson, S. 246-248.

Romeike, F., Hasger, P. (2013): Erfolgsfaktor Risikomanagement 3.0, 3. Auflage, SpringerGabler, S. 125-127.

Viani, U. (2012): Risikomanagement, Schäffer-Poeschel, S. 52.

Wüst, K. (2014): Risikomanagement: Eine Einführung mit Anwendungen in Excel, UTB, S. 56-62.

Siehe Excel-Datei `Case Study Risikomanagement Teil 1`, Excel-Arbeitsblatt `Varianz und Standardabweichung`

Assignment 9: Berechnung der annualisierten und unterperiodigen Standardabweichung

Aufgabe

Berechnen Sie aus der täglichen Standardabweichung die annualisierte Standardabweichung für 250 Handelstage. Berechnen Sie danach ausgehend von der annualisierten Standardabweichung die monatliche Standardabweichung.

Inhalt

Auch beim Vergleich der Standardabweichung ist es notwendig, dieselben Zeiträume zu betrachten. So müssen beispielsweise Standardabweichungen auf Jahresebene mit Standardabweichungen auf Jahresebene verglichen werden. Aus diesem Grund sollten Risiken für unterschiedliche Zeiträume vergleichbar gemacht werden.

Wichtige Formeln

Die Standardabweichung wird folgendermaßen annualisiert:

$$\sigma_{annualisiert} = \sigma_t \cdot \sqrt{m}$$

(1.2.9.1)

$\sigma_{annualisiert}$	= Standardabweichung der Rendite auf Jahresebene
σ_t	= unterjährige Standardabweichung der Rendite
t	= einzelne unterjährige Periode, z. B. Tag
m	= Anzahl der Perioden

Arbeitsmappe: `Case Study Risikomanagement Teil 1` ➲ Arbeitsblatt: `Varianz und Standardabweichung`

Excel-Beispiel: `I13=I11*WURZEL(H13)`

Für die Umrechnung der Standardabweichung der Rendite auf Jahresebene in eine unterjährige Standardabweichung der Rendite gilt:

$$\sigma_t = \sigma_{annualisiert} \cdot \frac{1}{\sqrt{m}} = \frac{\sigma_{annualisiert}}{\sqrt{m}}$$

(1.2.9.2)

Excel-Beispiel: `I14=I13/WURZEL(H14)`

Vorgehensweise

- Berechnen Sie die annualisierte und monatliche Standardabweichung basierend auf den obigen Formeln.
- Relevant ist insbesondere die annualisierte Standardabweichung. Sie beträgt 35,64%. Geht man davon aus, dass die Volatilität (= Standardabweichung) am Aktienmarkt ca. 20 % beträgt, so sieht man, dass die Ölpreise im Vergleich dazu (zumindest für den betrachteten Zeitraum) deutlich risikobehafteter sind.

Ergebnis

Asset	Erdöl
Währung	in USD

Datum	Erdölpreis	Stetige Rendite
01.01.t(1)	98,42	
02.01.t(1)	95,44	-3,07%
03.01.t(1)	93,96	-1,56%
06.01.t(1)	93,43	-0,57%
07.01.t(1)	93,67	0,26%
08.01.t(1)	92,33	-1,44%
09.01.t(1)	91,66	-0,73%
10.01.t(1)	92,72	1,15%
13.01.t(1)	91,80	-1,00%

Berechnung		
Mittelwert		-0,06%
Varianz		0,05%
annualisierte Varianz	250	12,70%
monatliche Varianz	12	1,06%
Standardabweichung		2,25%
Standardabweichung		2,25%
annualisierte Standardabweichung	250	35,64%
monatliche Standardabweichung	12	10,29%

Abbildung 13: Berechnung der annualisierten und unterjährigen Standardabweichung

Literatur und Verweise auf das Excel-Tool

Ernst, D., Häcker J. (2016): Financial Modeling, 2. Auflage, Schäffer-Poeschel, S. 649-650.

Hull, J. C. (2014): Risikomanagement: Banken, Versicherungen und andere Finanzinsitutionen, 3. Auflage, Pearson, S. 246-248.

Wüst, K. (2014): Risikomanagement: Eine Einführung mit Anwendungen in Excel, UTB, S. 56-62.

Siehe Excel-Datei `Case Study Risikomanagement Teil 1`, Excel-Arbeitsblatt `Varianz und Standardabweichung`

Assignment 10: Berechnung der Semivarianz und der Semistandardabweichung

Aufgabe

Berechnen Sie die Semivarianz und die Semistandardabweichung für die stetigen, täglichen Renditen des Erdölpreises basierend auf der Annahme einer Stichprobe.

Inhalt

Im Unterschied zu den Gesamtrisikomaßen konzentrieren sich die Semivarianz und die Semistandardabweichung auf den oberen oder unteren Bereich einer Verteilung. Die Semivarianz und die Semistandardabweichung zählen daher zu den einseitigen Risikomaßen.

Da sowohl die Varianz als auch die Standardabweichung durch die Berücksichtigung von positiven und negativen Abweichungen von einem Mittelwert zweidimensionale bzw. symmetrische Risikomaße darstellen, entsprechen diese nicht zwangsläufig dem Interesse der Risikomanager. Bei der Bewertung von Risiken mit der Semivarianz und der Semistandardabweichung fällt z. B. bei Rohstoffen, die eingekauft werden, das Augenmerk auf die alleinige Betrachtung der positiven Abweichungen von einem beobachteten Mittelwert. Wurden hingegen bereits Anlagen vorgenommen, z. B. in Aktien oder in Rohstoffe, so besteht das Risiko in den negativen Abweichungen vom Erwartungswert. Im vorliegenden Beispiel betrachten wir die negativen Abweichungen vom Erwartungswert, also das Risiko bei einer bereits vorgenommenen Investition in Erdöl.

Wichtige Formeln

Die Formel für die Semivarianz basierend auf einer Stichprobe lautet:

$$\mathrm{SemiVar}[r] = \frac{1}{m-1}\sum_{t=1}^{m}\left(r_t^{<m} - \mu\right)^2$$

(1.2.10.1)

$\mathrm{SemiVar}[r]$	= Semivarianz der Rendite
m	= Anzahl der Beobachtungen
$r_t^{<m}$	= Renditen, die zu einer negativen Abweichung vom Mittelwert führen
μ	= Erwartungswert der Rendite

Arbeitsmappe: `Case Study Risikomanagement Teil 1` ➲ Arbeitsblatt: `Semi-VAR & Semi-STD`

Berechnung der Semivarianz:

Excel-Beispiel: `K9=SUMME(H9:H1310)/(ANZAHL(H9:H1310)-1)`

Analog zur Standardabweichung ergibt sich die Semistandardabweichung gemäß:

$$\text{SemiSTD}[r] = \sqrt{\frac{1}{m-1}\sum_{t=1}^{m}\left(r_t^{<m} - \mu\right)^2}$$

(1.2.10.2)

SemiSTD[r] = Semistandardabweichung der Rendite

Berechnung der Semistandardabweichung:

Excel-Beispiel: `K10=WURZEL(K9)`

Vorgehensweise

- Zunächst werden wiederum aus den Erdölpreisen die stetigen, täglichen Renditen berechnet (Spalte `D`).
- Dann wird der Mittelwert der stetigen täglichen Rendite berechnet (Zelle `K7`).
- Darauffolgend werden die Abweichungen der stetigen, täglichen Renditen vom Mittelwert berechnet (Spalte `F`). Es sollen hierbei nur die negativen Abweichungen ausgewählt werden. Dies erfolgt in Excel durch eine `WENN`-Funktion, die positive Werte mit dem Befehl `""` löscht und negative Werte stehen lässt `F9=WENN(D9-$K$7>0;"";D9-$K$7)`.
- Nachdem die Abweichungen berechnet wurden, werden die negativen Werte quadriert `H9=WENN(F9="";"";F9^2)`.
- Schließlich werden die Semivarianz der Stichprobe `K9=SUMME(H9:H1310)/(ANZAHL(H9:H1310)-1)` und die Semistandardabweichung der Stichprobe `K10=WURZEL(K9)` berechnet.
- Die Semistandardabweichung beträgt 2,36%. Der Risikowert bei einer einseitigen Betrachtung der negativen Abweichungen vom Erwartungswert liegt damit etwas höher als die Standardabweichung, die einen Wert von 2,25% ausweist.

Ergebnis

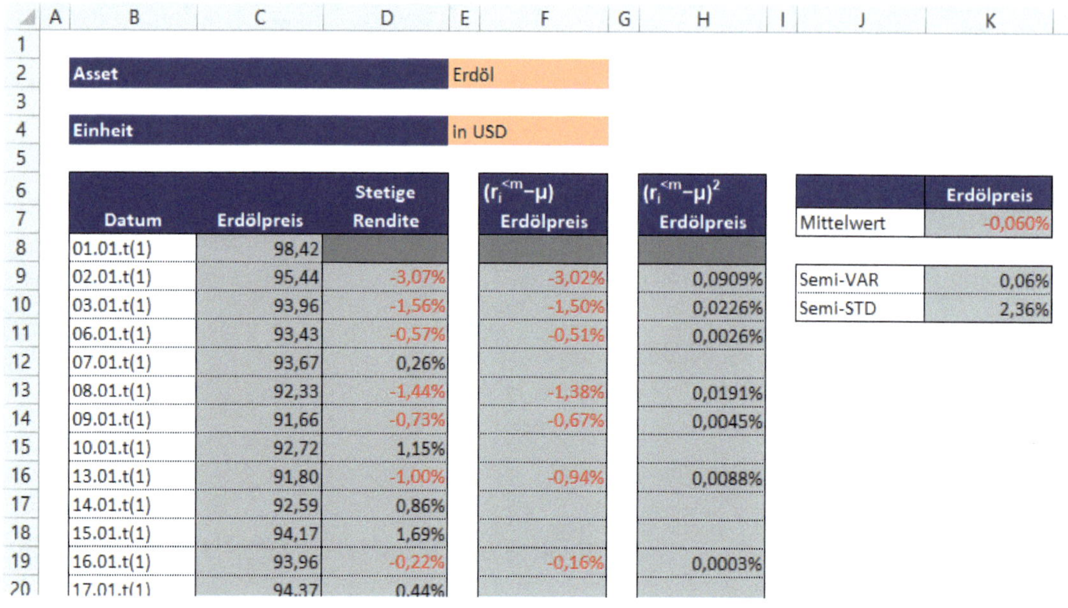

Asset	Erdöl
Einheit	in USD

Datum	Erdölpreis	Stetige Rendite	$(r_i^{<m}-\mu)$ Erdölpreis	$(r_i^{<m}-\mu)^2$ Erdölpreis
01.01.t(1)	98,42			
02.01.t(1)	95,44	-3,07%	-3,02%	0,0909%
03.01.t(1)	93,96	-1,56%	-1,50%	0,0226%
06.01.t(1)	93,43	-0,57%	-0,51%	0,0026%
07.01.t(1)	93,67	0,26%		
08.01.t(1)	92,33	-1,44%	-1,38%	0,0191%
09.01.t(1)	91,66	-0,73%	-0,67%	0,0045%
10.01.t(1)	92,72	1,15%		
13.01.t(1)	91,80	-1,00%	-0,94%	0,0088%
14.01.t(1)	92,59	0,86%		
15.01.t(1)	94,17	1,69%		
16.01.t(1)	93,96	-0,22%	-0,16%	0,0003%
17.01.t(1)	94,37	0,44%		

	Erdölpreis
Mittelwert	-0,060%
Semi-VAR	0,06%
Semi-STD	2,36%

Abbildung 14: Berechnung der Semivarianz und der Semistandardabweichung

Literatur und Verweise auf das Excel-Tool

Ernst, D., Häcker J. (2016): Financial Modeling, 2. Auflage, Schäffer-Poeschel, S. 657-660.

Romeike, F., Hasger, P. (2013): Erfolgsfaktor Risikomanagement 3.0, 3. Auflage, SpringerGabler, S. 127-128.

Wüst, K. (2014): Risikomanagement: Eine Einführung mit Anwendungen in Excel, UTB, S. 62-65.

Siehe Excel-Datei `Case Study Risikomanagement Teil 1`, Excel-Arbeitsblatt `Semi-VAR & Semi-STD`

Course Unit 3: Modelle zur Berechnung der Volatilität

Assignment 11: Berechnung der gleitenden Volatilität

Aufgabe

Berechnen Sie die gleitende Volatilität als die tägliche gleitende Volatilität für die stetigen, täglichen Renditen des Erdölpreises basierend auf den letzten 30- und 250-Handelstagen.

Inhalt

Die Schätzwerte für die Volatilität schwanken stark, je nachdem, welche Zeiträume als Datenbasis gewählt werden. Um die Genauigkeit der Schätzung der Varianz bzw. der Standardabweichung zu verbessern, favorisiert man in der Statistik normalerweise möglichst viele Daten. Damit unterstellt man aber gleichzeitig eine konstante Streuung, d. h. eine im Zeitablauf konstante Volatilität. Solche auf langen Zeiträumen basierende Volatilitäten geben demgemäß das Ausmaß an, indem sich ein Markt langfristig betrachtet typischerweise bewegt. Um die Stärke der laufenden Variabilität zu erfassen, ist es üblich, die Länge des Beobachtungszeitraumes zu verkürzen und die Standardabweichung rollierend für eine fixe Zeitspanne zu berechnen. Diese verkürzte historische Berechnungsbasis wird dann immer weiter zum aktuellen Rand hin verschoben. Daraus resultiert eine Zeitreihe, deren einzelne Elemente als gleitende Durchschnitte berechnet werden. Man spricht von der gleitenden Volatilität.

Die am häufigsten verwendeten gleitenden Volatilitäten sind die 30- und 250-Tage Volatilität. Hierbei wird die Standardabweichung (hier die tägliche Standardabweichung) auf Basis der letzten 29 Renditen (30 Handelstage) berechnet bzw. die der letzten 249 Renditen (250 Handelstage). Zu beachten ist, dass die 30- und 250-Tage Volatilität nach wie vor eine Tagesvolatilität sind. Die 30 und 250 Tage bezeichnen lediglich die Analyseperiode. Entscheidend ist die Rendite. Wenn es sich wie hier um eine stetige, tägliche Rendite handelt, ist auch die Volatilität eine tägliche, unabhängig davon, wie viele Werte in die Berechnung einbezogen werden.

In der Praxis haben sich bei der Berechnung der gleitenden Volatilität zwei Vereinfachungen durchgesetzt, die wir hier bei den folgenden Berechnungen beibehalten wollen:

1. Das arithmetische Mittel wird bei der Berechnung der gleitenden Volatilität auf Tagesbasis gleich null gesetzt. Diese Annahme wird dadurch gerechtfertigt, dass die erwartete Änderung des Marktpreises auf Tagesbasis keine praktische Relevanz besitzt.
2. *m*-1 wird durch *m* ersetzt. Diese Veränderung führt vom erwartungstreuen Schätzer zum Maximum-Likelihood-Schätzer, der für die folgenden Modelle noch eine wichtige Rolle spielen wird.

Wichtige Formeln

Formal ist die gleitende historische Volatilität unter Berücksichtigung der oben genannten Vereinfachungen definiert als:

$$\sigma_n = \sqrt{\frac{1}{m} \cdot \sum_{i=1}^{m} r_{n-i}^2}$$

(1.3.11.1)

$m =$	Anzahl der Beobachtungen
$n =$	Periode des Schätzers = $m+1$
$i =$	0, 1, 2, 3, …, m

Arbeitsmappe: `Case Study Risikomanagement Teil 1` ➲ Arbeitsblatt: `Gleitende Volatilität`

Berechnung der 30-Tage Volatilität:

Excel-Beispiel: `F37=WURZEL(SUMME(E8:E36)/ANZAHL(E8:E36))`

Berechnung der 250-Tage Volatilität:

Excel-Beispiel: `G257=WURZEL(SUMME(E8:E256)/ANZAHL(E8:E256))`

Vorgehensweise

- Berechnen Sie basierend auf den Erdölpreisen die stetigen Renditen (Spalte `D`) und unter Berücksichtigung der oben getroffenen Vereinfachungen die täglichen Varianzen (Spalte `E`). Danach werden die 30- und 250-Tage Volatilität gemäß der obigen Formel berechnet. Diese lautet für die 30-Tage-Volatilität `F37=WURZEL(SUMME(E8:E36)/ANZAHL(E8:E36))` und für die 250-Tage-Volatilität `G257=WURZEL(SUMME(E8:E256)/ANZAHL(E8:E256))`.
- Bitte beachten Sie, dass die Ergebnisse der Berechnungen wiederum Tagesrenditen sind, basierend auf einer Datengrundlage von 30 bzw. 250 Handelstagen.

Ergebnis

	A	B	C	D	E	F	G
31		04.02.t(1)	97,19	0,79%	0,01%		
32		05.02.t(1)	97,38	0,20%	0,00%		
33		06.02.t(1)	97,84	0,47%	0,00%		
34		07.02.t(1)	99,88	2,06%	0,04%		
35		10.02.t(1)	100,06	0,18%	0,00%		
36		11.02.t(1)	99,94	-0,12%	0,00%		
37		12.02.t(1)	100,37	0,43%	0,00%	1,13%	
38		13.02.t(1)	100,35	-0,02%	0,00%	0,98%	
39		14.02.t(1)	100,30	-0,05%	0,00%	0,94%	
40		17.02.t(1)	100,30	0,00%	0,00%	0,93%	
41		18.02.t(1)	102,43	2,10%	0,04%	0,93%	

Abbildung 15: Berechnung der 30-Tage Volatilität

	A	B	C	D	E	F	G
251		09.12.t(1)	63,82	1,21%	0,01%	2,75%	
252		10.12.t(1)	60,94	-4,62%	0,21%	2,75%	
253		11.12.t(1)	59,95	-1,64%	0,03%	2,87%	
254		12.12.t(1)	57,81	-3,63%	0,13%	2,89%	
255		15.12.t(1)	55,91	-3,34%	0,11%	2,94%	
256		16.12.t(1)	55,93	0,04%	0,00%	2,98%	
257		17.12.t(1)	56,47	0,96%	0,01%	2,96%	1,46%
258		18.12.t(1)	54,11	-4,27%	0,18%	2,96%	1,45%
259		19.12.t(1)	56,52	4,36%	0,19%	3,06%	1,47%
260		22.12.t(1)	55,26	-2,25%	0,05%	3,15%	1,50%
261		23.12.t(1)	57,12	3,31%	0,11%	3,17%	1,51%
262		24.12.t(1)	55,84	-2,27%	0,05%	3,23%	1,52%

Abbildung 16: Berechnung der 250-Tage Volatilität

Literatur und Verweise auf das Excel-Tool

Hull, J. C. (2014): Risikomanagement: Banken, Versicherungen und andere Finanzinsitutionen, 3. Auflage, Pearson, S. 256-257.

Romeike, F., Hasger, P. (2013): Erfolgsfaktor Risikomanagement 3.0, 3. Auflage, SpringerGabler, S. 465-469.

Siehe Excel-Datei `Case Study Risikomanagement Teil 1`, Excel-Arbeitsblatt `Gleitende Volatilität`

Assignment 12: Berechnung der gleitenden Volatilität mit linear fallenden Gewichten und mit exponentiell fallenden Gewichten

Aufgabe

Berechnen Sie die gleitende Volatilität mit linear fallenden Gewichten und mit exponentiell fallenden Gewichten für die stetigen, täglichen Renditen des Erdölpreises auf Basis der letzten 250-Handelstagen.

Inhalt

Bei der gleitenden Volatilität haben wir bislang die Varianzen $r_{n-1}^2, r_{n-2}^2, \ldots, r_{n-m}^2$ gleichgewichtet. Da bei der Schätzung der gegenwärtigen Volatilität die jüngeren Werte eine höhere Aussagekraft besitzen, ist es unser Ziel, diese stärker zu gewichten. Hierzu verwenden wir linear abnehmende Gewichte und exponentiell abnehmende Gewichte. Dies führt zur gleitenden Volatilität mit linear abnehmenden Gewichten und zur gleitenden Volatilität mit exponentiell abnehmenden Gewichten.

Wichtige Formeln

Die Formel für die gleitende Volatilität mit fallenden Gewichten lautet:

$$\sigma_n = \sqrt{\sum_{i=1}^{m} \alpha_i \cdot r_{n-i}^2}$$

(1.3.12.1)

α_i =	Gewichtungsfaktor
m =	Anzahl der Beobachtungen
n =	Periode des Schätzers = $m+1$
i =	0, 1, 2, 3, ..., m

Die Variable α_i weist einen Wert > 0 und < 1 auf und beschreibt das Gewicht, das der Beobachtung vor i Tagen beigemessen wird. Die Gewichte α_i sind so zu modellieren, dass jüngere Werte höhere Gewichte und ältere Wert niedrigere Gewichte erhalten. Die Summe der Gewichte α_i muss eins ergeben, d. h.

$$\sum_{i=1}^{m} \alpha_i = 1$$

(1.3.12.2)

Bei linear fallenden Gewichten gilt:

$$\alpha_i = \frac{n-i}{\sum_{i=1}^{m} i}$$

(1.3.12.3)

Bei exponentiell fallenden Gewichten gilt:

$$\alpha_i = (1-\lambda) \cdot \lambda^{i-1}$$

(1.3.12.4)

λ =	Senkungsrate

Die Gewichte α_i fallen mit der Rate λ, wenn wir in der Zeit rückwärts gehen. Jedes Gewicht ist das λ-Fache des vorhergehenden Gewichts.

$\alpha_i = \lambda \cdot \alpha_{i+1}$

(1.3.12.5)

Arbeitsmappe: `Case Study Risikomanagement Teil 1` ➲ Arbeitsblatt: `Gl.Vola lin. und exp.fall. Gew.`

Berechnung der linear fallenden Gewichte:

Excel-Beispiel: `L8=J8/SUMME($K$8:$K$256)`

Berechnung der gewichteten 250-Tage Varianz:

Excel-Beispiel: `G257=SUMMENPRODUKT(E8:E256;L8:L256)`

Berechnung der 250-Tage Volatilität:

Excel-Beispiel: `H257=WURZEL(G257)`

Berechnung der exponentiell fallenden Gewichte:

Excel-Beispiel: `R8=(1-$R$3)*$R$3^(Q8-1)`

Berechnung der gewichteten 250-Tage Varianz:

Excel-Beispiel: `N257=SUMMENPRODUKT(E8:E256;$R$8:$R$256)`

Berechnung der 250-Tage Volatilität:

Excel-Beispiel: `O257=WURZEL(N257)`

Vorgehensweise

- Berechnen Sie in Spalte `D` die stetigen, täglichen Renditen.
- Berechnen Sie in Spalte `E` basierend auf den stetigen, täglichen Renditen die tägliche Varianz.
- Berechnen Sie in Spalte `L` die Gewichte der täglichen Varianz α_i für linear fallende Gewichte `L8=J8/SUMME($K$8:$K$256)`.
- Berechnen Sie die gleitende Varianz mit linear fallenden Gewichten `G257=SUMMENPRODUKT(E8:E256;$L$8:$L$256)`.

- Berechnen Sie daraufhin die gleitende Volatilität mit linear fallenden Gewichten `H257=WURZEL(G257)`.
- Berechnen Sie in Spalte `R` die Gewichte der täglichen Varianz α_i mit Hilfe des Faktors λ in Zelle `R3` gemäß der Formel `R8=(1-$R$3)*$R$3^(Q8-1)`.
- Berechnen Sie die gleitende Varianz mit exponentiell fallenden Gewichten `N257=SUMMENPRODUKT(E8:E256;$R$8:$R$256)`.
- Berechnen Sie daraufhin die gleitende Volatilität mit exponentiell fallenden Gewichten `O257=WURZEL(N257)`.
- Bitte beachten Sie, dass die Ergebnisse der Berechnungen wiederum tägliche Varianzen und tägliche Standardabweichungen sind, basierend auf einer Datengrundlage von 250 Handelstagen.

Ergebnis

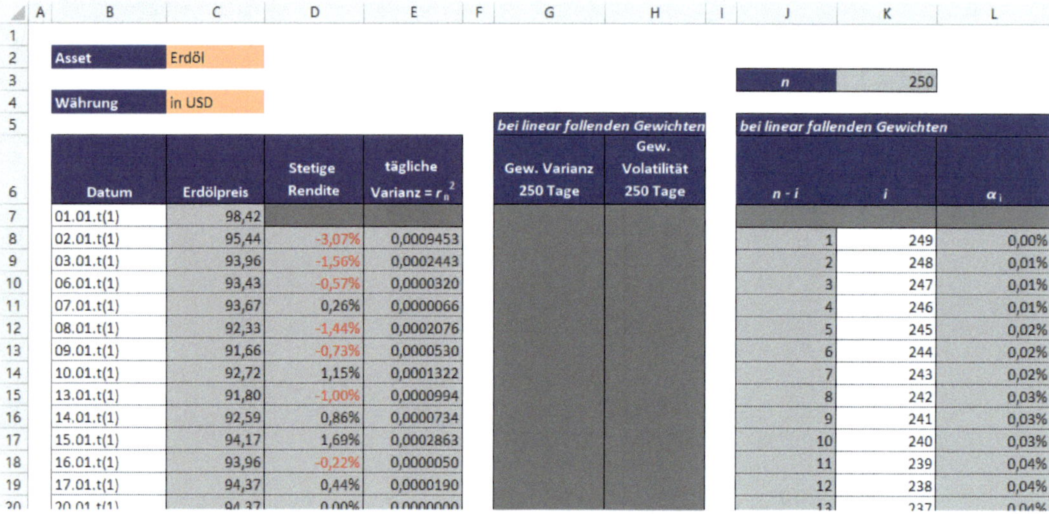

	B	C	D	E	F	G	H	I	J	K	L
1											
2	Asset	Erdöl									
3									*n*	250	
4	Währung	in USD									
5						*bei linear fallenden Gewichten*			*bei linear fallenden Gewichten*		
6	Datum	Erdölpreis	Stetige Rendite	tägliche Varianz = r_n^2		Gew. Varianz 250 Tage	Gew. Volatilität 250 Tage		*n - i*	*i*	α_i
7	01.01.t(1)	98,42									
8	02.01.t(1)	95,44	-3,07%	0,0009453					1	249	0,00%
9	03.01.t(1)	93,96	-1,56%	0,0002443					2	248	0,01%
10	06.01.t(1)	93,43	-0,57%	0,0000320					3	247	0,01%
11	07.01.t(1)	93,67	0,26%	0,0000066					4	246	0,01%
12	08.01.t(1)	92,33	-1,44%	0,0002076					5	245	0,02%
13	09.01.t(1)	91,66	-0,73%	0,0000530					6	244	0,02%
14	10.01.t(1)	92,72	1,15%	0,0001322					7	243	0,02%
15	13.01.t(1)	91,80	-1,00%	0,0000994					8	242	0,03%
16	14.01.t(1)	92,59	0,86%	0,0000734					9	241	0,03%
17	15.01.t(1)	94,17	1,69%	0,0002863					10	240	0,03%
18	16.01.t(1)	93,96	-0,22%	0,0000050					11	239	0,04%
19	17.01.t(1)	94,37	0,44%	0,0000190					12	238	0,04%

Abbildung 17: Berechnung der linear fallenden Gewichte

	B	C	D	E	F	G	H	I	J	K	L
250	08.12.t(1)	63,05	-4,33%	0,0018748					243	7	0,78%
251	09.12.t(1)	63,82	1,21%	0,0001473					244	6	0,78%
252	10.12.t(1)	60,94	-4,62%	0,0021323					245	5	0,79%
253	11.12.t(1)	59,95	-1,64%	0,0002683					246	4	0,79%
254	12.12.t(1)	57,81	-3,63%	0,0013213					247	3	0,79%
255	15.12.t(1)	55,91	-3,34%	0,0011168					248	2	0,80%
256	16.12.t(1)	55,93	0,04%	0,0000001					249	1	0,80%
257	17.12.t(1)	56,47	0,96%	0,0000923		0,00031055	0,0176224				
258	18.12.t(1)	54,11	-4,27%	0,0018225		0,000309574	0,0175947				100,00%
259	19.12.t(1)	56,52	4,36%	0,0018988		0,000322467	0,0179574				
260	22.12.t(1)	55,26	-2,25%	0,0005083		0,00033592	0,0183281				
261	23.12.t(1)	57,12	3,31%	0,0010959		0,000338189	0,0183899				
262	24.12.t(1)	55,84	-2,27%	0,0005137		0,000345143	0,0185780				
263	25.12.t(1)	55,84	0,00%	0,0000000		0,00034741	0,0186389				
264	26.12.t(1)	54,73	-2,01%	0,0004031		0,000345553	0,0185891				
265	29.12.t(1)	53,61	-2,07%	0,0004275		0,000346925	0,0186259				
266	30.12.t(1)	54,12	0,95%	0,0000896		0,000348483	0,0186677				
267	31.12.t(1)	53,27	-1,58%	0,0002506		0,000347326	0,0186367				
268	01.01.t(2)	53,27	0,00%	0,0000000		0,000347463	0,0186404				

Abbildung 18: Berechnung der 250-Tage Volatilität für linear fallende Gewichte

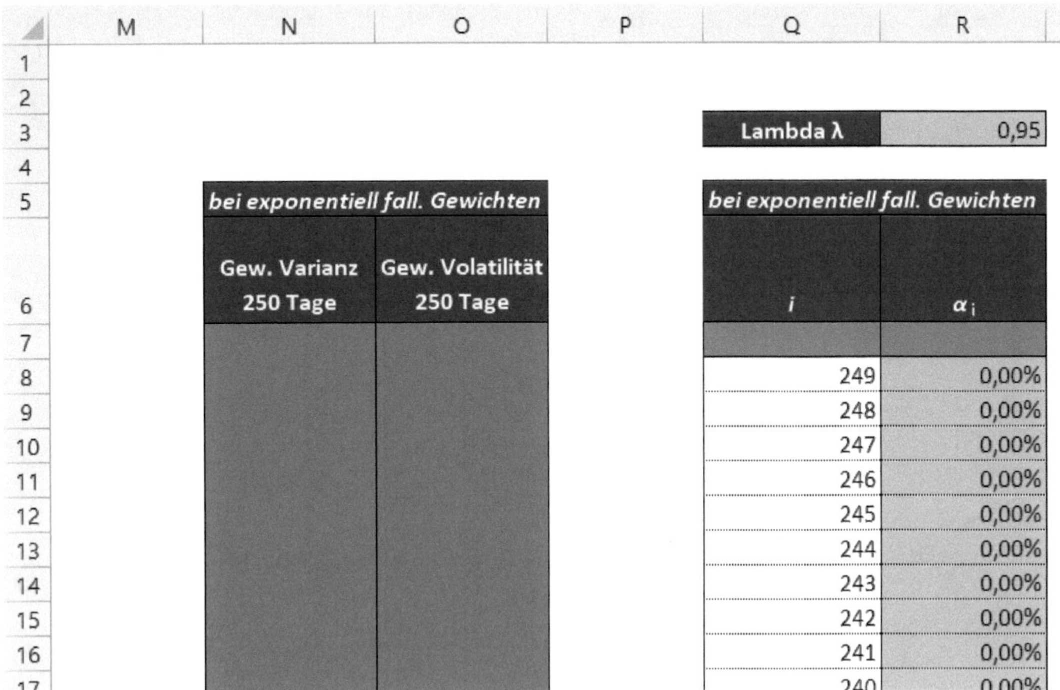

	M	N	O	P	Q	R
1						
2						
3					Lambda λ	0,95
4						
5		*bei exponentiell fall. Gewichten*			*bei exponentiell fall. Gewichten*	
6		Gew. Varianz 250 Tage	Gew. Volatilität 250 Tage		*i*	α_i
7						
8					249	0,00%
9					248	0,00%
10					247	0,00%
11					246	0,00%
12					245	0,00%
13					244	0,00%
14					243	0,00%
15					242	0,00%
16					241	0,00%
17					240	0,00%

Abbildung 19: Berechnung der exponentiell fallenden Gewichte

	M	N	O	P	Q	R
250					7	3,68%
251					6	3,87%
252					5	4,07%
253					4	4,29%
254					3	4,51%
255					2	4,75%
256					1	5,00%
257		0,000809342	0,0284489			
258		0,000773491	0,0278117			100,00%
259		0,00082594	0,0287392			
260		0,000879585	0,0296578			
261		0,00086102	0,0293431			
262		[illegible]	[illegible]			

Abbildung 20: Berechnung der 250-Tage Volatilität für exponentiell fallende Gewichte

Literatur und Verweise auf das Excel-Tool

Hull, J. C. (2014): Risikomanagement: Banken, Versicherungen und andere Finanzinsitutionen, 3. Auflage, Pearson, S. 256-257.

Romeike, F., Hasger, P. (2013): Erfolgsfaktor Risikomanagement 3.0, 3. Auflage, SpringerGabler, S. 465-469.

Siehe Excel-Datei `Case Study Risikomanagement Teil 1`, Excel-Arbeitsblatt `Gl.Vola lin. und exp.fall. Gew.`

Assignment 13: Berechnung der Volatilität mit dem EWMA-Modell

Aufgabe

Berechnen Sie die Volatilität mit dem EWMA-Modell für die stetigen, täglichen Renditen des Erdölpreises.

Inhalt

Der Ansatz der gleitenden Volatilität mit exponentiell abnehmenden Gewichten weist den Nachteil auf, dass der Senkungs- bzw. Gewichtungsfaktor λ vom Financial Engineer festgelegt wird, ohne dass ein direkter Bezug zu den vorliegenden, historischen Daten vorliegen muss. Diese Schwäche wird durch das Modell der exponentiell gewichteten gleitenden Durchschnitte (EWMA-Modell = exponentially weighted moving volatility) behoben. Beim EWMA-Modell werden die historischen Werte ebenfalls exponentiell gewichtet, so dass in der nahen Vergangenheit liegende Werte ein höheres Gewicht gegenüber älteren Werten erhalten. Zu diesem Zwecke wird wiederum der Gewichtungsfaktor λ verwendet, welcher auch als Verzögerungsfaktor bezeichnet wird. Sein Wert liegt stets zwischen 0 und 1.

Im Rahmen des EWMA-Modells wird nun aber derjenige Wert des Gewichtungsfaktors λ geschätzt, der die historischen Daten der bedingten EWMA-Varianzen am besten erklärt. Hierzu verwenden wir die Maximum-Likelihood-Methode. Die Maximum-Likelihood-Methode berechnet den Wert des Parameters λ, der die Wahrscheinlichkeit für das Auftreten der historischen Werte (hier EWMA-Varianz) maximiert. Es wird der Parameter λ so bestimmt, dass er die bisher eingetretenen Beobachtungen am besten beschreibt.

Wichtige Formeln

Die Formel für den Schätzwert der Varianz nach dem EWMA-Modell lautet:

$$\sigma_n^2 = \lambda \cdot \sigma_{n-1}^2 + (1 - \lambda) \cdot r_{n-1}^2$$

(1.3.13.1)

λ = Senkungsrate

Das EWMA-Modell zeigt, dass mit nur zwei Werten, dem Schätzwert für die Varianz des Vortags σ_{n-1}^2 und der tatsächlichen Veränderungsrate am Vortag r_{n-1}^2, sich die Varianz für den nächsten Tag schätzen lässt. In dem Schätzwert für die Varianz des Vortags sind historische Werte der täglichen Veränderungen enthalten, die mit exponentiell sinkenden Gewichten berücksichtigt werden, je weiter sie in der Vergangenheit liegen. Zur Demonstration dieses Sachverhalts bietet sich die Auflösung der Rekursionsformale an.

$$\sigma_n^2 = (1-\lambda) \cdot \Sigma_{i=1}^{n}\left(\lambda^{i-1} \cdot r_{n-i}^2 + \lambda^n \cdot \sigma_0^2\right)$$

(1.3.13.2)

Der Summand $\lambda^n \cdot \sigma_0^2$ strebt gegen null, da λ regelmäßig kleiner eins ist und λ^n mit wachsendem n gegen null strebt. Dies führt zur folgenden Vereinfachung:

$$\sigma_n^2 = (1-\lambda) \cdot \Sigma_{i=1}^{n}\left(\lambda^{i-1} \cdot r_{n-i}^2\right)$$

(1.3.13.3)

Der Gewichtungsfaktor λ^{i-1} für die historischen Veränderungsraten r_{n-i}^2wird umso kleiner, je größer i ist, das heißt je weiter die Beobachtung in der Vergangenheit liegt.

Wir überlegen uns nun, wie die Maximum-Likelihood-Methode zur Schätzung des Parameters λ eingesetzt werden kann. r_i^2 sei die beobachtete Varianz und σ_i^2 die geschätzte Varianz. Wir nehmen an, dass der Erwartungswert der beobachteten Varianzen null und deren Wahrscheinlichkeitsverteilung eine Normalverteilung sei.

Die Wahrscheinlichkeit (L), dass die Beobachtungen in der Reihenfolge auftreten, in der sie beobachtet wurden, wird mit folgender Formel berechnet:

$$L = \Pi_{i=1}^{m}\left[\frac{1}{\sqrt{2\pi\sigma_i^2}} exp\left[\frac{-r_i^2}{2\sigma_i^2}\right]\right]$$

(1.3.13.4)

Bei der Maximum-Likelihood-Methode ist der Wert von σ_i^2, der den obigen Ausdruck maximiert, der beste Schätzer. Durch Logarithmierung können wir die obige Formel wie folgt vereinfachen:

$$L = \Sigma_{i=1}^{m}\left(-ln\left(\sigma_i^2\right) - \frac{r_i^2}{\sigma_i^2}\right)$$

(1.3.13.5)

Mit dem iterativen Suchverfahren (SOLVER in Excel) können wir nun den Parameter λ bestimmen, der die zuletzt aufgeführte Formel maximiert.

Arbeitsmappe: `Case Study Risikomanagement Teil 1` ➲ Arbeitsblatt: `EWMA`

Berechnung der täglichen Varianz:

Excel-Beispiel: `E12=D12^2`

Berechnung der EWMA-Varianz (Startwert):

Excel-Beispiel: `F12=E12`

Berechnung der EWMA-Varianz (Folgewerte):

Excel-Beispiel: `F13=F12*$D$7+(1-$D$7)*E12`

Berechnung der EWMA-Volatilität:

Excel-Beispiel: `I12=WURZEL(F12)`

Berechnung der Wahrscheinlichkeit, dass der geschätzte Wert auftritt:

Excel-Beispiel: `G12=-LN(F12)-E12/F12`

Summe der Wahrscheinlichkeiten, die maximiert wird:

Excel-Beispiel: `G7=SUMME(G12:G1314)`

Ausgangswert für λ, über den im SOLVER die Optimierung erfolgt:

Excel-Beispiel: `C7='Annahmen allgemein'!C176`

Vorgehensweise

- Berechnen Sie in Spalte D die stetigen, täglichen Renditen.
- Berechnen Sie in Spalte E basierend auf den stetigen, täglichen Renditen die tägliche Varianz.
- Im nächsten Schritt wird die EWMA-Varianz berechnet. Dafür benötigen wir den Wert für λ, den wir zunächst aus den `Annahmen allgemein` erhalten. Er wird mit Zelle C7 verlinkt.

Wir verlinken diese Zelle wiederum mit der Zelle `D7`, in der nach Optimierung mit dem Solver der aus der Optimierung hervorgehende Wert von λ stehen wird.

- Für die Berechnung der EWMA-Varianz benötigen wir einen Ausgangswert. Hier setzen wir in Zelle `F12` die Varianz aus Zelle `E12` ein.
- In `F13` findet dann die eigentlichen Formel für die EWMA-Varianz Anwendung `F13=F12*$D$7+(1-$D$7)*E12`.
- Die EWMA-Volatilität ist die Wurzel der EWMA-Varianz `I12=WURZEL(F12)`.
- In Spalte `G` befindet sich die Berechnung der Wahrscheinlichkeit für die Maximum-Likelihood-Methode. Die Excel Formel lautet `G12=-LN(F12)-E12/F12`.
- In Zelle `G7` werden die Wahrscheinlichkeiten summiert `G7=SUMME(G12:G1314)`, die dann bei der Optimierung maximiert werden.
- Für die Optimierung mit Hilfe des `SOLVER` sind folgende Werte in den `SOLVER` einzugeben.

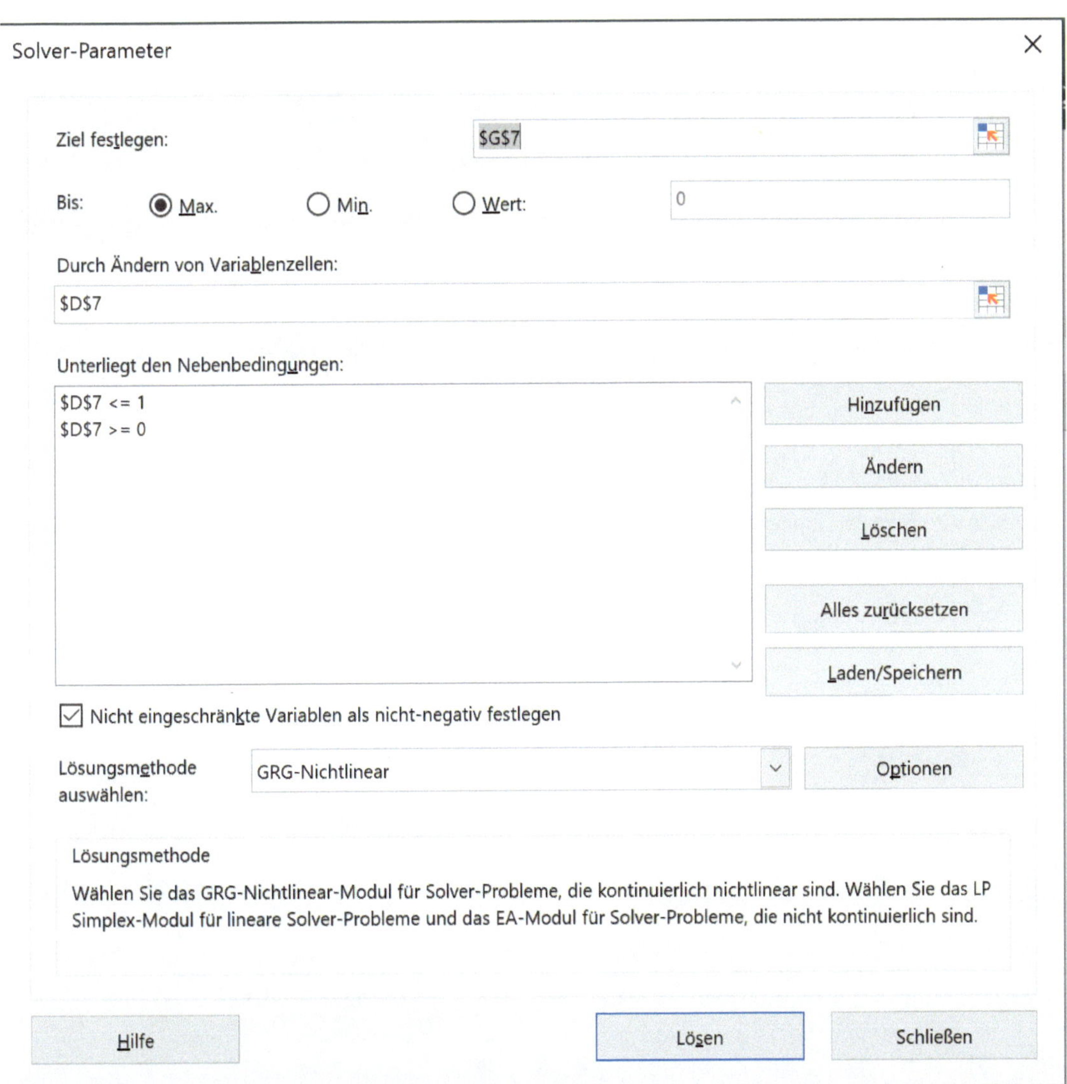

Abbildung 21: Solver Parameter für das EWMA-Modell

- Es ergibt sich ein Wert für λ in Höhe von 0,939251. Mit diesem λ werden die historischen Beobachtungen der EWMA-Varianz am besten beschrieben.
- Setzt man diesen Wert bei der Berechnung der gleitenden Volatilität mit exponentiell fallenden Gewichten als λ ein, ergeben sich dort dieselben Werte für die gewichtete Varianz wie bei der EWMA-Varianz.

Ergebnis

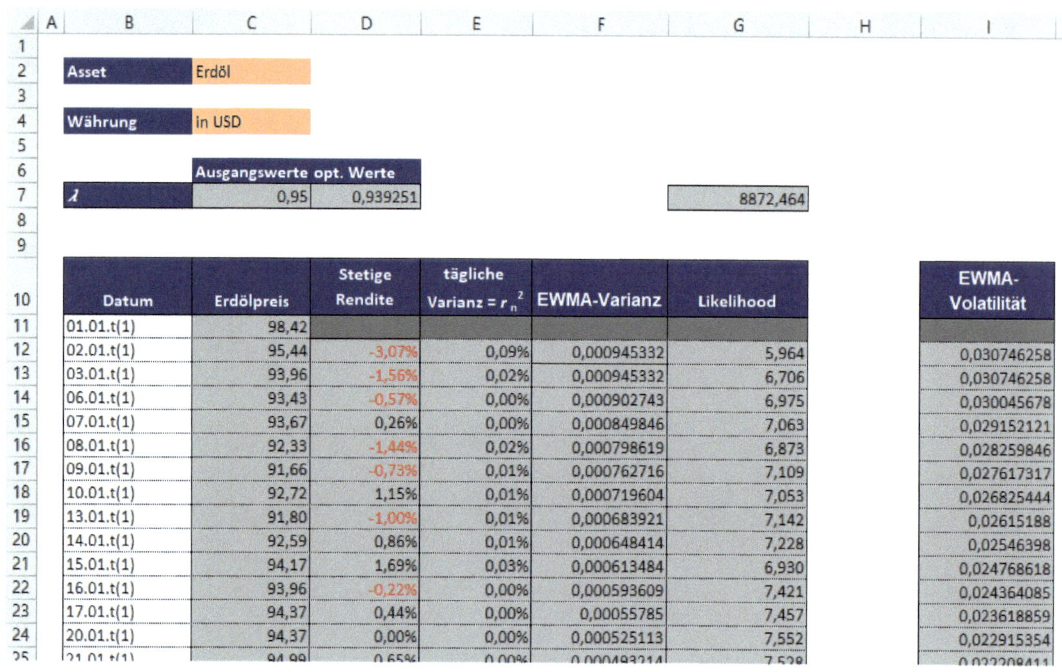

Asset	Erdöl
Währung	in USD

	Ausgangswerte	opt. Werte	Likelihood
λ	0,95	0,939251	8872,464

Datum	Erdölpreis	Stetige Rendite	tägliche Varianz = r_n^2	EWMA-Varianz	Likelihood	EWMA-Volatilität
01.01.t(1)	98,42					
02.01.t(1)	95,44	-3,07%	0,09%	0,000945332	5,964	0,030746258
03.01.t(1)	93,96	-1,56%	0,02%	0,000945332	6,706	0,030746258
06.01.t(1)	93,43	-0,57%	0,00%	0,000902743	6,975	0,030045678
07.01.t(1)	93,67	0,26%	0,00%	0,000849846	7,063	0,029152121
08.01.t(1)	92,33	-1,44%	0,02%	0,000798619	6,873	0,028259846
09.01.t(1)	91,66	-0,73%	0,01%	0,000762716	7,109	0,027617317
10.01.t(1)	92,72	1,15%	0,01%	0,000719604	7,053	0,026825444
13.01.t(1)	91,80	-1,00%	0,01%	0,000683921	7,142	0,02615188
14.01.t(1)	92,59	0,86%	0,01%	0,000648414	7,228	0,02546398
15.01.t(1)	94,17	1,69%	0,03%	0,000613484	6,930	0,024768618
16.01.t(1)	93,96	-0,22%	0,00%	0,000593609	7,421	0,024364085
17.01.t(1)	94,37	0,44%	0,00%	0,00055785	7,457	0,023618859
20.01.t(1)	94,37	0,00%	0,00%	0,000525113	7,552	0,022915354

Abbildung 22: Berechnung der Volatilität mit dem EWMA-Modell

Literatur und Verweise auf das Excel-Tool

Hull, J. C. (2014): Risikomanagement: Banken, Versicherungen und andere Finanzinsitutionen, 3. Auflage, Pearson, S. 257-259.

Romeike, F., Hasger, P. (2013): Erfolgsfaktor Risikomanagement 3.0, 3. Auflage, SpringerGabler, S. 471-475.

Siehe Excel-Datei `Case Study Risikomanagement Teil 1`, Excel-Arbeitsblatt `EWMA`.

Assignment 14: Berechnung der Volatilität mit dem ARCH-Modell

Aufgabe

Berechnen Sie die Volatilität mit dem ARCH-Modell für die stetigen, täglichen Renditen des Erdölpreises.

Inhalt

Die meisten theoretischen Ansätze in der Kapitalmarkttheorie gehen davon aus, dass die Varianz von Renditen im Zeitablauf konstant ist. Betrachtet man jedoch die Preisveränderungsraten auf spekulativen Märkten genauer, kann beobachtet werden, dass sie zwar um einen konstanten Mittelwert schwanken, ihre Variabilität im Zeitablauf jedoch nicht konstanten Schwankungen unterliegt. Es besteht vielmehr eine Tendenz zum Volatility Clustering (Volatilitätsclustering). Volatility Clustering beschreibt die zeitliche Konzentration absolut hoher und absolut niedriger Renditen. Dies bedeutet, dass die Entwicklung der Volatilität im Zeitablauf einem gewissen Muster folgt. Auf eine Phase hoher Volatilität folgt eine Phase niedriger Volatilität und umgekehrt. Es bilden sich also in jeder Phase Volatilitätscluster. Klassische Methoden wie die Regressionsanalyse oder Zeitreihenanalyse unterstellen eine im Zeitablauf konstante Varianz der Prognosefehler und sind ungeeignet, Phänomene wie Volatilitätsclustering zu erklären. Speziell Aktien- und Wechselkurse oder Zinssätze weisen derartige Verhaltensmuster auf, die einen nichtlinearen Modellierungsansatz erforderlich machen. Einen solchen Ansatz stammt von *Engl*, der 2003 für seine Arbeiten zu ARCH-Modellen den Nobelpreis in Wirtschaftswissenschaften erhielt.

Die Abkürzung ARCH steht für „Autoregressive Conditional Heteroscedasticity", was ins Deutsche übersetzt „Autoregressive Bedingte Heteroskedastizität" bedeutet. ARCH-Modelle versuchen zu berücksichtigen, dass Volatilitäten einem bestimmten Muster folgen. Diese Eigenschaft sich im Zeitablauf verändernder Volatilitäten wird als *Heteroskedastizität* bezeichnet. ARCH-Modelle sind ferner *autoregressiv*, d. h. dass die Volatilität in Abhängigkeit von ihrer Vorgängergröße gemessen wird, also bedingt (*conditional*) ist.

Das hier betrachtete ARCH(m)-Modell kann als Erweiterung der Methode der gleitenden Volatilität betrachtet werden, die wir bereits besprochen haben. Die Erweiterung besteht darin, dass bei der Berechnung der geschätzten Varianz neben den gewichteten historischen Varianzen auch eine langfristige Varianz existiert, auf die sich die geschätzte Varianz langfristig einschwingt. Auch hier findet zur Bestimmung der modellnotwendigen Parameter die Maximum-Likelihood-Methode Anwendung.

ARCH-Modelle sind besonders gut für kurzfristige Prognosen geeignet, die auf aktuellen historischen Daten beruhen. Wir berücksichtigen hier für das ARCH-Modell die Daten der vergangenen fünf Tage.

Wichtige Formeln

Die Formel für die Varianz σ^2 zum Zeitpunkt t im ARCH(m)-Modell lautet:

$$\sigma_t^2 = \gamma \cdot V_L + \sum_{i=1}^{m} \alpha_i \cdot r_{n-1}^2$$

(1.3.14.1)

V_L	= langfristige Varianz der Zeitreihe
γ	= Gewichtungsfaktor von V_L
r_{n-1}^2	= quadrierte Rendite (= Varianz) am Vortag
α_i	= Gewichtungsfaktor am Tag i
m	= Anzahl der Beobachtungen
n	= Periode des Schätzers = m+1

Das ARCH(m)-Modell beinhaltet, dass die Varianz σ_t^2 mit Hilfe der durchschnittlichen, langfristigen Varianz und der gewichteten historischen Varianz aus m Beobachtungen erklärt werden kann.

Da die Summe der Gewichte eins ergibt, gilt:

$$\gamma + \sum_{i=1}^{m} \alpha_i = 1$$

(1.3.14.2)

Im ARCH(m)-Modell werden jüngeren Beobachtungen höhere Gewichte und älteren Beobachtungen niedrigere Gewichte zugewiesen. Mit $\omega = \gamma \cdot V_L$ kann die obige Formel auch wie folgt geschrieben werden:

$$\sigma_t^2 = \omega + \sum_{i=1}^{m} \alpha_i \cdot r_{n-1}^2$$

(1.3.14.3)

Arbeitsmappe: `Case Study Risikomanagement Teil 1` ➲ Arbeitsblatt: `ARCH`

Berechnung der täglichen Varianz:

Excel-Beispiel: `E12=D12^2`

Ausgangswert für ω, über den im `SOLVER` die Optimierung erfolgt:

Excel-Beispiel: `L3='Annahmen allgemein'!C181`

Ausgangswert für $\alpha(1)$, über den im `SOLVER` die Optimierung erfolgt:

Excel-Beispiel: `L4='Annahmen allgemein'!C182`

Berechnung der bedingten (conditional) Varianz:

Excel-Beispiel: `F17=$M$3+$M$4*E12+$M$5*E13+$M$6*E14+$M$7*E15+$M$8*E16`

Berechnung der bedingten (conditional) Volatilität:

Excel-Beispiel: `I17=WURZEL(F17)`

Berechnung der Wahrscheinlichkeit, dass der geschätzte Wert auftritt:

Excel-Beispiel: `G17=-LN(F17)-E17/F17`

Summe der Wahrscheinlichkeiten, die maximiert wird:

Excel-Beispiel: `G8=SUMME(G12:G1314)`

Berechnung des Gewichtungsfaktors von γ_L:

Excel-Beispiel: `I2=1-SUMME(M4:M8)`

Berechnung von der täglichen, langfristigen Varianz V_L:

Excel-Beispiel: `I3=M3/I2`

Berechnung von der täglichen, langfristigen Volatilität:

Excel-Beispiel: `I4=WURZEL(I3)`

Berechnung von der jährlichen, langfristigen Volatilität:

Excel-Beispiel: `I5=I4*WURZEL('Annahmen allgemein'!C187)`

Vorgehensweise

- Berechnen Sie in Spalte `D` die stetigen, täglichen Renditen.
- Berechnen Sie in Spalte `E` basierend auf den stetigen, täglichen Renditen die tägliche Varianz.
- Im nächsten Schritt wird die bedingte (conditional) Varianz berechnet. Dafür benötigen wir für die Variablen ω und α_i Ausgangswerte, die wir aus den `Annahmen allgemein` erhalten. Sie werden mit den Zelle `L3` und `L4:L8` verlinkt. Wir verlinken diese Zelle wiederum mit den Zellen `M3` und `M4:M8`, in der nach Optimierung mit dem Solver die aus der Optimierung hervorgehende Werte von λ und α_i stehen werden.
- In `F17` befindet sich die eigentliche Formel für die Berechnung der bedingten Varianz, die sich aus der durchschnittlichen, langfristigen Varianz und 5 Beobachtungen zusammensetzt `F17=$M$3+$M$4*E12+$M$5*E13+$M$6*E14+$M$7*E15+$M$8*E16`.
- Die bedingte Volatilität ist die Wurzel der bedingten Varianz `I17=WURZEL(F17)`.
- In Spalte `G` befindet sich die Berechnung der Wahrscheinlichkeit für die Maximum-Likelihood-Methode. Die Excel Formel lautet `G17=-LN(F17)-E17/F17`.
- In Zelle `G8` werden die Wahrscheinlichkeiten summiert `G8=SUMME(G12:G1314)`, die dann bei der Optimierung maximiert werden.
- Für die Optimierung mit Hilfe des `SOLVER` sind folgende Werte in den `SOLVER` einzugeben.

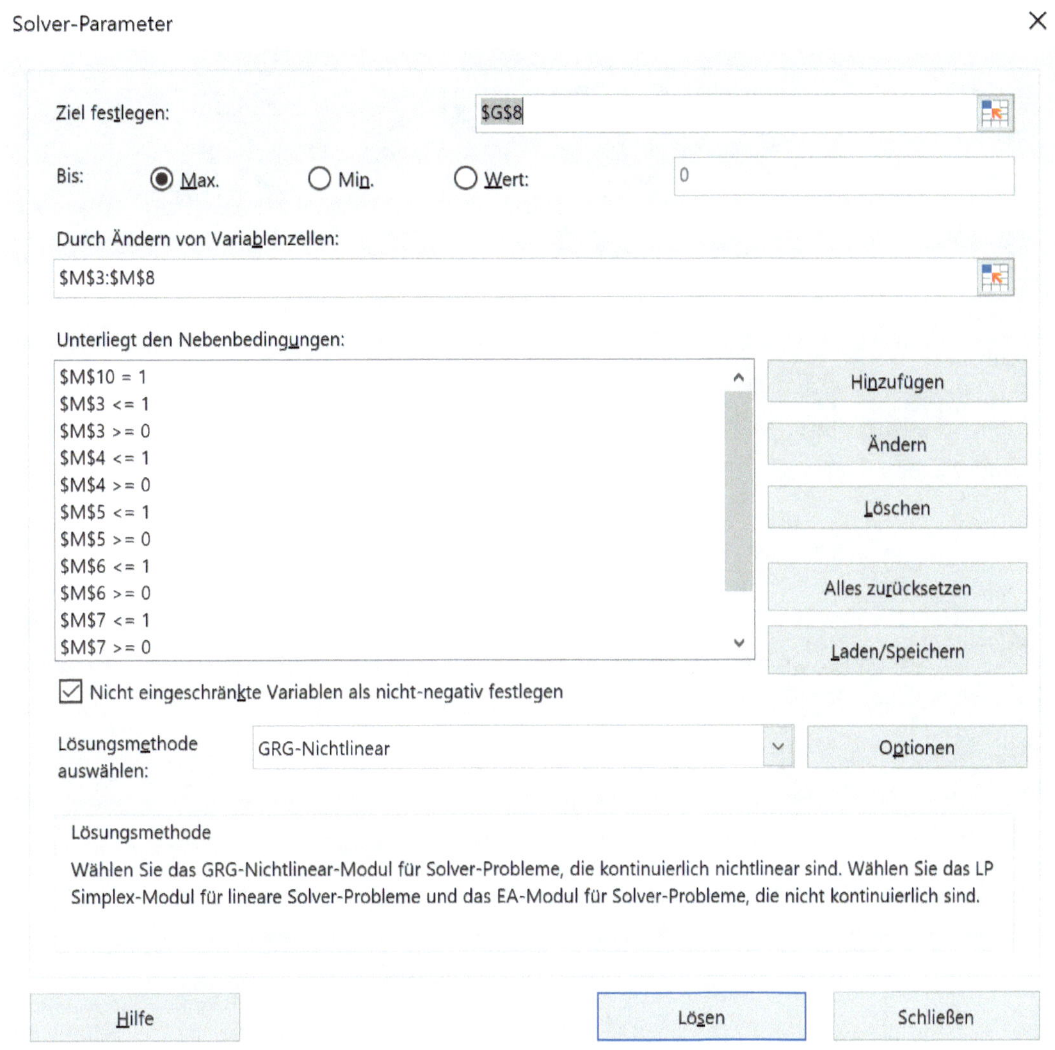

Solver-Parameter

Ziel festlegen: $G$8

Bis: Max. Min. Wert: 0

Durch Ändern von Variablenzellen:

$M$3:$M$8

Unterliegt den Nebenbedingungen:

$M$10 = 1
$M$3 <= 1
$M$3 >= 0
$M$4 <= 1
$M$4 >= 0
$M$5 <= 1
$M$5 >= 0
$M$6 <= 1
$M$6 >= 0
$M$7 <= 1
$M$7 >= 0

Hinzufügen

Ändern

Löschen

Alles zurücksetzen

Laden/Speichern

Nicht eingeschränkte Variablen als nicht-negativ festlegen

Lösungsmethode auswählen: GRG-Nichtlinear

Optionen

Lösungsmethode

Wählen Sie das GRG-Nichtlinear-Modul für Solver-Probleme, die kontinuierlich nichtlinear sind. Wählen Sie das LP Simplex-Modul für lineare Solver-Probleme und das EA-Modul für Solver-Probleme, die nicht kontinuierlich sind.

Hilfe Lösen Schließen

Abbildung 23: Solver Parameter für das ARCH-Modell

- Es ergibt sich ein Wert für ω in Höhe von 0,000139 und Werte für α_1 in Höhe von 0,143471, für α_2 in Höhe von 0,107560, für α_3 in Höhe von 0,297855, für α_4 in Höhe von 0,116534 und für α_5 in Höhe von 0,180002. Mit diesen Werten werden die historischen Beobachtungen der bedingten Varianz am besten beschrieben.
- Im nächsten Schritt können der Gewichtungsfaktor γ_L `I2=1-SUMME(M4:M8)`, die tägliche, langfristige Varianz V_L `I3=M3/I2` und die tägliche, langfristige Volatilität `I4=WURZEL(I3)` berechnet werden.
- Das Ergebnis des hier verwendeten ARCH-Modells besagt, dass die langfristige Volatilität pro Jahr 47,33% beträgt. Dazu tragen zu 84,54% die Gewichte aus den letzten fünf Tagen tatsächlich gemessenen Varianzen und zu 15,46% die durchschnittliche, langfristige Varianz der Zeitreihe bei.

Ergebnis

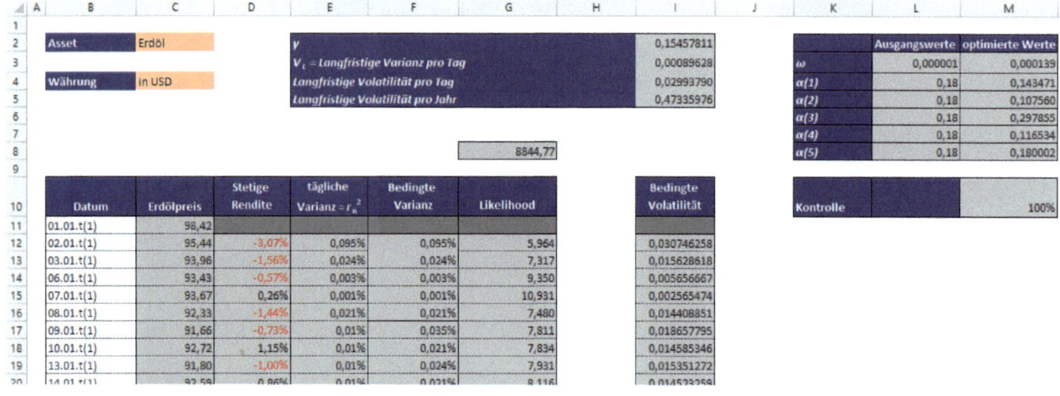

Asset	Erdöl
Währung	in USD

γ	0,15457811
V_L = Langfristige Varianz pro Tag	0,00089628
Langfristige Volatilität pro Tag	0,02993790
Langfristige Volatilität pro Jahr	0,47335976

	Ausgangswerte	optimierte Werte
ω	0,000001	0,000139
$\alpha(1)$	0,18	0,143471
$\alpha(2)$	0,18	0,107560
$\alpha(3)$	0,18	0,297855
$\alpha(4)$	0,18	0,116534
$\alpha(5)$	0,18	0,180002

Kontrolle		100%

					8844,77	
Datum	**Erdölpreis**	**Stetige Rendite**	**tägliche Varianz = r_n^2**	**Bedingte Varianz**	**Likelihood**	**Bedingte Volatilität**
01.01.t(1)	98,42					
02.01.t(1)	95,44	-3,07%	0,095%	0,095%	5,964	0,030746258
03.01.t(1)	93,96	-1,56%	0,024%	0,024%	7,317	0,015628618
06.01.t(1)	93,43	-0,57%	0,003%	0,003%	9,350	0,005656667
07.01.t(1)	93,67	0,26%	0,001%	0,001%	10,931	0,002565474
08.01.t(1)	92,33	-1,44%	0,021%	0,021%	7,480	0,014408851
09.01.t(1)	91,66	-0,73%	0,01%	0,035%	7,811	0,018657795
10.01.t(1)	92,72	1,15%	0,01%	0,021%	7,834	0,014585346
13.01.t(1)	91,80	-1,00%	0,01%	0,024%	7,931	0,015351272

Abbildung 24: Berechnung der Volatilität mit dem ARCH-Modell

Literatur und Verweise auf das Excel-Tool

Hull, J. C. (2014): Risikomanagement: Banken, Versicherungen und andere Finanzinsitutionen, 3. Auflage, Pearson, S. 256-257.

Siehe Excel-Datei `Case Study Risikomanagement Teil 1`, Excel-Arbeitsblatt `ARCH`.

Assignment 15: Berechnung der Volatilität mit dem GARCH-Modell

Aufgabe

Berechnen Sie die Volatilität mit dem GARCH-Modell für die stetigen, täglichen Renditen des Erdölpreises.

Inhalt

Die Idee des ARCH-Modells wurde in verschiedener Weise weiterentwickelt und zählt heute zu den fortgeschrittenen Methoden in der Ökonometrie. Eine Verallgemeinerung sind die GARCH-Modelle (Generalized Autoregressive Conditional Heteroscedasticity), die 1986 von *Bollerslev* entwickelt wurden. Im Gegensatz zum ARCH-Modell hängt bei GARCH-Modellen die bedingte Varianz nicht nur von der Historie der Zeitreihe ab, sondern auch von ihrer eigenen Vergangenheit. Das heißt, dass in den GARCH-Modellen bei der Berechnung der bedingten Varianz neben einer langfristigen Varianz und der gewichteten historischen Varianz zusätzlich auch noch auch die bedingte Varianz des Vortags berücksichtigt wird.

GARCH-Modelle ermöglichen ebenfalls die Berücksichtigung von Volatilitätsclustern bei der Prognose von Volatilitäten. Dies beschreibt die Eigenschaft von Volatilitäten, im Zeitablauf einem bestimmten Muster zu folgen, was mit Heteroskedastizität bezeichnet wird. Ferner können bei Volatilitätsclustern autoregressive Eigenschaften beobachtet werden, d. h. dass die Volatilität wiederum von ihrer Vorgängergröße abhängig ist. Bei Vorliegen einer autoregressiven Zeitreihe ist die Varianz bedingt (conditional), da ihre Höhe vom Wert der vorherigen Varianz abhängig ist. Bei den einfachen GARCH-Modellen wird ferner angenommen, dass die zugrundeliegenden Veränderungsraten (Renditen) normalverteilt sind (es gibt aber auch GARCH-Modelle, die keine Normalverteilung der Renditen annehmen, z. B. EGARCH, GJR, etc.). Ihre Varianz kann jedoch im Zeitablauf schwanken und hängt von der Volatilität der Vorperioden ab. Auf diese Weise kann sowohl die Clusterbildung von Volatilitäten als auch eine leptokurtische Verteilung modelliert werden. Leptokurtische Verteilungen weisen einerseits schwere Ränder (fat tails) auf, welche im Gegensatz zur Normalverteilung extreme Preisänderungen an den Flanken wahrscheinlicher machen, und andererseits verfügen sie über mehr Werte um den Erwartungswert, d. h. der Gipfel der Verteilung ist höher und schmaler (thin wastes) als bei einer Normalverteilung.

Als Schwierigkeit bei der Verwendung von GARCH-Modellen wird in der Literatur die Schätzung der Parameter γ, α und β genannt. Die Schätzung der Parameter erfolgt mit Hilfe der Maximum-Likelihood-Methode. Hierbei werden auf Basis der historischen Werte die Parameter γ, α und β so geschätzt, dass sie die Wahrscheinlichkeit für das Eintreten der historischen Werte maximieren. Es werden also die Parameter so bestimmt, dass sie die bisher eingetretenen Beobachtungen am besten beschreiben.

Bei geeigneter Wahl der Parameter kann das GARCH(1,1) in das einfachere EWMA-Modell überführt werden. Für den Fall $\gamma = 0$, $\alpha = 1 - \lambda$ und $\beta = \lambda$ ergibt sich aus dem GARCH-Modell das EWMA-Modell, so dass letzteres als besonderer Fall von GARCH(1,1) angesehen werden kann.

Wichtige Formeln

Die Formel für die Varianz σ^2 zum Zeitpunkt t im GARCH(1,1)-Modell lautet:

$$\sigma_n^2 = \gamma \cdot V_L + \alpha \cdot r_{n-1}^2 + \beta \cdot \sigma_{n-1}^2$$

fx

(1.3.15.1)

σ_n^2	= bedingte Varianz am aktuellen Tag n
V_L	= durchschnittliche, langfristige Varianz der Zeitreihe
γ	= Gewichtungsfaktor von V_L
r_{n-1}^2	= die am Vortag tatsächlich gemessene quadrierte Rendite (= Varianz)
α	= Gewichtungsfaktor von r_{n-1}^2
σ_{n-1}^2	= bedingte Varianz des Vortags
β	= Gewichtungsfaktor von σ_{n-1}^2

Die Summe der drei Gewichtungsfaktoren muss eins ergeben $(\gamma + \alpha + \beta = 1)$.

Arbeitsmappe: `Case Study Risikomanagement Teil 1` ➲ Arbeitsblatt: `GARCH`

Berechnung der täglichen Varianz:

Excel-Beispiel: `E12=D12^2`

Ausgangswert für ω, über den im `SOLVER` die Optimierung erfolgt:

Excel-Beispiel: `L3='Annahmen allgemein'!C192`

Ausgangswert für α, über den im `SOLVER` die Optimierung erfolgt:

Excel-Beispiel: `L4='Annahmen allgemein'!C193`

Ausgangswert für β, über den im `SOLVER` die Optimierung erfolgt:

Excel-Beispiel: `L5='Annahmen allgemein'!C194`

Berechnung der bedingten (conditional) Varianz (Startwert):

Excel-Beispiel: `F12=E12`

Berechnung der bedingten (conditional) Varianz (Folgewerte):

Excel-Beispiel: `F13=$M$3+$M$4*E12+$M$5*F12`

Berechnung der bedingten (conditional) Volatilität:

Excel-Beispiel: `I12=WURZEL(F12)`

Berechnung der Wahrscheinlichkeit, dass der geschätzte Wert auftritt:

Excel-Beispiel: `G12=-LN(F12)-E12/F12`

Summe der Wahrscheinlichkeiten, die maximiert wird:

Excel-Beispiel: `G8=SUMME(G12:G1314)`

Berechnung des Gewichtungsfaktors von γ:

Excel-Beispiel: `I2=1-M4-M5`

Berechnung von der täglichen, langfristigen Varianz V_L:

Excel-Beispiel: `I3=M3/I2`

Berechnung von der täglichen, langfristigen Volatilität:

Excel-Beispiel: `I4=WURZEL(I3)`

Berechnung von der jährlichen, langfristigen Volatilität:

Excel-Beispiel: `I5=I4*WURZEL('Annahmen allgemein'!C195)`

Vorgehensweise

- Berechnen Sie in Spalte `D` die stetigen, täglichen Renditen.
- Berechnen Sie in Spalte `E` basierend auf den stetigen, täglichen Renditen die tägliche Varianz.
- Im nächsten Schritt wird die bedingte (conditional) Varianz berechnet. Dafür benötigen wir für die Variablen ω, α und β Ausgangswerte, die wir zunächst aus den `Annahmen allgemein` erhalten. Sie werden mit den Zelle `L3`, `L4` und `L5` verlinkt. Diese Werte bilden auch die Ausgangswerte für die Zellen `M3`, `M4` und `M5`. In den Zellen `M3`, `M4` und `M5` werden nach Optimierung mit dem Solver die aus der Optimierung hervorgehenden Werte von ω, α und β stehen.
- Für die Berechnung der bedingten (conditional) Varianz benötigen wir einen Ausgangswert. Hier setzen wir in Zelle `F12` die Varianz aus Zelle `E12` ein.
- In `F13` findet dann die eigentliche Berechnung der bedingten Varianz statt, die nicht nur von der Varianz der Zeitreihe, sondern auch von ihrer eigenen Vergangenheit, d. h. der bedingten Varianz der Vorperiode abhängt `F13=$M$3+$M$4*E12+$M$5*F12`.
- Die bedingte Volatilität ist die Wurzel der bedingten Varianz `I12=WURZEL(F12)`.
- In Spalte `G` befindet sich die Berechnung der Wahrscheinlichkeit für die Maximum-Likelihood-Methode. Die Excel Formel lautet `G12=-LN(F12)-E12/F12`.
- In Zelle `G8` werden die Wahrscheinlichkeiten summiert `G8=SUMME(G12:G1314)`, die dann bei der Optimierung maximiert werden.
- Für die Optimierung mit Hilfe des `SOLVER` sind folgende Werte in den `SOLVER` einzugeben.

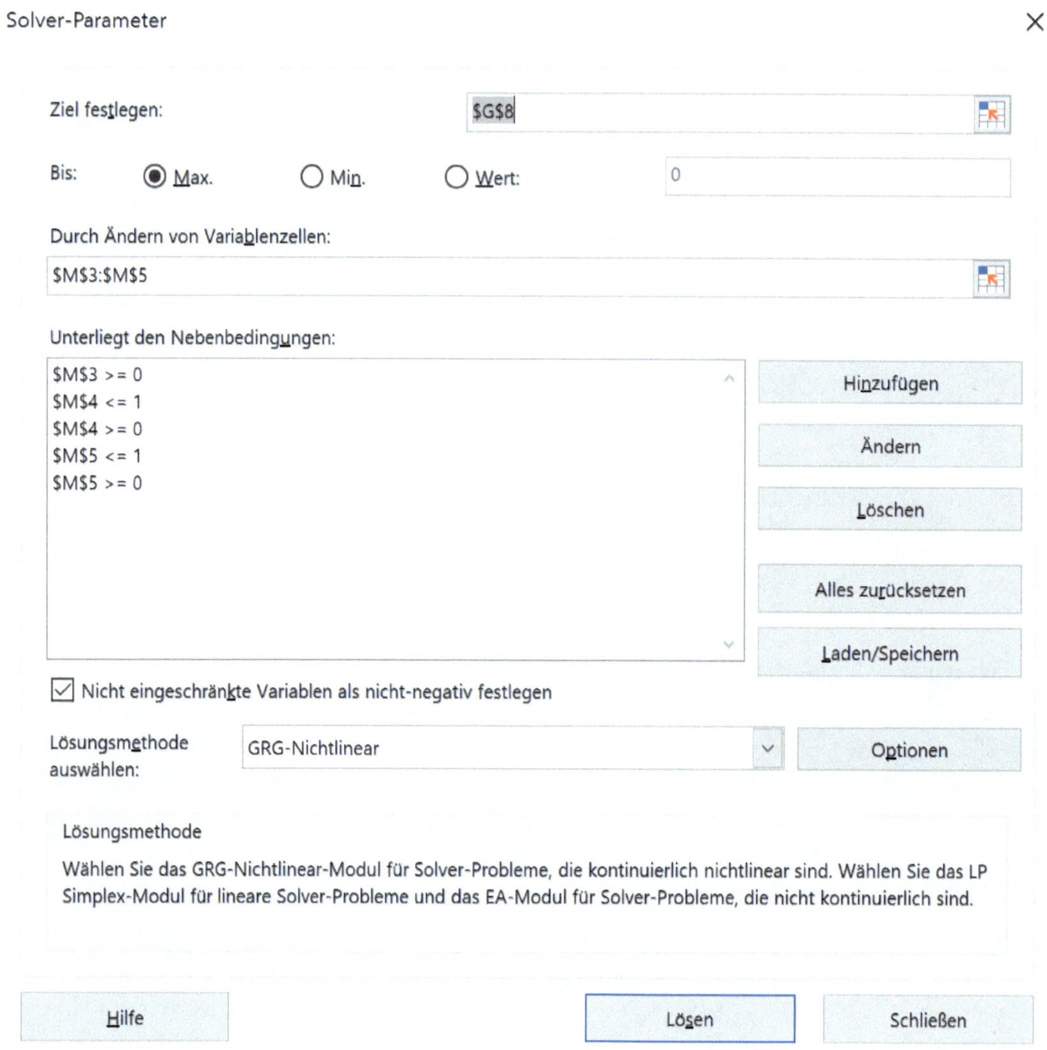

Solver-Parameter

Ziel festlegen: $G$8

Bis: (●) Max. ( ) Min. ( ) Wert: 0

Durch Ändern von Variablenzellen:

$M$3:$M$5

Unterliegt den Nebenbedingungen:

$M$3 >= 0
$M$4 <= 1
$M$4 >= 0
$M$5 <= 1
$M$5 >= 0

Hinzufügen

Ändern

Löschen

Alles zurücksetzen

Laden/Speichern

☑ Nicht eingeschränkte Variablen als nicht-negativ festlegen

Lösungsmethode auswählen: GRG-Nichtlinear

Optionen

Lösungsmethode

Wählen Sie das GRG-Nichtlinear-Modul für Solver-Probleme, die kontinuierlich nichtlinear sind. Wählen Sie das LP Simplex-Modul für lineare Solver-Probleme und das EA-Modul für Solver-Probleme, die nicht kontinuierlich sind.

Hilfe

Lösen

Schließen

Abbildung 25: Solver Parameter für das GARCH-Modell

- Es ergibt sich für ω ein Wert in Höhe von 0,000005, für α ein Wert in Höhe von 0,084084 und für β ein Wert in Höhe von 0,912088.
- Im nächsten Schritt können nun der Gewichtungsfaktor von V_L `I2=1-M4-M5`, die tägliche, langfristige Varianz V_L `I3=M3/I2` und die tägliche, langfristige Volatilität `I4=WURZEL(I3)` berechnet werden. Die langfristige Volatilität pro Jahr beträgt 54,64%.
- Das Ergebnis des hier verwendeten GARCH-Modells besagt, dass die langfristige Volatilität pro Jahr 54,64% beträgt. Dazu tragen zu 8,41% die bedingte Varianz des Vortages, zu 91,21% die Varianz des Vortages und zu 0,38%die durchschnittliche, langfristige Varianz der Zeitreihe bei.

Ergebnis

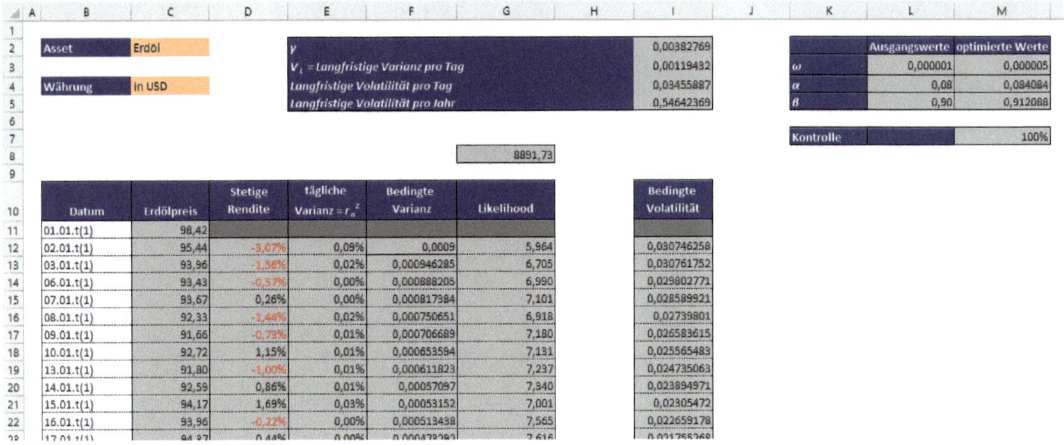

Asset	Erdöl
Währung	in USD

γ	0,00382769
V_L = Langfristige Varianz pro Tag	0,00119432
Langfristige Volatilität pro Tag	0,03455887
Langfristige Volatilität pro Jahr	0,54642369

	Ausgangswerte	optimierte Werte
ω	0,000001	0,000005
α	0,08	0,084084
β	0,90	0,912088
Kontrolle		100%

Datum	Erdölpreis	Stetige Rendite	tägliche Varianz = r_n^2	Bedingte Varianz	Likelihood	Bedingte Volatilität
					8891,73	
01.01.t(1)	98,42					
02.01.t(1)	95,44	-3,07%	0,09%	0,0009	5,964	0,030746258
03.01.t(1)	93,96	-1,56%	0,02%	0,000946285	6,705	0,030761752
06.01.t(1)	93,43	-0,57%	0,00%	0,000888205	6,990	0,029802771
07.01.t(1)	93,67	0,26%	0,00%	0,000817384	7,101	0,028589921
08.01.t(1)	92,33	-1,44%	0,02%	0,000750651	6,918	0,02739801
09.01.t(1)	91,66	-0,73%	0,01%	0,000706689	7,180	0,026583615
10.01.t(1)	92,72	1,15%	0,01%	0,000653594	7,131	0,025565483
13.01.t(1)	91,80	-1,00%	0,01%	0,000611823	7,237	0,024735063
14.01.t(1)	92,59	0,86%	0,01%	0,00057097	7,340	0,023894971
15.01.t(1)	94,17	1,69%	0,03%	0,00053152	7,001	0,02305472
16.01.t(1)	93,96	-0,22%	0,00%	0,000513438	7,565	0,022659178

Abbildung 26: Berechnung der Volatilität mit dem GARCH-Modell

Literatur und Verweise auf das Excel-Tool

Hull, J. C. (2014): Risikomanagement: Banken, Versicherungen und andere Finanzinsitutionen, 3. Auflage, Pearson, S. 259-260.

Romeike, F., Hasger, P. (2013): Erfolgsfaktor Risikomanagement 3.0, 3. Auflage, SpringerGabler, S. 475-476.

Siehe Excel-Datei `Case Study Risikomanagement Teil 1`, Excel-Arbeitsblatt `GARCH`.

Assignment 16: Prognose von Wert- und Preisentwicklungen mit Hilfe stochastischer Prozesse

Aufgabe

Simulieren Sie die Erdölpreise für die gegebene Datenreihe für ein Jahr mit Hilfe eines geeigneten stochastischen Prozesses.

Inhalt

GARCH-Modelle sind in der Lage, kurzfristige Preis- und Wertentwicklungen von Assets abzubilden. Bei der Prognose längerfristiger Preis- und Wertentwicklungen bieten sich stochastische Prozesse an, die sehr gut die Besonderheiten und Eigenschaften der historischen Preis- und Wertentwicklungen aufnehmen und auf die Zukunft übertragen können. Ein <u>stochastischer Prozess</u> (auch Zufallsprozess genannt) ist die mathematische Beschreibung von zeitlich geordneten, zufälligen Vorgängen. In Finanzmarktmodellen werden spezielle stochastische Prozesse herangezogen, die jeweils mit einer zugrundeliegenden Verteilung korrespondieren und die z. B. danach unterschieden werden können, ob sie stetig sind, Sprünge aufweisen oder etwa ein Rückkehr-Verhalten zum Mittelwert (Mean-Reverting-Verhalten) wiedergeben. Je nachdem, wie viele stochastische Einflussgrößen in ein Modell eingehen, spricht man von Ein- oder Mehrfaktormodellen.

Um den Ölpreis zu simulieren, benötigen wir Modelle, die eine Extrapolation der Preisverläufe in die Zukunft ermöglichen und gut zu den historischen Daten und den allgemeinen Eigenschaften der Preisverläufe passen. Wir betrachten einen Prognosehorizont von 1 Jahr.

Aus der Vielzahl stochastischer Prozesse wählen wir fünf Prozesse aus, die in der Risikomanagementpraxis von Bedeutung sind. Diese Prozesse haben unterschiedliche Eigenschaften, die sie für bestimmte Anwendungen mehr oder weniger geeignet machen. Nach diesen Kriterien kann der passende Prozess ausgewählt werden.

Abbildung 27 zeigt fünf stochastische Prozesstypen mit ihren Eigenschaften.

Name	Vorzeichen	Mean-Reversion	Langfristiges Steigungsverhalten der Quantile
Wiener-Prozess	Positives und negatives Vorzeichen möglich	Nein	Quadratwurzel plus linear
Brownsche Bewegung	Positives und negatives Vorzeichen möglich	Nein	Quadratwurzel
Geometrische Brownsche Bewegung	Nur positives Vorzeichen möglich	Nein	Exponentiell
Black-Karasinski-Prozess	Nur positives Vorzeichen möglich	Ja	Stationär
Vasicek-Prozess	Positives und negatives Vorzeichen möglich	Ja	Stationär

Abbildung 27: Prozesstypen und ihre Eigenschaften

Wichtige Formeln

Wiener-Prozess

Ein Wiener-Prozess ist ein zeitstetiger stochastischer Prozess, der normalverteilte, unabhängige Zuwächse hat.

$$dW_t = \varepsilon \cdot \sqrt{dt}$$

(1.3.16.1)

W_t = Wiener-Prozess
d = Differential
ε = Zufallsvariable, die standardnormalverteilt ist
t = Zeitverlauf
dt = Kleine Änderung der Zeit

Der Wiener-Prozess ist durch folgende Eigenschaften gekennzeichnet:

- **Eigenschaft 1:** $W_0 = 0$
  Eigenschaft 2: Der Wiener Prozess $(W_t)_{t \geq 0}$ besitzt unabhängige Zuwächse, d. h. für die Zeitpunkte $t_1 < t_2 < t_3 < \ldots < t_n$ sind die Zuwächse $W_{t_n} - W_{t_{n-1}}; W_{t_{n-1}} - W_{t_{n-2}}; \ldots; W_{t_2} - W_{t_1}$ stochastisch unabhängig.
- **Eigenschaft 3:** Für alle $0 \leq s < t$ gilt $W_t - W_s \sim N(0, t-s)$. Die Zuwächse sind normalverteilt mit dem Erwartungswert $E[W_t - W_s] = 0$ und Varianz $\text{Var}[W_t - W_s] = t - s$.
- **Eigenschaft 4:** Alle (einzelnen) Pfade von $(W_t)_{t \geq 0}$ sind stetig.
- kleine Zeitintervalle dt sind die Zuwächse dW unabhängig.

Der Wiener-Prozess ist ein Prozess mit Markov-Eigenschaft. Diese besagt, dass für die Vorhersage zukünftiger Realisationen der Variablen W ausschließlich ihr heutiger Wert relevant ist. Die Variable besitzt somit „kein Gedächtnis“, so dass vergangene Realisationen keinen Einfluss auf die zukünftige Entwicklung haben und auch nicht zur Prognose zukünftiger Entwicklungen geeignet sind.

Brownsche Bewegung

Die Brownsche Bewegung ist ein Wiener-Prozess, der zusätzlich eine Drift μ und Standardabweichung σ aufweist.

Die Wertentwicklung bei einer Brownschen Bewegung kann mit folgender Formel wiedergegeben werden:

$$X_t = \mu \cdot t + \sigma \cdot W_t$$

(1.3.16.2)

X_t = Zufallsvariable X zum Zeitpunkt t
μ = Drift
t = Zeitverlauf
σ = Volatilität
W_t = Wiener-Prozess

Die Brownsche Bewegung ist die Lösung der Differentialgleichung:

$$dX_t = \mu \cdot dt + \sigma \cdot dW_t$$

(1.3.16.3)

Geometrische Brownsche Bewegung

Die Geometrische Brownsche Bewegung ist ein stetiger stochastischer Prozess, der auf der Brownschen Bewegung basiert. Die Geometrische Brownsche Bewegung wird gerne bei der Modellierung von Finanzanlagen, z. B. Aktien, verwendet, weil sie im Gegensatz zur Brownschen Bewegung stets positive Werte aufweist. Daher wird häufig die Zufallsvariable X durch die Variable S ersetzt, die sich vom englischen Begriff „Stock“ (= Aktie) ableitet. Mit der Geometrische Brownschen Bewegung können unabhängige, multiplikative Zuwächse modelliert werden.

$$S_t = S_0 \cdot exp\left[\left(\mu - \frac{\sigma^2}{2}\right) \cdot t + \sigma \cdot dW_t\right]$$

(1.3.16.4)

S_t	= Wert zum Zeitpunkt t
S_0	= Startwert zum Zeitpunkt 0
μ	= Drift
σ	= Volatilität
W_t	= Wiener-Prozess
t	= Zeitverlauf

Die Geometrische Brownsche Bewegung ist die Lösung der folgenden stochastischen Differentialgleichung. Die Lösung erfolgt mit Hilfe des Itos Lemma.

$$dS_t = S_t \cdot (\mu \cdot dt + \sigma \cdot dW_t)$$

(1.3.16.5)

S_t	= Wert zum Zeitpunkt t
dS_t	= kleine Änderung des Werts
d	= Differential
dt	= Kleine Änderung der Zeit

Die Geometrische Brownsche Bewegung besitzt folgende Eigenschaften:

- **Eigenschaft 1:** Prozentuale Veränderungen des Aktienkurses sind normalverteilt, während die absoluten Kursschwankungen einer Lognormalverteilung folgen.
- **Eigenschaft 2:** Aktienkurse können keine negativen Werte annehmen. Dies ergibt sich rein formal auch aus ihrer Lognormalverteilung. Sofern ein Kurs von null erreicht wird, verharrt der Prozess auf diesem Niveau.

Wird das Modell zusätzlich noch um Dividendenzahlungen, verändert sich die Gleichung der Geometrischen Brownschen Bewegung wie folgt:

$$S_t = S_0 \cdot exp\left[\left(\mu - \delta - \frac{\sigma^2}{2}\right) \cdot t + \sigma \cdot W_t\right]$$

(1.3.16.6)

S_0 = Startwert
δ = annualisierte, stetige Dividendenrendite des Underlyings

Ornstein-Uhlenbeck-Prozess

Eine weitere Klasse innerhalb der stochastischen Prozesse sind die sogenannten Mean Reversion Prozesse. Sie berücksichtigen neben einem Diffusionsparameter einen Drift-Parameter, der den Prozess auf ein langfristiges Mean Reversion Level (Trendniveau) führt.

Das einfachste Beispiel für einen Mean Reversion Prozess ist der Ornstein-Uhlenbeck-Prozess:

$$dX_t = \alpha \cdot (\mu - X_t) \cdot dt + \sigma \cdot dW_t$$

(1.3.16.7)

X_t = Zufallsvariable X zum Zeitpunkt t
d = Differential
α = Mean Reversion Speed = ("Steifigkeit")
μ = Mean Reversion Level = Trendniveau
σ = Diffusion = Volatilität
W_t = Wiener-Prozess
t = Zeitverlauf
dt = Kleine Änderung der Zeit

Wäre die Diffusion σ gleich 0, so wäre die zufällige Störung der Anziehung anμ ausgeschaltet und der Prozess würde linear gegen das Mean Reversion Level konvergieren.

Black-Karasinski-Prozess

Der Black-Karasinski-Prozess ist ein logarithmisches Modell und erzeugt daher stets positive Werte. Er ist somit für Underlyings geeignet, die keine negativen Werte annehmen können. Im Gegensatz zur Geometrischen Brownschen Bewegung, deren Quantile einen exponentiellen Verlauf annehmen, und damit schnell Wertentwicklungen erzeugen, die außerhalb realistischer Größenordnungen liegen, besitzt der Black-Karasinski-Prozess einen Mean Reversion Prozess, der eine Bewegung in Richtung Drift begründet. Der Black-Karasinski-Prozess basiert auf einem stationären Prozess.

Der Black-Karasinski-Prozess weist folgende Formel auf:

$$dln(X_t) = \alpha \cdot (\mu - ln(X_t)) \cdot dt + \sigma \cdot dW_t$$

(1.3.16.8)

X_t = Zufallsvariable X zum Zeitpunkt t
d = Differential
α = Mean Reversion Speed
μ = Mean Reversion Level = Trendniveau (langfristiger Trend =exp(μ))
σ = Diffusion = Volatilität
W_t = Wiener-Prozess

Vasicek-Prozess

Der Vasicek-Prozess ist sehr ähnlich aufgebaut wie der Black-Karasinski-Prozess. Der Vasicek-Prozess ist kein logarithmisches Modell und erlaubt daher, diesen Prozess für Assets mit positiven und negativen Werten einzusetzen. Der Vasicek-Prozess besitzt ebenfalls die Mean Reversion Eigenschaft. Das bedeutet, dass die Zufallsvariable immer wieder von dem Mean-Reversion-Level angezogen wird. Befindet sich die Zufallsvariable X zu einem Zeitpunkt t über dem langfristigen Mittel μ, so ist der Driftterm negativ, d. h. es erfolgt eine Anziehung von oben gegen das Mean Reversion Level. Befindet er sich darunter, so ist der Driftterm entsprechend positiv und es findet eine Anziehung von unten gegen das Mean Reversion Level statt. Der Parameter α bestimmt die Geschwindigkeit der Rückkehr zum Mean Reversion Level. Der Parameter σ gibt den Zufallseinfluss durch den Wiener-Prozess an.

$$dX_t = \alpha \cdot \left(\mu - X_t\right) \cdot dt + \sigma \cdot dW_t$$

(1.3.16.9)

X_t = Zufallsvariable X zum Zeitpunkt t
d = Differential
α = Mean Reversion Speed
μ = Mean Reversion Level = Trendniveau (langfristiger Trend =exp(μ)) = "long term mean reversion level"
σ = Diffusion = Volatilität
W_t = Wiener-Prozess

Arbeitsmappe: `Case Study Risikomanagement Teil 1` ➲ Arbeitsblatt: `Black-Karasinski`

Das Assignment wird mit dem Excel Add-In Risk-Kit durchgeführt.

Black-Karasinski-Prozess

Bei der Kalibrierung der Erdölpreise für den Black-Karasinski-Prozess mit Risk-Kit findet folgende ergänzende Funktion Anwendung:

Excel-Beispiel: `{F6=CalibrateProcess(F4;C3:C1306;1)}`

Für die Simulation verwenden wir die ergänzende Funktion '`BK_path`' für den Black-Karasinski-Prozess, die die Parameter in der gleichen Reihenfolge verwendet, wie sie die Funktion '`CalibrateProcess`' zurückgibt.

Excel-Beispiel: `{G13=BK_path(C3;F7;G7;H7;F13:F25)}`

Die Ergebnisse der Monte-Carlo-Simulation werden über folgende Funktion generiert und ausgewiesen:

Excel-Beispiel: `I15=ProcessDefinition(F13:F25;G13:G25;G12)`

Die Ergebnisse der Monte-Carlo-Simulation können auch graphisch dargestellt werden. Die Funktion hierzu lautet:

Excel-Beispiel: `I16=+PlotProcess(I15)`

Vorgehensweise

- Zunächst übernehmen wir die Daten für den Erdölpreis.
- Anhand des oben aufgeführten Kriterienkatalogs wählen wir aus, welcher stochastische Prozess am besten zu den Eigenschaften der Daten passt.
- Beim Erdölpreis stellen wir fest, dass dieser nur positive Werte annehmen kann. Daher scheiden
  - der Wiener-Prozess,
  - die Brownsche Bewegung und
  - der Vasicek-Prozess aus.
- Es verbleiben
  - die Geometrische Brownsche Bewegung und
  - der Black-Karasinski-Prozess.
- Nun muss genauer geprüft werden, welcher dieser beiden Prozesse am besten zum Preis-/Wertverhaltens des Ölpreises passt.
- Im betrachteten Zeitfenster weist der Ölpreis ein recht stationäres Verhalten auf, ohne dass ein klarer langfristiger Trend erkennbar ist. Auf die Daten kalibriert, zeigen die Geometrische Brownsche Bewegung und der Black-Karasinski-Prozess recht unterschiedliche Prognoseverläufe. Insbesondere die Geometrische Brownsche Bewegung zeigt exponentiell ansteigende Quantile. Diese Quantile erreichen Ölpreisniveaus, die weit außerhalb des Bereichs der historischen Daten liegen. Die Konfidenzbänder des Black-Karasinski-Prozesses hingegen decken den historischen Bereich des Ölpreises einigermaßen konservativ ab. Daher wählen wir das Black-Karasinski-Modell für die 1-Jahres-Prognose des Ölpreises.

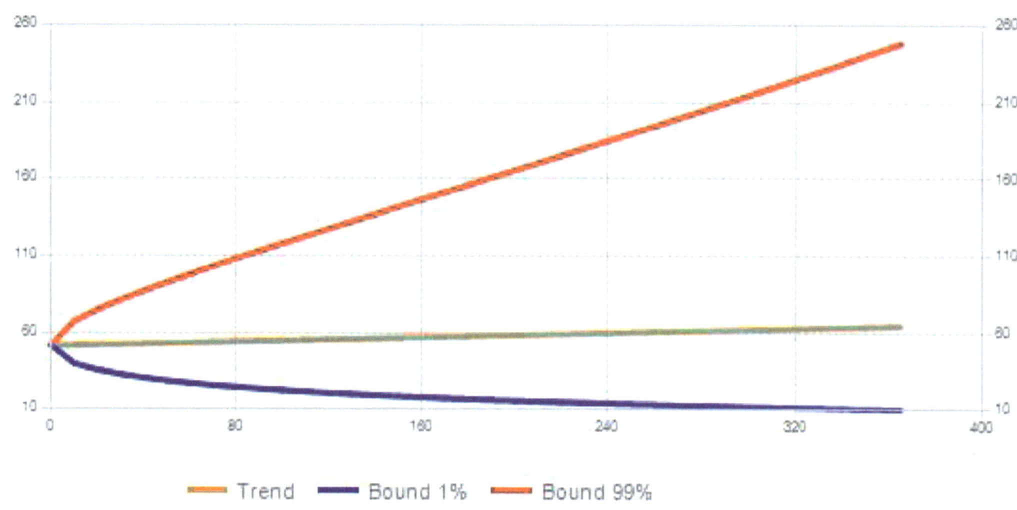

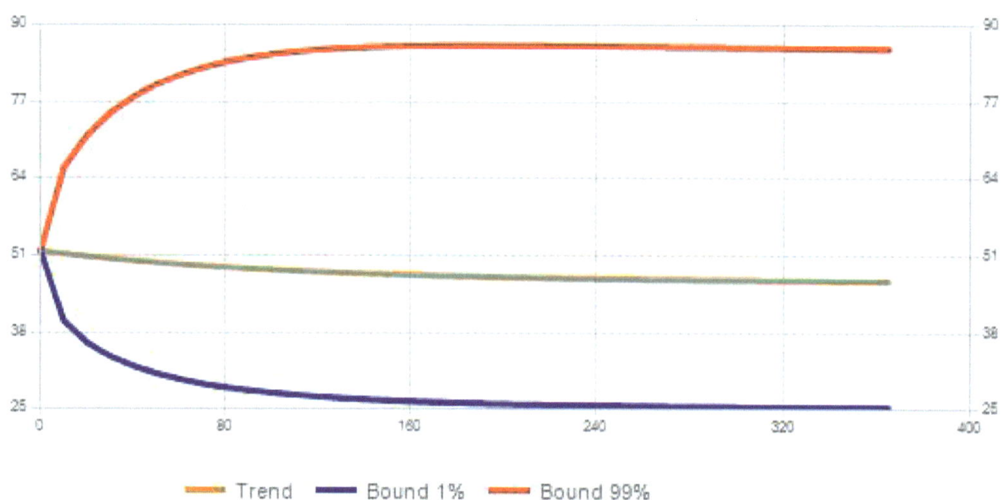

Abbildung 28: Kalibrierte Geometrische Brownsche Bewegung und Black-Karasinski-Prozess

- Zur Modellierung des Erdölpreises mit dem Black-Karasinski-Prozess geben wir zunächst in der Zelle `F4` den Namen des relevanten Prozesses ein. Dieses ist hier der Black-Karasinski-Prozess und wir geben das Wort `BLACKKARASINSKI` ein.
- Danach kalibrieren wir die historischen Daten des Erdölpreises, um die Parameter für den Black-Karasinski-Prozess zu erhalten.
- Wichtig ist, dass wir hierzu den Ausgabebereich der Kalibrierung (Zellen `F6:H7`) zunächst komplett markieren und sicherstellen, dass diese Zellen während der Eingabe der Risk-Kit-Funktion markiert bleiben.
- Danach geben wir folgende Risk-Kit-Funktion in das Zellfenster ein: `=CalibrateProcess(F4;C3:C1306;1)`

- In der Risk-Kit-Funktion muss `DeltaT` eingegeben werden, da die Prozessparameter entsprechend skaliert werden. Da es sich beim Ölpreis um Tageswerte handelt, wird `DeltaT` = 1 gesetzt.

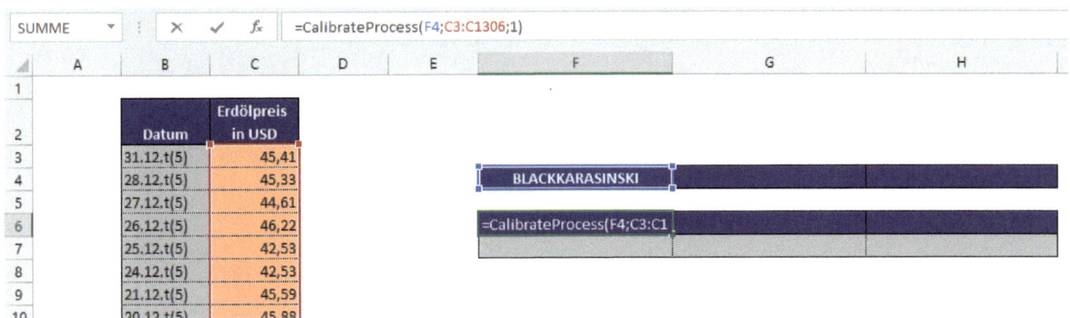

Abbildung 29: Kalibrierung der historischen Daten für den Black-Karasinski-Prozess

- Wir schließen den Befehl mit einer geschweiften Klammer ab, indem wir die Tasten `STRG` und `ALT` halten und dann auf `EINGABE` drücken. Im Zellfenster erscheint: `{=CalibrateProcess(F4;C3:C1306;1)}`
- Mit diesem Befehl wird die Kalibrierung durchgeführt.
- Der Parameter *a* entspricht in der Black-Karasinski-Formel dem Parameter α (Mean Reversion Speed), der Parameter *b* dem Parameter μ (Mean Reversion Level = Trendniveau (langfristiger Trend)) und der Parameter *sigma* dem Parameter σ (Diffusion = Volatilität).
- Im nächsten Schritt legen wir den Prognosehorizont für die anstehende Simulation fest (Zellen `F13:F25`). Dieser deckt ein Handelsjahr ab.
- Für die Simulation verwenden wir die ergänzende Funktion `BK_path`, die die Parameter in der gleichen Reihenfolge verwendet, wie sie die Funktion `CalibrateProcess` zurückgibt.
- Wichtig ist wiederum, dass wir hierzu den Ausgabebereich der Kalibrierung (Zellen `G13:G25`) zunächst komplett markieren und sicherstellen, dass diese Zellen während der Eingabe der Risk-Kit-Funktion markiert bleiben.
- Danach geben wir folgende Risk-Kit-Funktion in das Zellfenster ein: `=BK_path(C3;F7;G7;H7;F13:F25)`
- Wir schließen den Befehl mit einer geschweiften Klammer ab, indem wir die Tasten `STRG` und `ALT` halten und dann auf `EINGABE` drücken. Im Zellfenster erscheint: `{=BK_path(C3;F7;G7;H7;F13:F25)}`
- Es werden nun stochastische Werte für den Erdölpreis berechnet. Diese dienen als Grundlage für die Monte-Carlo-Simulation.

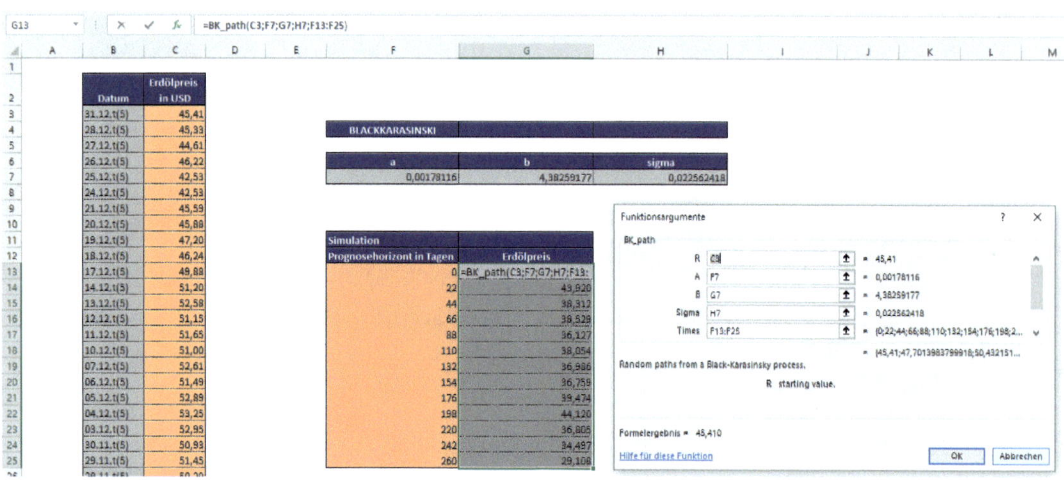

Abbildung 30: Funktionsparameter des Black-Karasinski-Prozesses

- Beachten Sie, dass es praktisch ist, die historischen Preisverläufe in absteigender Datumsreihenfolge zu haben, damit der jüngste Preis, bei dem die Simulation beginnt, im Arbeitsblatt sofort sichtbar ist.
- Für die Simulation muss der Parameter `DeltaT` wie bei der Kalibrierung im vorherigen Schritt gewählt werden, da die Prozessparameter entsprechend skaliert werden. Die `Times`, zu denen der simulierte Prozess ausgewertet wird, müssen als Vielfaches von `DeltaT` ausgedrückt werden. Wenn also `DeltaT` = 1 für tägliche Daten steht, die für 5 Arbeitstage pro Woche verfügbar sind, hat eine Prognose über einen Monat einen Prognosehorizont von 22 Arbeitstagen und über ein Jahr von 260 Tagen.

- Um die Monte-Carlo-Simulation durchzuführen, geben Sie zunächst die Risk-Kit-Funktion `ProcessDefinition` mit den geforderten Werten in Zelle `I15` ein `I15=ProcessDefinition(F13:F25;G13:G25;G12)`.

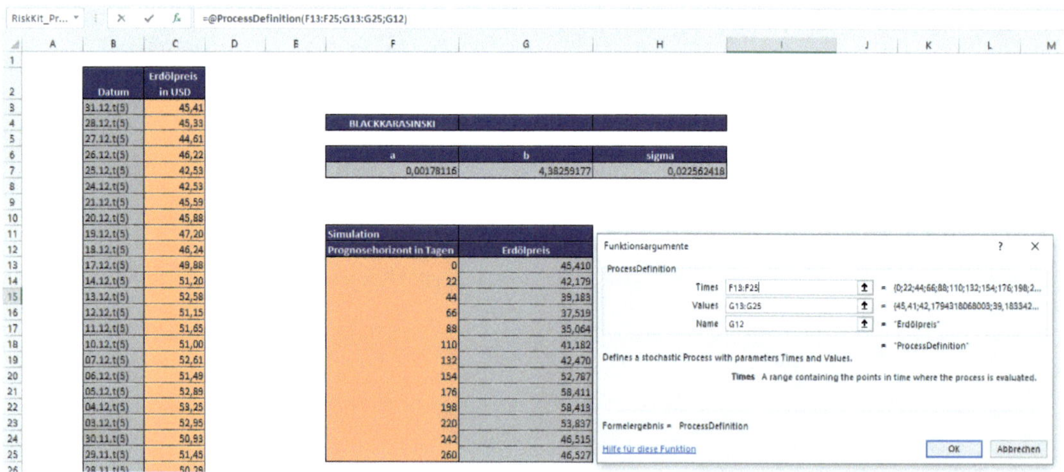

Abbildung 31: Prozessdefinition des Black-Karasinski-Prozesses

- Danach wird die Zelle `I15` als Prozess-Zelle der Simulation definiert. Dazu klicken Sie auf folgendes Symbol in der Risk-Kit-Symbolleiste.

- Die Zelle erhält dann eine hellblaue Hintergrundfarbe.

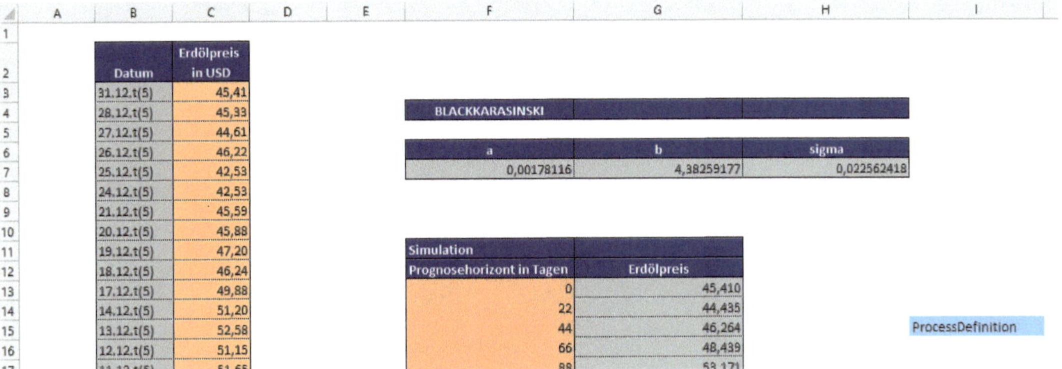

Datum	Erdölpreis in USD
31.12.t(5)	45,41
28.12.t(5)	45,33
27.12.t(5)	44,61
26.12.t(5)	46,22
25.12.t(5)	42,53
24.12.t(5)	42,53
21.12.t(5)	45,59
20.12.t(5)	45,88
19.12.t(5)	47,20
18.12.t(5)	46,24
17.12.t(5)	49,88
14.12.t(5)	51,20
13.12.t(5)	52,58
12.12.t(5)	51,15

BLACKKARASINSKI		
a	b	sigma
0,00178116	4,38259177	0,022562418

Simulation	
Prognosehorizont in Tagen	Erdölpreis
0	45,410
22	44,435
44	46,264
66	48,439

ProcessDefinition

Abbildung 32: Prozess-Zelle der Simulation

- Um die Ergebnisse der Monte-Carlo-Simulation auch in Form einer Graphik zu erhalten, definieren wird die Zelle `I16` als Plot-Zelle und geben dort ein: `I16=+@PlotProcess(I15)`
- Dazu klicken Sie auf folgendes Symbol in der Risk-Kit-Symbolleiste.

- Die Zelle erhält dann eine orangene Hintergrundfarbe.

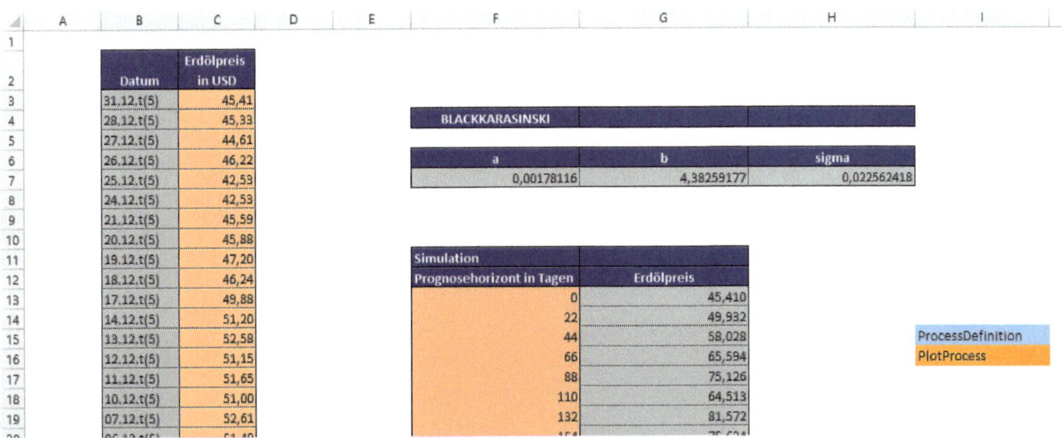

Datum	Erdölpreis in USD
31.12.t(5)	45,41
28.12.t(5)	45,33
27.12.t(5)	44,61
26.12.t(5)	46,22
25.12.t(5)	42,53
24.12.t(5)	42,53
21.12.t(5)	45,59
20.12.t(5)	45,88
19.12.t(5)	47,20
18.12.t(5)	46,24
17.12.t(5)	49,88
14.12.t(5)	51,20
13.12.t(5)	52,58
12.12.t(5)	51,15
11.12.t(5)	51,65
10.12.t(5)	51,00
07.12.t(5)	52,61

BLACKKARASINSKI		
a	b	sigma
0,00178116	4,38259177	0,022562418

Simulation	
Prognosehorizont in Tagen	Erdölpreis
0	45,410
22	49,932
44	58,028
66	65,594
88	75,126
110	64,513
132	81,572

ProcessDefinition
PlotProcess

Abbildung 33: Plot-Zelle der Simulation

- Bevor Sie die Monte-Carlo-Simulation mit dem Symbol

starten, stellen Sie sicher dass unter

folgende Einstellungen gewählt wurden.

Risk Kit Konfiguration

Allgemein Simulation

Simulationsparameter

Simulationsläufe 5000

Bildschirm aktualisieren 500

Simulationsmodus Aktive Arbeitsmappe

☑ Grafiken erzeugen

☐ Alle Ausgabezellen plotten

☐ Online Graphiken

☑ Standardstatistiken ausgeben Konfigurieren

☑ Simulationsergebnisse ausgeben

☑ Startwert zurücksetzen

☑ Funktionsdefinition als Kommentar einfügen

Makros

☐ Makro 'BeforeSimulation' ausführen

☐ Makro 'BeforeEachRun' ausführen

☐ Makro 'AfterEachRun' ausführen

☐ Makro 'AfterSimulation' ausführen

☐ Makro 'AfterOutput' ausführen

Risk Kit weiterempfehlen

Feedback

Speichern Abbrechen

Abbildung 34: Risk-Kit Konfiguration

- Nun können Sie die Monte-Carlo-Simulation starten. Als Ergebnis erhalten Sie eine komplette statistische Auswertung der Simulation und eine grafische Darstellung der Pfade. Diese dient dann wiederum als Ausgangsgröße für die Risikoanalyse der simulierten Zukunftswerte.

Ergebnis

	A	B	C	D	E
1	**Anzahl der Simulationsläufe**	5000			
2	**Simulationszeit**	07:46.52 Sek.			
3					
4					
5					
6		**Ausgabe: Erdölpreis (time point: 0)**	**Ausgabe: Erdölpreis (time point: 22)**	**Ausgabe: Erdölpreis (time point: 44)**	**Ausgabe: Erdölpreis (time point: 66)** A
7	**Mittelwert**	45,41	46,81039816	47,99328856	49,28010791
8	**Standardabweichung**	2,97747E-12	4,865695346	6,976855759	8,688954073
9	**Varianz**	8,86534E-24	23,6749912	48,67651629	75,49792288
10	**Schiefe**	0	3,037365352	4,938622211	6,955325236
11	**Kurtose**	2,97732E-12	6,403260009	9,215452768	11,76987874
12	**Variationskoeffizient**	6,55686E-14	0,103944755	0,145371488	0,176317675
13	**Spannweite**	0	34,44228189	47,25678381	66,78233647
14	**Spannweite 5%-95%**	0	15,84776927	22,85340339	28,78944184
15	**Minimum**	45,41	32,21935107	28,98567952	25,01507593
16	**Erwarteter Tail <= 0,1%**	45,41	33,32654125	30,42421319	27,99033859
17	**0,01% - Quantil**	45,41	32,21935107	28,98567952	25,01507593
18	**0,02% - Quantil**	45,41	32,21935107	28,98567952	25,01507593
19	**0,03% - Quantil**	45,41	32,47875136	30,15461213	27,71652653
20	**0,04% - Quantil**	45,41	32,47875136	30,15461213	27,71652653
21	**0,05% - Quantil**	45,41	33,10788406	30,40752833	28,1784151
22	**0,06% - Quantil**	45,41	33,10788406	30,40752833	28,1784151
23	**0,07% - Quantil**	45,41	33,90758632	30,93359006	28,60426537
24	**0,08% - Quantil**	45,41	33,90758632	30,93359006	28,60426537
25	**0,09% - Quantil**	45,41	33,91457005	30,93359006	29,2138743
26	**0,1% - Quantil**	45,41	34,33110465	31,13027903	29,2138743
27	**0,2% - Quantil**	45,41	34,59035566	31,30126933	29,96742516
28	**0,3% - Quantil**	45,41	34,97812671	31,85079515	30,39783228
[illegible]	[illegible]	45,41	[illegible]	[illegible]	[illegible]

Abbildung 35: Auswertung der Simulation

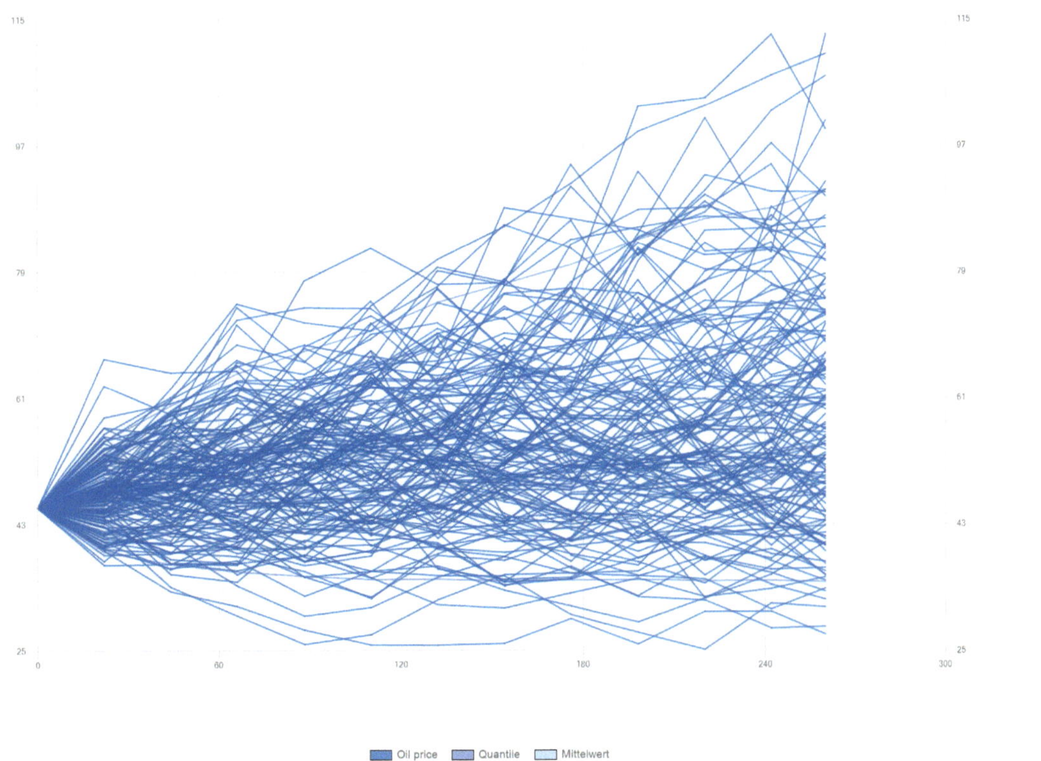

Abbildung 36: Graphische Darstellung der Simulationspfade

Literatur und Verweise auf das Excel-Tool

Siehe Excel-Datei `Case Study Risikomanagement Teil 1`, Excel-Arbeitsblatt `Black-Karasinski`.

Course 2: Quantitative Instrumente im Risikokmanagement

Nach dem erfolgreichen Abschluss von Course 1 wollen wir mit Course 2 fortfahren.

Course 2 behandelt folgende Themen:

- Course Unit 1: Unterschiedliche Arten des Value at Risk und der Lower Partial Moments sowie Extremwerttheorie
- Course Unit 2: Bestimmung von Portfoliorisiken
- Course Unit 3: Hedging von absicherbaren Risiken und Modellierung nicht-abgesicherter Risiken

Course Unit 1: Unterschiedliche Arten des Value at Risk und der Lower Partial Moments sowie Extremwerttheorie

Assignment 1: Berechnung des Value at Risk bei einer diskreten Wahrscheinlichkeitsverteilung

Aufgabe

- Berechnen Sie den Value at Risk für den Erdölpreis ab dem 31.12.t(5) rückwirkend für die letzten 5 Jahre. Gehen Sie dabei in folgenden Schritten vor:
  - Berechnen Sie zunächst den Value at Risk für ein Konfidenzniveau von 95 % für einen Tag basierend auf den diskreten Renditen des Erdölpreises.
  - Berechnen Sie dann den Value at Risk für ein Konfidenzniveau von 95 % für einen Tag basierend auf dem Erdölpreis pro Barrel.
  - Berechnen Sie den Value at Risk für ein Konfidenzniveau von 95 % für einen Tag basierend auf einem Investitionsvolumen von 100.000 Barrel Erdöl.
- Führen Sie dieselben Berechnungen für ein Konfidenzniveau von 99 % durch.
- Erklären Sie die Unterschiede der Ergebnisse und begründen Sie Ihre Aussagen.
- Erstellen Sie ein Diagramm und zeigen Sie, wie der Value at Risk grafisch ermittelt werden kann.

Inhalt

Der Value at Risk (*VaR*) ist eines der wichtigsten Risikomaße in der Finanzpraxis. Er beschreibt den maximalen Betrag, der mit einer vorgegebenen Wahrscheinlichkeit p innerhalb eines bestimmten Zeitraums nicht überschritten wird. Rein technisch wird der Value at Risk als das Quantil einer Wahrscheinlichkeitsverteilung oder der Verteilung einer Stichprobe ermittelt.

Häufig wird in der Praxis der Value at Risk als Risikomaß zur Bestimmung des höchsten zu erwartenden Verlustes (Verlustpotenzial eines bestimmten Szenarios) verwendet. Der Value at Risk beschreibt somit den maximalen Verlust, der mit einer bestimmten Wahrscheinlichkeit (etwa 95 % oder 99 %) innerhalb einer bestimmten Periode bzw. Haltedauer nicht überschritten wird. Der Value at Risk bezeichnet also einen Verlust, d. h. eine negative Wertentwicklung. Dennoch wird er als Absolutbetrag ausgedrückt. Das negative Vorzeichen wird bei der Nennung der Höhe des Value at Risk weggelassen, findet jedoch in dem Wort „Verlust“ seinen Ausdruck.

Wir beschränken den Value at Risk nicht nur auf ein Verlustrisiko, was bspw. bei einem finanziellen Investment durchaus Sinn macht. Wir beziehen auch positive Werte ein. Beispielsweise interessiert es ein Unternehmen, welcher Mindestumsatz mit einer bestimmten Wahrscheinlichkeit nicht unterschritten wird. Bei dieser Fragestellung kann der Value at Risk auch angewendet werden.

Der Value at Risk (VaR) in seiner Grundform wird auch als Absoluter Value at Risk bezeichnet. Der absolute Value at Risk ist ein absolutes Risikomaß, da es Risiko als absolutes Verlustpotenzial misst und nicht relativ ins Verhältnis zu einer anderen Risikogröße wie den Erwartungswert setzt. Der absolute Value at Risk geht somit von einem Erwartungswert von null aus. Da in der Realität der Erwartungswert selten null sein wird, ist der absolute Value at Risk im Risikomanagement nur in bestimmten Fällen ein geeignetes Risikomaß. Besser ist es, den Value at Risk als lageunabhängiges Risikomaß zu definieren, das von der Höhe des Erwartungswertes abhängig ist. Diese Anforderung wird vom Relativen Value at Risk erfüllt. Da die Verwendung des absoluten Value at Risk, wie dargelegt, nur in bestimmten Situationen sinnvoll ist, wird in der Praxis häufig direkt der Relative Value at Risk berechnet und aus Vereinfachungsgründen als Value at Risk bezeichnet. Wir unterscheiden hier jedoch zwischen Absolutem und Relativem Value at Risk und beginnen mit der Berechnung des absoluten Value at Risk in seiner Grundform.

Bei der Ermittlung des Value at Risks unter Verwendung historischer Daten eignen sich Renditen (relative Größen) besser als in Geldeinheiten gemessene Größen (absolute Größen). Grund dafür ist, dass Renditen im Vergleich zu absoluten Größen eher einen konstanten Erwartungswert und eine konstante Varianz aufweisen. In unserem Beispiel des Ölpreises hatte dieser am 20.06.t(1) einen Preis von 107,26 US$ und am 11.02.t(3) einen Preis von 26,21 US$. Es ist ersichtlich, dass Preisschwankungen bei einem Preis von 100 US$ höher ausfallen werden als bei einem Preis von 25 US$. Für die prozentualen Veränderungen der Renditen kann eher ein einheitliches Niveau unterstellt werden.

Bei der Ermittlung des Value at Risk kann bei Vorliegen einer diskreten Wahrscheinlichkeitsverteilung der Fall eintreten, dass 5 % der betrachteten Werte keinen runden Wert, sondern einen Dezimalwert ergeben. Beispielsweise sind wie in folgendem Beispiel 5 % von 1.303 Werten 65,15 Werte. Das bedeutet, dass der Value at Risk zwischen dem 65. und 66. Wert liegt. Dies ist in der Definition des α-Quantils begründet. Dieses ist als derjenige Wert x_α definiert, für den mindestens ein Anteil α kleiner oder gleich x_α ist und mindestens ein Anteil $(1 - \alpha)$ größer oder gleich x_α ist. Das Quantil selbst wird also zu beiden Seiten mitgezählt.

Eine Möglichkeit den Wert des 5 %-Quantils zu bestimmen, ist der *konservative Ansatz*. Hier wird ein hoher Ausweis des Risikos präferiert, um zusätzliche Sicherheit dafür zu schaffen, dass die Verluste am Ende doch nicht den ausgewiesenen Value at Risk überschreiten. In diesem Falle würde man abrunden und wie in folgendem Beispiel den 65. Wert als Value at Risk wählen. 4,99% (=65/1303) der Werte sind kleiner oder gleich dem 65. Wert (-3,78%), da man diesen Wert bei der Anteilsbildung mitzählen kann. 95,09% (=1239/1303) und damit „mindestens 95 % sind größer oder gleich dem 65. Wert. Wir folgen in dieser Case Study dem konservativen Ansatz.

Eine Alternative dazu stellt der *nicht-konservative Ansatz* dar. Hier wird der Wert des 5 %-Quantils aufgerundet, so dass der 66. Wert verwendet wird. Auch dies ist gerechtfertigt, da mindestens 5 % der Werte (hier 5,07% = 66/1303) kleiner oder gleich dem Wert von -3,76% sind. 95,01% (=1238/1303) der Werte sind größer oder gleich dem 66. Wert. Durch den nicht-konservativen Ansatz wird der Value at Risk niedriger ausgewiesen. Dieser Ansatz wird vor allem von Banken präferiert, da die Höhe der bankenaufsichtsrechtlichen Eigenkapitalforderungen vom Value at Risk abhängt.

Wird der Value at Risk bei einer diskreten Wahrscheinlichkeitsverteilung berechnet, so gilt dieser für die Zeiteinheit der Rendite. Handelt es sich bei der Rendite wie im vorliegenden Beispiel um eine diskrete, tägliche Rendite, dann gilt der berechnete Value at Risk für einen Tag. Eine Hochskalierung auf Wochen-, Monats-, Quartals- oder Jahreswerte für den Value at Risk ist bei Vorliegen einer diskreten Wahrscheinlichkeitsverteilung nicht möglich. Dies ist, wie wir sehen werden, nur bei einer stetigen Wahrscheinlichkeitsverteilung möglich.

Das Risiko beim Einkauf von Rohstoffen, z. B. Erdöl, besteht in starken Preisanstiegen, die zu einer Verteuerung der Produkte führen. Wurden hingegen Rohstoffe bereits gekauft, liegt das Risiko in Preisrückgängen, da in diesem Falle die Produkte zu einem höheren Preis angeboten werden müssen. Im vorliegenden Assignment des Value at Risk und aller weiteren Assignments betrachten wir das Risiko von Preisrückgängen, d. h. den Verlust aus einer Anlage in Erdöl.

Wichtige Formeln

Formal gesehen ist der Value at Risk der absolute Wert des Quantils Q_α. Die Formel für die Berechnung des Value at Risk als Rendite bei einer diskreten Wahrscheinlichkeitsverteilung lautet:

$$VaR_{diskr.\ Rendite,\alpha}(r^d) = |Q_\alpha(r^d)|$$

(2.1.1.1)

$VaR_{diskr.\ Rendite,\alpha}$ = Value at Risk zum Konfidenzniveau p für diskrete Renditen
Q_α = α-Quantil der Verteilung

Formel 2.1.1.1 besagt, dass mit einer Wahrscheinlichkeit von p die diskrete Rendite des α-Quantils nicht unterschritten wird.

Die Formel für die Berechnung des Value at Risk in Geldeinheiten bei einer diskreten Wahrscheinlichkeitsverteilung lautet:

$$VaR_{Geldeinheiten,\alpha}(r^d) = |Q_\alpha(r^d) \cdot Preis|$$

(2.1.1.2)

$VaR_{Geldeinheiten,\alpha}$ = Value at Risk zum Konfidenzniveau p in Geldeinheiten
Preis = Preis pro Einheit

Arbeitsmappe: `Case Study Risikomanagement Teil 1` ➲ Arbeitsblatt: `VaR diskr. Rendite (1)`

Berechnung des Quantils der Verteilung zum Konfidenzniveau p in Excel:

Excel-Beispiel: `K11=MIN(SVERWEIS(K10;F6:H1308;3;0);0)`

Berechnung des Value at Risk als Rendite bei einer diskreten Wahrscheinlichkeitsverteilung in Excel:

Excel-Beispiel: `K12=ABS(K11)`

Berechnung des Value at Risk in Geldeinheiten bei einer diskreten Wahrscheinlichkeitsverteilung in Excel:

Excel-Beispiel: `K16=ABS(K14*K11)`

Vorgehensweise

- Zunächst werden aus den Erdölpreisen die diskreten, täglichen Renditen berechnet (Spalte `D`).
- Die diskreten, täglichen Renditen werden dann in Spalte `H` der Größe nach aufsteigend sortiert.
- Markieren Sie hierzu zunächst die Zellen `G6:H1308`, in denen das Datum und die Werte vermerkt sind.
- Klicken Sie dann `Daten` ➲ `Sortieren und Filtern` ➲ `Sortieren` und geben Sie dort als "Spalte" `H` "Sortieren nach" `Werte` bei "Reihenfolge" `Nach Größe aufsteigend` ein.
- Danach wird das Konfidenzniveau p (Zellen `K7` und `N7`) und das Alpha α (Zellen `K8` und `N8`) festgelegt. Das Konfidenzniveau p ist die Wahrscheinlichkeit, mit der ein Verlust nicht überschritten wird. Alpha α ist die Wahrscheinlichkeit, mit der die Werte den Value at Risk überschreiten.
- Als nächster Schritt wird bei der Ermittlung des Value at Risk bei einer diskreten Wahrscheinlichkeitsverteilung die Anzahl der α-% kleinsten Werte ermittelt. In unserem Beispiel

sind es die 5 % kleinsten Werte. Das sind bei 1.303 vorliegenden Renditen 65,15 Werte. In diesem Fall ist das Ergebnis auf 65 abzurunden und der entsprechende 65-zigste Wert der geordneten Liste in Spalte `H` zu wählen. Dies erfolgt für das 5 %-Quantil mit der Funktion `K10=ABRUNDEN((K8)*ANZAHL(H6:H1308);0)`. In unserem Beispiel zählen 65 Werte zu den 5 % der kleinsten Werte.

- Darauffolgend wird die Rendite des 65-kleinsten Wertes bestimmt. Dies erfolgt für das 5 %-Quantil mit der Funktion `K11=MIN(SVERWEIS(K10;F6:H1308;3;0);0)`. Die ermittelte Rendite beträgt -3,78%. Da der Value at Risk stets ein positiver Wert ist, wird er mit der Funktion `K12=ABS(K11)` berechnet. Das heißt, dass maximal 5 % der Renditen der gegebenen Verteilungsfunktion Werte kleiner -3,78% aufweisen, oder: 95 % der Werte sind größer oder gleich -3,78%. Zu einer Wahrscheinlichkeit von 95 % wird am nächsten Tage der Verlust nicht größer als 3,78% sein.
- Zum Abschluss wird noch der Value at Risk in Geldeinheiten berechnet `K16=ABS(K14*K11)`. Er beträgt 1,72 US$. Ferner wird auch noch der Value at Risk für das Investitionsvolumen *V* ermittelt `K20=K16*K18`. Dieser beträgt 171.570 US$. Mit einer Wahrscheinlichkeit von 95 % wird der Verlust aus dem Investment innerhalb des nächsten Tages den Wert von 171.570 US$ nicht überschreiten.

Ergebnis

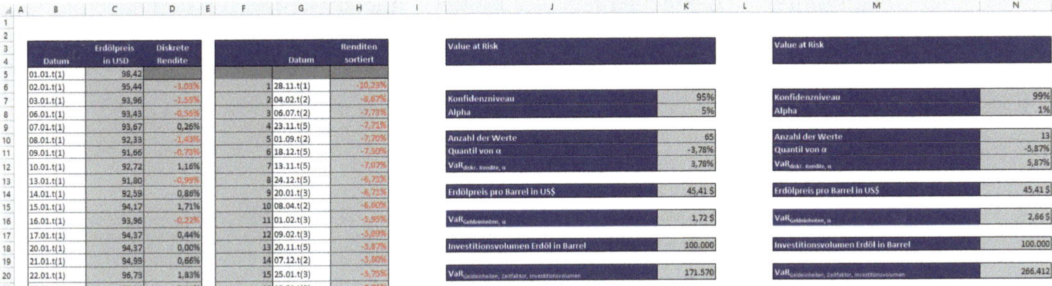

Datum	Erdölpreis in USD	Diskrete Rendite
01.01.t(1)	98,42	
02.01.t(1)	95,44	-3,03%
03.01.t(1)	93,96	-1,55%
06.01.t(1)	93,43	-0,56%
07.01.t(1)	93,67	0,26%
08.01.t(1)	92,33	-1,43%
09.01.t(1)	91,66	-0,73%
10.01.t(1)	92,72	1,16%
13.01.t(1)	91,80	-0,99%
14.01.t(1)	92,59	0,86%
15.01.t(1)	94,17	1,71%
16.01.t(1)	93,96	-0,22%
17.01.t(1)	94,37	0,44%
20.01.t(1)	94,37	0,00%
21.01.t(1)	94,99	0,66%
22.01.t(1)	96,79	1,83%

	Datum	Renditen sortiert
1	28.11.t(1)	-10,23%
2	04.02.t(2)	-8,67%
3	06.07.t(2)	-7,73%
4	23.11.t(5)	-7,71%
5	01.09.t(2)	-7,70%
6	18.12.t(5)	-7,30%
7	13.11.t(5)	-7,07%
8	24.12.t(5)	-6,71%
9	20.01.t(3)	-6,71%
10	08.04.t(2)	-6,60%
11	01.02.t(3)	-5,95%
12	09.02.t(3)	-5,89%
13	20.11.t(5)	-5,87%
14	07.12.t(2)	-5,80%
15	25.01.t(3)	-5,75%

Value at Risk		Value at Risk	
Konfidenzniveau	95%	Konfidenzniveau	99%
Alpha	5%	Alpha	1%
Anzahl der Werte	65	Anzahl der Werte	13
Quantil von α	-3,78%	Quantil von α	-5,87%
$VaR_{diskr. Rendite, \alpha}$	3,78%	$VaR_{diskr. Rendite, \alpha}$	5,87%
Erdölpreis pro Barrel in US$	45,41 $	Erdölpreis pro Barrel in US$	45,41 $
$VaR_{Geldeinheiten, \alpha}$	1,72 $	$VaR_{Geldeinheiten, \alpha}$	2,66 $
Investitionsvolumen Erdöl in Barrel	100.000	Investitionsvolumen Erdöl in Barrel	100.000
$VaR_{Geldeinheiten, Zeitfaktor, Investitionsvolumen}$	171.570	$VaR_{Geldeinheiten, Zeitfaktor, Investitionsvolumen}$	266.412

Abbildung 37: Ermittlung des VaR bei einer diskreten Wahrscheinlichkeitsverteilung

Literatur und Verweise auf das Excel-Tool

Diedrichs, M. (2018): Risikomanagement und Risikocontrolling, 4. Auflage, Vahlen, S. 156-164.

Gleißner, W. (2016): Grundlagen des Risikmanagements, 3. Auflage, Vahlen, S. 207-208.

Hull, J. C. (2014): Risikomanagement: Banken, Versicherungen und andere Finanzinsitutionen, 3. Auflage, Pearson, S. 220-241.

Romeike, F., Hasger, P. (2013): Erfolgsfaktor Risikomanagement 3.0, 3. Auflage, SpringerGabler, S. 127-128.

Viani, U. (2012): Risikomanagement, Schäffer-Poeschel, S. 181-185.

Wüst, K. (2014): Risikomanagement: Eine Einführung mit Anwendungen in Excel, UTB, S. 69-97.

Siehe Excel-Datei `Case Study Risikomanagement Teil 1`, Excel-Arbeitsblatt `VaR diskr. Rendite (1)`.

Assignment 2: Berechnung des Relativen Value at Risk (Deviation Value at Risk) bei einer diskreten Wahrscheinlichkeitsverteilung

Aufgabe

- Berechnen Sie den Relativen Value at Risk für den Erdölpreis ab dem 31.12.t(5) rückwirkend für die letzten 5 Jahre. Gehen Sie dabei in folgenden Schritten vor:
  - Berechnen Sie zunächst den Relativen Value at Risk für ein Konfidenzniveau von 95 % für einen Tag basierend auf den diskreten Renditen des Erdölpreises.
  - Berechnen Sie dann den Relativen Value at Risk für ein Konfidenzniveau von 95 % für einen Tag basierend auf dem Erdölpreis pro Barrel.
  - Berechnen Sie den Relativen Value at Risk für ein Konfidenzniveau von 95 % für einen Tag basierend auf einem Investitionsvolumen von 100.000 Barrel Erdöl.
- Führen Sie dieselben Berechnungen für ein Konfidenzniveau von 99 % durch.
- Erklären Sie die Unterschiede der Ergebnisse und begründen Sie Ihre Aussagen.
- Erstellen Sie ein Diagramm und zeigen Sie, wie der Relative Value at Risk grafisch ermittelt werden kann.

Inhalt

Der Value at Risk (*VaR*), wie Sie ihn in der allgemeinen Form bereits kennen gelernt haben, ist ein lageabhängiges Risikomaß. Der Value at Risk kann auch als lageunabhängiges Abweichungsmaß verwendet werden, wobei dieser dann als Relativer Value at Risk bzw. Deviation Value at Risk bezeichnet wird. Wie bereits erwähnt, hat der absolute Value at Risk als Risikomaß nur in bestimmten Fällen eine Aussagekraft. Daher wird in der Praxis häufig mit dem Value at Risk der Relative Value at Risk bezeichnet.

Der absolute Value at Risk kann in den Relativen Value at Risk überführt werden, indem man den lageabhängigen Value at Risk auf den Erwartungswert der Zufallsgröße zentriert. Bei dieser Definition berechnet sich der Relative Value at Risk aus der Differenz des maximalen Verlusts beim Konfidenzniveau 1-α (VaR) und dem Erwartungswert der Verteilung. Der Relative Value at Risk ist damit eine Kennzahl, die den Umfang möglicher (negativer) Planabweichungen zeigt.

Wichtige Formeln

Die Formel für die Berechnung des Relativen Value at Risk als Rendite bei einer diskreten Wahrscheinlichkeitsverteilung lautet:

$$RVaR_{diskr.\ Rendite,\alpha}(r^d) = |Q_\alpha(r^d) - E(r^d)|$$

(2.1.2.1)

$RVaR_{diskr.\ Rendite,\alpha}$ = Relativer Value at Risk zum Konfidenzniveau p für diskrete Renditen
Q_α = Quantil der Verteilung zum Konfidenzniveau p
E = Erwartungswert

Die Formel für die Berechnung des Relativen Value at Risk in Geldeinheiten bei einer diskreten Wahrscheinlichkeitsverteilung lautet:

$$RVaR_{Geldeinheiten,\alpha}(r^d) = RVaR_{diskr.\ Rendite,\alpha}(r^d) \cdot Preis$$

(2.1.2.2)

$RVaR_{Geldeinheiten,\alpha}$ = Relativer Value at Risk in Geldeinheiten
$Preis$ = Preis pro Einheit

Arbeitsmappe: `Case Study Risikomanagement Teil 1` ➲ Arbeitsblatt: `VaR diskr. Rendite (1)`

Berechnung des Relativen Value at Risk als Rendite bei einer diskreten Wahrscheinlichkeitsverteilung in Excel:

Excel-Beispiel: `K25=ABS(K11-MITTELWERT(H6:H1308))`

Berechnung des Relativen Value at Risk in Geldeinheiten bei einer diskreten Wahrscheinlichkeitsverteilung in Excel:

Excel-Beispiel: `K27=K25*K14`

Vorgehensweise

- Basierend auf dem bereits berechneten 5 %-Quantil in Höhe von -3,78% wird der Relative Value at Risk berechnet, indem vom Value at Risk der Erwartungswert (Mittelwert) der täglichen, diskreten Renditen des Erdölpreises abgezogen und daraus die Abweichung vom Erwartungswert berechnet wird. Da der Erwartungswert mit -0,04% einen negativen Wert besitzt, verringert sich der Relative Value at Risk im Vergleich zum Absoluten Value at Risk. Der Relative Value at Risk beträgt 3,74%.
- Im nächsten Schritt wird der Relative Value at Risk in Geldeinheiten berechnet, in dem der Relative Value at Risk für diskrete Renditen mit dem Investitionsvolumen V wird. Der Relative Value at Risk in Geldeinheiten beträgt 1,70 US$ und für das Investitionsvolumen 170.028 US$.

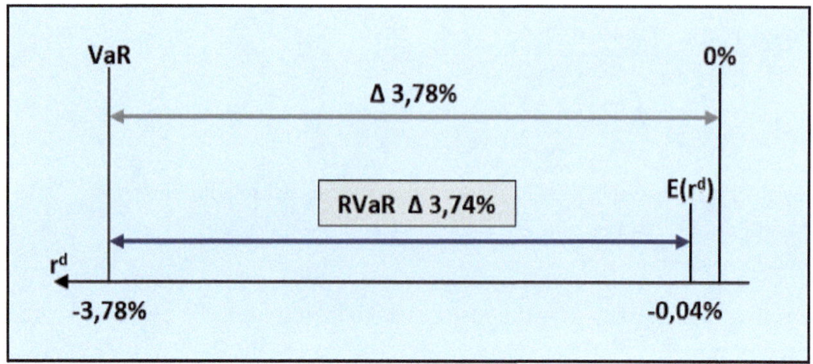

Abbildung 38: Darstellung des Relativen Value at Risk

Ergebnis

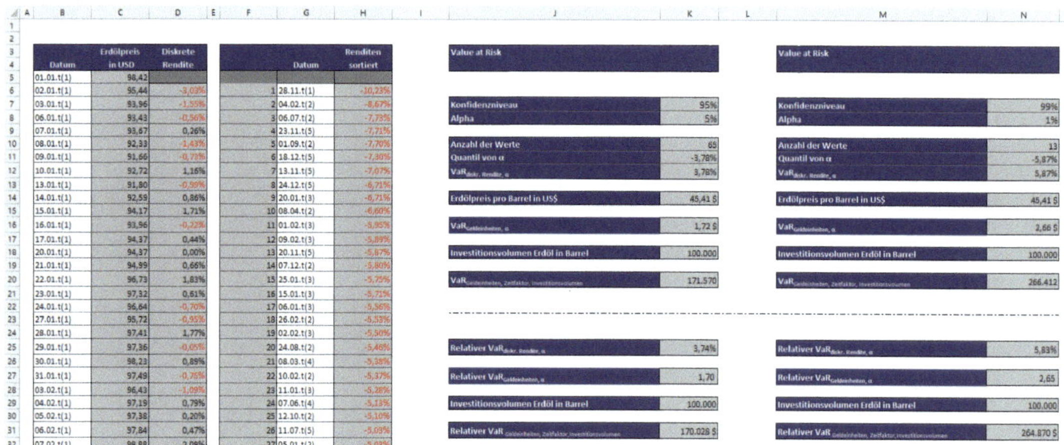

Datum	Erdölpreis in USD	Diskrete Rendite
01.01.t(1)	98,42	
02.01.t(1)	95,44	-3,03%
03.01.t(1)	93,96	-1,55%
06.01.t(1)	93,43	-0,56%
07.01.t(1)	93,67	0,26%
08.01.t(1)	92,33	-1,43%
09.01.t(1)	91,66	-0,73%
10.01.t(1)	92,72	1,16%
13.01.t(1)	91,80	-0,99%
14.01.t(1)	92,59	0,86%
15.01.t(1)	94,17	1,71%
16.01.t(1)	93,96	-0,22%
17.01.t(1)	94,37	0,44%
20.01.t(1)	94,37	0,00%
21.01.t(1)	94,99	0,66%
22.01.t(1)	96,73	1,83%
23.01.t(1)	97,32	0,61%
24.01.t(1)	96,64	-0,70%
27.01.t(1)	95,72	-0,95%
28.01.t(1)	97,41	1,77%
29.01.t(1)	97,36	-0,05%
30.01.t(1)	98,23	0,89%
31.01.t(1)	97,49	-0,75%
03.02.t(1)	96,43	-1,09%
04.02.t(1)	97,19	0,79%
05.02.t(1)	97,38	0,20%
06.02.t(1)	97,84	0,47%
07.02.t(1)	99,88	2,09%
10.02.t(1)	100,06	0,18%

	Datum	Renditen sortiert
1	28.11.t(1)	-10,23%
2	04.02.t(2)	-8,67%
3	06.07.t(2)	-7,73%
4	23.11.t(5)	-7,71%
5	01.09.t(2)	-7,70%
6	18.12.t(5)	-7,30%
7	13.11.t(5)	-7,07%
8	24.12.t(5)	-6,71%
9	20.01.t(3)	-6,71%
10	08.04.t(2)	-6,60%
11	01.02.t(3)	-5,95%
12	09.02.t(3)	-5,89%
13	20.11.t(5)	-5,87%
14	07.12.t(2)	-5,80%
15	25.01.t(3)	-5,75%
16	15.01.t(3)	-5,71%
17	06.01.t(3)	-5,56%
18	26.02.t(2)	-5,53%
19	02.02.t(3)	-5,50%
20	24.08.t(2)	-5,46%
21	08.03.t(4)	-5,38%
22	10.02.t(2)	-5,37%
23	11.01.t(3)	-5,28%
24	07.06.t(4)	-5,13%
25	12.10.t(2)	-5,10%
26	11.07.t(5)	-5,03%
27	05.01.t(2)	-5,03%
28	27.03.t(2)	-4,98%

Value at Risk	
Konfidenzniveau	95%
Alpha	5%
Anzahl der Werte	65
Quantil von α	-3,78%
$VaR_{diskr.\ Rendite,\ \alpha}$	3,78%
Erdölpreis pro Barrel in US$	45,41 $
$VaR_{Geldeinheiten,\ \alpha}$	1,72 $
Investitionsvolumen Erdöl in Barrel	100.000
$VaR_{Geldeinheiten,\ Zeitfaktor,\ Investitionsvolumen}$	171.570
Relativer $VaR_{diskr.\ Rendite,\ \alpha}$	3,74%
Relativer $VaR_{Geldeinheiten,\ \alpha}$	1,70
Investitionsvolumen Erdöl in Barrel	100.000
Relativer $VaR_{Geldeinheiten,\ Zeitfaktor,\ Investitionsvolumen}$	170.028 $

Value at Risk	
Konfidenzniveau	99%
Alpha	1%
Anzahl der Werte	13
Quantil von α	-5,87%
$VaR_{diskr.\ Rendite,\ \alpha}$	5,87%
Erdölpreis pro Barrel in US$	45,41 $
$VaR_{Geldeinheiten,\ \alpha}$	2,66 $
Investitionsvolumen Erdöl in Barrel	100.000
$VaR_{Geldeinheiten,\ Zeitfaktor,\ Investitionsvolumen}$	266.412
Relativer $VaR_{diskr.\ Rendite,\ \alpha}$	5,83%
Relativer $VaR_{Geldeinheiten,\ \alpha}$	2,65
Investitionsvolumen Erdöl in Barrel	100.000
Relativer $VaR_{Geldeinheiten,\ Zeitfaktor,\ Investitionsvolumen}$	264.870 $

Abbildung 39: Ermittlung des Relativen VaR bei einer diskreten Wahrscheinlichkeitsverteilung

Literatur und Verweise auf das Excel-Tool

Diedrichs, M. (2018): Risikomanagement und Risikocontrolling, 4. Auflage, Vahlen, S. 156-164.

Gleißner, W. (2016): Grundlagen des Risikmanagements, 3. Auflage, Vahlen, S. 207-208.

Hull, J. C. (2014): Risikomanagement: Banken, Versicherungen und andere Finanzinsitutionen, 3. Auflage, Pearson, S. 220-241.

Romeike, F., Hasger, P. (2013): Erfolgsfaktor Risikomanagement 3.0, 3. Auflage, SpringerGabler, S. 127-128.

Viani, U. (2012): Risikomanagement, Schäffer-Poeschel, S. 181-185.

Wüst, K. (2014): Risikomanagement: Eine Einführung mit Anwendungen in Excel, UTB, S. 69-97.

Siehe Excel-Datei `Case Study Risikomanagement Teil 1`, Excel-Arbeitsblatt `VaR diskr. Rendite (1)`.

Assignment 3: Berechnung des Conditional Value at Risk bzw. Expected Shortfall bei einer diskreten Wahrscheinlichkeitsverteilung

Aufgabe

- Berechnen Sie den Conditional Value at Risk für den Erdölpreis ab dem 31.12.t(5) rückwirkend für die letzten 5 Jahre. Gehen Sie dabei in folgenden Schritten vor:
  - Berechnen Sie zunächst den Conditional Value at Risk für ein Konfidenzniveau von 95 % für einen Tag basierend auf den diskreten Renditen des Erdölpreises.
  - Berechnen Sie dann den Conditional Value at Risk für ein Konfidenzniveau von 95 % für einen Tag basierend auf dem Erdölpreis pro Barrel.
  - Berechnen Sie den Conditional Value at Risk für ein Konfidenzniveau von 95 % für einen Tag basierend auf einem Investitionsvolumen von 100.000 Barrel Erdöl.
- Führen Sie dieselben Berechnungen für ein Konfidenzniveau von 99 % durch.
- Erklären Sie die Unterschiede der Ergebnisse und begründen Sie Ihre Aussagen.
- Erstellen Sie ein Diagramm und zeigen Sie, wie der Conditional Value at Risk grafisch ermittelt werden kann.

Inhalt

Der Conditional Value at Risk bzw. der Expected Shortfall gibt die Verluste an, die über den Value at Risk hinausgehen, und bestimmt deren durchschnittliche Höhe. Der Conditional Value at Risk wird auch als Conditional Tail Expectation oder Expected Tail Loss bezeichnet.

Der Conditional Value at Risk überwindet die Nachteile des Value at Risk, welcher keine Aussagen darüber macht, was passiert, wenn die Verluste die durch den Value at Risk angegebene Schranke überschreiten. Diesen Nachteil hebt der Conditional Value at Risk auf, indem er auch die Informationen (Verluste) am linken Ende der Verteilung miteinbezieht. Ferner erfüllt der Conditional Value at Risk im Gegensatz zum Value at Risk alle Bedingungen an ein kohärentes Risikomaß, insbesondere ist der Conditional Value at Risk subadditiv.

Value at Risk und Conditional Value at Risk stehen in einem engen Zusammenhang. Während der Value at Risk die Frage beantwortet, welcher Verlust nur in höchstens $(100^*\alpha)\%$ überschritten wird, zeigt der Conditional Value at Risk auf, wie hoch der erwartete Verlust in $(100^*\alpha)\%$ der verlustreichsten Fälle ist.

Wichtige Formeln

Die Formel für die Berechnung des Conditional Value at Risk als Rendite bei einer diskreten Wahrscheinlichkeitsverteilung lautet:

$$CVaR_{diskr.\ Rendite,\alpha}(r^d) = |E(r^d)r^d < Q_\alpha(r^d))|$$

(2.1.3.1)

$CVaR_{diskr.\ Rendite,\alpha}$ = Conditional Value at Risk zum Konfidenzniveau p für diskrete Renditen

Die Formel für die Berechnung des Conditional Value at Risk in Geldeinheiten bei einer diskreten Wahrscheinlichkeitsverteilung lautet:

$$CVaR_{Geldeinheiten,\alpha}(r^d) = CVaR_{diskr.\ Rendite,\alpha}(r^d) \cdot Preis$$

(2.1.3.2)

$CVaR_{Geldeinheiten,\alpha}$ = Conditional Value at Risk zum Konfidenzniveau p in Geldeinheiten
$Preis$ = Preis pro Einheit

Arbeitsmappe: `Case Study Risikomanagement Teil 1` ➲ Arbeitsblatt: `VaR diskr. Rendite (1)`

Berechnung des Conditional Value at Risk (Expected Shortfall) als Rendite bei einer diskreten Wahrscheinlichkeitsverteilung in Excel:

Excel-Beispiel: `K36=ABS(MITTELWERT(H6:H69))`

Berechnung des Conditional Value at Risk (Expected Shortfall) in Geldeinheiten bei einer diskreten Wahrscheinlichkeitsverteilung in Excel:

Excel-Beispiel: `K38=ABS(K36*K14)`

Vorgehensweise

- Basierend auf den in Spalte `H` aufwärts sortierten diskreten Renditen werden die 64 Renditen ausgewählt, die in das 5 %-Quantil fallen. Für diese 64 Werte wird der Mittelwert und daraus der absolute Wert berechnet. Der Conditional Value at Risk zeigt, dass der erwartete Verlust in 5 % der verlustreichsten Fälle 5,17% beträgt.
- Im nächsten Schritt wird der Conditional Value at Risk (Expected Shortfall) in Geldeinheiten berechnet. Dieser beträgt 2,35 US$. Bei einem Investitionsvolumen von 100.000 Barrel Erdöl ergibt sich ein Conditional Value at Risk von 234.836 US$.

Ergebnis

Datum	Erdölpreis in USD	Diskrete Rendite		Datum	Renditen sortiert
01.01.t(1)	98,42				
02.01.t(1)	95,44	-3,03%	1	28.11.t(1)	-10,25%
03.01.t(1)	93,96	-1,55%	2	04.02.t(2)	-8,67%
06.01.t(1)	93,43	-0,56%	3	06.07.t(2)	-7,75%
07.01.t(1)	93,67	0,26%	4	23.11.t(5)	-7,71%
08.01.t(1)	92,33	-1,43%	5	01.08.t(2)	-7,70%
09.01.t(1)	91,66	-0,73%	6	18.12.t(5)	-7,30%
10.01.t(1)	92,72	1,16%	7	13.11.t(5)	-7,07%
13.01.t(1)	91,80	-0,99%	8	24.12.t(5)	-6,71%
14.01.t(1)	92,59	0,86%	9	20.01.t(3)	-6,71%
15.01.t(1)	94,17	1,71%	10	08.04.t(2)	-6,60%
16.01.t(1)	93,96	-0,22%	11	01.02.t(3)	-5,95%
17.01.t(1)	94,37	0,44%	12	09.02.t(3)	-5,89%
20.01.t(1)	94,37	0,00%	13	20.11.t(5)	-5,87%
21.01.t(1)	94,99	0,66%	14	07.12.t(2)	-5,80%
22.01.t(1)	96,73	1,83%	15	25.01.t(3)	-5,75%
23.01.t(1)	97,32	0,61%	16	15.01.t(3)	-5,71%
24.01.t(1)	96,64	-0,70%	17	06.01.t(3)	-5,56%
27.01.t(1)	95,72	-0,95%	18	26.02.t(2)	-5,53%
28.01.t(1)	97,41	1,77%	19	02.02.t(3)	-5,50%
29.01.t(1)	97,36	-0,05%	20	24.08.t(2)	-5,46%
30.01.t(1)	98,23	0,89%	21	08.09.t(4)	-5,38%
31.01.t(1)	97,49	-0,75%	22	10.02.t(2)	-5,37%
03.02.t(1)	96,43	-1,09%	23	11.01.t(3)	-5,28%
04.02.t(1)	97,19	0,79%	24	07.06.t(4)	-5,13%
05.02.t(1)	97,38	0,20%	25	12.10.t(2)	-5,10%
06.02.t(1)	97,84	0,47%	26	11.07.t(5)	-5,03%
07.02.t(1)	99,88	2,08%	27	05.01.t(2)	-5,03%
10.02.t(1)	100,06	0,18%	28	27.03.t(2)	-4,98%
11.02.t(1)	99,94	-0,12%	29	24.06.t(3)	-4,93%
12.02.t(1)	100,37	0,43%	30	16.12.t(2)	-4,90%
13.02.t(1)	100,35	-0,02%	31	05.07.t(3)	-4,88%
14.02.t(1)	100,30	-0,05%	32	07.07.t(3)	-4,83%
17.02.t(1)	100,30	0,00%	33	04.05.t(4)	-4,81%
18.02.t(1)	102,43	2,12%	34	25.05.t(4)	-4,79%
19.02.t(1)	103,31	0,86%	35	12.01.t(2)	-4,74%
20.02.t(1)	102,92	-0,38%	36	18.09.t(2)	-4,73%
21.02.t(1)	102,20	-0,70%	37	20.01.t(2)	-4,72%
24.02.t(1)	102,82	0,61%	38	13.08.t(2)	-4,70%

Value at Risk		Value at Risk	
Konfidenzniveau	95%	Konfidenzniveau	99%
Alpha	5%	Alpha	1%
Anzahl der Werte	65	Anzahl der Werte	13
Quantil von α	-3,78%	Quantil von α	-5,87%
$VaR_{diskr. Rendite, \alpha}$	3,78%	$VaR_{diskr. Rendite, \alpha}$	5,87%
Erdölpreis pro Barrel in US$	45,41 $	Erdölpreis pro Barrel in US$	45,41 $
$VaR_{Geldeinheiten, \alpha}$	1,72 $	$VaR_{Geldeinheiten, \alpha}$	2,66 $
Investitionsvolumen Erdöl in Barrel	100.000	Investitionsvolumen Erdöl in Barrel	100.000
$VaR_{Geldeinheiten, Zeitfaktor, Investitionsvolumen}$	171.570	$VaR_{Geldeinheiten, Zeitfaktor, Investitionsvolumen}$	266.412
Relativer $VaR_{diskr. Rendite, \alpha}$	3,74%	Relativer $VaR_{diskr. Rendite, \alpha}$	5,83%
Relativer $VaR_{Geldeinheiten, \alpha}$	1,70	Relativer $VaR_{Geldeinheiten, \alpha}$	2,65
Investitionsvolumen Erdöl in Barrel	100.000	Investitionsvolumen Erdöl in Barrel	100.000
Relativer $VaR_{Geldeinheiten, Zeitfaktor, Investitionsvolumen}$	170.028 $	Relativer $VaR_{Geldeinheiten, Zeitfaktor, Investitionsvolumen}$	264.870 $
Expected $Shortfall_{diskr. Rendite, \alpha}$	5,17%	Expected $Shortfall_{diskr. Rendite, \alpha}$	7,36%
Expected $Shortfall_{Geldeinheiten, \alpha}$	2,35 $	Expected $Shortfall_{Geldeinheiten, \alpha}$	3,34 $
Investitionsvolumen Erdöl in Barrel	100.000	Investitionsvolumen Erdöl in Barrel	100.000
Expected $Shortfall_{Geldeinheiten, Zeitfaktor, Investitionsvolumen}$	234.836 $	Expected $Shortfall_{Geldeinheiten, Zeitfaktor, Investitionsvolumen}$	334.048 $

Abbildung 40: Ermittlung des Conditional VaR (Expected Shortfall) bei einer diskreten Wahrscheinlichkeitsverteilung

Literatur und Verweise auf das Excel-Tool

Diedrichs, M. (2018): Risikomanagement und Risikocontrolling, 4. Auflage, Vahlen, S. 156-164.

Gleißner, W. (2016): Grundlagen des Risikmanagements, 3. Auflage, Vahlen, S. 207-208.

Hull, J. C. (2014): Risikomanagement: Banken, Versicherungen und andere Finanzinsitutionen, 3. Auflage, Pearson, S. 220-241.

Romeike, F., Hasger, P. (2013): Erfolgsfaktor Risikomanagement 3.0, 3. Auflage, SpringerGabler, S. 127-128.

Viani, U. (2012): Risikomanagement, Schäffer-Poeschel, S. 181-185.

Wüst, K. (2014): Risikomanagement: Eine Einführung mit Anwendungen in Excel, UTB, S. 69-97.

Siehe Excel-Datei `Case Study Risikomanagement Teil 1`, Excel-Arbeitsblatt `VaR diskr. Rendite (1)`.

Assignment 4: Berechnung des Value at Risk bei einer stetigen Wahrscheinlichkeitsverteilung

Aufgabe

- Berechnen Sie den Value at Risk für den Erdölpreis ab dem 31.12.t(5) rückwirkend für die letzten 5 Jahre. Gehen Sie dabei in folgenden Schritten vor:
  - Berechnen Sie zunächst den Value at Risk (= Relativen Value at Risk) für ein Konfidenzniveau von 95 % für einen Tag basierend auf den stetigen Renditen des Erdölpreises.
  - Berechnen Sie dann den Value at Risk für ein Konfidenzniveau von 95 % für einen Tag basierend auf dem Erdölpreis pro Barrel.
  - Berechnen Sie darauf den Value at Risk (= Relativen Value at Risk) für ein Konfidenzniveau von 95 % für einen Tag basierend auf einem Investitionsvolumen von 100.000 Barrel Erdöl.
  - Berechnen Sie den Value at Risk (= Relativen Value at Risk) für ein Konfidenzniveau von 99 % für einen Tag basierend auf den stetigen Renditen des Erdölpreises.
  - Berechnen Sie dann den Value at Risk (= Relativen Value at Risk) für ein Konfidenzniveau von 99 % für einen Tag basierend auf dem Erdölpreis pro Barrel.
  - Berechnen Sie dann den Value at Risk (= Relativen Value at Risk) für ein Konfidenzniveau von 99 % für 30 Tage basierend auf dem Erdölpreis pro Barrel.
  - Berechnen Sie zum Abschluss den Value at Risk (= Relativen Value at Risk) für ein Konfidenzniveau von 99 % für 30 Tage basierend auf einem Investitionsvolumen von 100.000 Barrel Erdöl.
- Erklären Sie die Unterschiede der Ergebnisse und begründen Sie Ihre Aussagen.
- Erstellen Sie ein Diagramm und zeigen Sie, wie der Value at Risk (= Relativer Value at Risk) grafisch ermittelt werden kann.

Inhalt

Bei Vorliegen einer stetigen Wahrscheinlichkeitsverteilung ändert sich bei der Bestimmung des Value at Risk im Vergleich zum Vorliegen einer diskreten Wahrscheinlichkeitsverteilung nur wenig. Auch hier bestimmt man das α-Quantil der Verteilung, d. h. den Wert, unter dem $(100^*\alpha)$% der Ausprägungen liegen. Im Gegensatz zur diskreten Wahrscheinlichkeitsverteilung verwendet man als Grundlage der Verteilung keine historischen Daten, sondern unterstellt eine stetige Verteilung.

Die wichtigste stetige Verteilung ist die Normalverteilung. Die Bestimmung der Quantile und damit die Berechnung des Value at Risk ist bei Vorliegen einer Normalverteilung besonders einfach. Die Normalverteilung wird durch den Erwartungswert μ und die Standardabweichung σ vollständig bestimmt, so dass bei Kenntnis dieser Parameter der Value at Risk für das relevante Quantil problemlos berechnet werden kann. Als Renditen verwenden wir hier stetige Renditen. Bei einer Normalverteilung wird der Value at Risk automatisch als Relativer Value at Risk berechnet. Eine Unterscheidung zwischen Absolutem Value at Risk und Relativem Value at Risk findet hier nicht statt.

Es gilt bei der Berechnung des Value at Risk zu beachten, dass der Zeithorizont des Value at Risk und die zeitliche Dimension der Parameter μ und σ identisch sein müssen. Wird der Value at Risk wie in unserem Beispiel für einen Tag berechnet, so sind auch μ und σ als Erwartungswert und Standardabweichung der täglichen Rendite anzugeben. Stimmen der Zeithorizont des Value at Risk und der Parameter nicht überein, müssen Erwartungswert μ und die Standardabweichung σ auf den Zeithorizont des Value at Risk umskaliert werden. Es wird dabei angenommen, dass die Parameter μ und σ über die Zeit konstant sind. Eine Umskalierung ist nur bei stetigen Renditen als Datengrundlage möglich. Bei diskreten Renditen ist dies nicht möglich.

Wichtige Formeln

Kann die stetige Rendite r^s eines Finanzprodukts durch eine $N(\mu, \sigma)$-Verteilung modelliert werden, dann gilt folgende Formel für den Value at Risk zum Konfidenzniveau $p = 1 - \alpha$:

$$VaR_\alpha(r^s) = |\sigma_T \cdot z_\alpha - \mu|$$

(2.1.4.1)

$VaR_\alpha(r^s)$	= Value at Risk zum Konfidenzniveau p für stetige Renditen
σ_T	= Standardabweichung
z_α	= α-Quantil der Standardnormalverteilung
$\mu = E$	= Erwartungswert

Die Formel für die Berechnung des Value at Risk in Geldeinheiten bei einer Normalverteilung lautet:

$$VaR_{Geldeinheiten,\alpha}(r^s) = VaR_\alpha(r^s) \cdot Preis$$

(2.1.4.2)

$VaR_{Geldeinheiten,\alpha}$	= Value at Risk zu Konfidenzniveau p in Geldeinheiten
$Preis$	= Preis pro Einheit

Soll der Value at Risk für einen anderen Zeitraum als einen Tag berechnet werden, z. B. für dreißig Tage, müssen Erwartungswert μ und die Standardabweichung σ auf den Zeithorizont des Value at Risk umskaliert werden. Wir gehen davon aus, dass sich die Parameter auf eine Periode der Länge T, in unserem Beispiel einem Tag, beziehen. Nun soll der Value at Risk für eine Periode mit der Länge N^*T berechnet werden, z. B. dreißig Tage. Die Umrechnung des Erwartungswerts μ ist einfach und erfolgt mit der Formel:

$$\mu_{N \cdot T} = N \cdot \mu_T$$

(2.1.4.3)

N	= betrachtete Zeit
T	= Zeitfaktor

Sind die Renditen zwischen den Teilperioden unabhängig, so gilt für die Standardabweichung σ:

$$\sigma_{N \cdot T} = \sqrt{N} \cdot \sigma_T$$

(2.1.4.4)

Durch Einsetzen der umskalierten Parameter in die Value-at-Risk-Formel ergibt sich folgende Gleichung des umskalierten Value at Risk:

$$VaR_{\alpha}(r^s) = \left|\sqrt{N} \cdot \sigma_T \cdot z_{\alpha} - N \cdot \mu\right|$$

(2.1.4.5)

Arbeitsmappe: `Case Study Risikomanagement Teil 1` ➲ Arbeitsblatt: `VaR stetige Rendite (1)`

Berechnung des Quantils der Verteilung zum Konfidenzniveau p bei Annahme einer Normalverteilung in Excel:

Excel-Beispiel: `H10=NORM.INV(H9;0;1)`

Berechnung der stetigen, täglichen Volatilität in Excel:

Excel-Beispiel: `H12=E1308/WURZEL('Annahmen allgemein'!C217)`

Das 5 %-Quantil berechnet sich in Excel mit

Excel-Beispiel: `H14=H10*H12`

Der Erwartungswert der stetigen Renditen wird in Excel über die `MITTELWERT`-Funktion berechnet.

Excel-Beispiel: `H16=MITTELWERT(D6:D1308)`

Der Value at Risk berechnet sich in Excel mit

Excel-Beispiel: `H18=ABS(H10*H12-H16)`

Unter Berücksichtigung der Zeitdimension lautet die Excel-Formel für den Value at Risk:

Excel-Beispiel: `H27=ABS(H25*H10*H12-H24*H16)`

Unter Berücksichtigung der Zeitdimension, des Preises und des Investitionsvolumens lautet die Excel-Formel für den Value at Risk:

Excel-Beispiel: `H32=H28*H30`

Vorgehensweise

- Zunächst wird die stetige Rendite in Spalte `D` und die annualisierte Volatilität basierend auf 250 Tagen in Spalte `E` berechnet.
- Danach wird in Zelle `H10=NORM.INV(H9;0;1)` der Wert der Standardnormalverteilung für das 5 %-Quantil berechnet. Er beträgt -1,645.
- Im Anschluss daran wird die tägliche Volatilität basierend auf der annualisierten 250-Tagesvolatilität ermittelt `H12=E1308/WURZEL('Annahmen allgemein'!C217)`. Sie beträgt 1,97%.
- Das 5 %-Quantil beträgt -3,24% und wird mit der Excel-Formel `H14=H10*H12` berechnet.
- Zur Berechnung des Value at Risk wird der Mittelwert der stetigen, täglichen Renditen benötigt `H16=MITTELWERT(D6:D1308)`. Dieser hat einen Wert von -0,06%.
- Der Value at Risk für einen Tag beträgt 3,18% und wird mit der Excel-Formel `H18=ABS(H10*H12-H16)` berechnet.
- Bei einem Barrelpreis von 45,41 US$ beträgt der Value at Risk in Geldeinheiten für einen Tag 1,45 US$. Die Excel-Formel `H22=H18*H20` wird verwendet.
- Unter Hinzunahme des Zeitfaktors beträgt der Value at Risk 3,18% gemäß Excel-Formel `H27=ABS(H25*H10*H12-H24*H16)`.
- Der Value at Risk in Geldeinheiten beträgt unter Berücksichtigung des Gesamtinvestitionsvolumens von 100.000 Barrel 144.608 US$. Es findet die Excel-Formel `H32=H28*H30` Anwendung.
- Der Value at Risk besagt, dass in 95 % der Fälle der tägliche Verlust eines Investments in 100.000 Barrel Erdöl 144.608 USD nicht überschreitet.

Ergebnis

Datum	Erdölpreis in USD	stetige Rendite	annual. Volatilität bas. auf 250 Tagen
01.01.t(1)	98,42		
02.01.t(1)	95,44	-3,07%	
03.01.t(1)	93,96	-1,56%	
06.01.t(1)	93,43	-0,57%	
07.01.t(1)	93,67	0,26%	
08.01.t(1)	92,33	-1,44%	
09.01.t(1)	91,66	-0,73%	
10.01.t(1)	92,72	1,15%	
13.01.t(1)	91,80	-1,00%	
14.01.t(1)	92,59	0,86%	
15.01.t(1)	94,17	1,69%	
16.01.t(1)	93,96	-0,22%	
17.01.t(1)	94,37	0,44%	
20.01.t(1)	94,37	0,00%	
21.01.t(1)	94,99	0,65%	
22.01.t(1)	96,73	1,82%	
23.01.t(1)	97,32	0,61%	
24.01.t(1)	96,64	-0,70%	
27.01.t(1)	95,72	-0,96%	
28.01.t(1)	97,41	1,75%	
29.01.t(1)	97,36	-0,05%	
30.01.t(1)	98,23	0,89%	
31.01.t(1)	97,49	-0,76%	
03.02.t(1)	96,43	-1,09%	
04.02.t(1)	97,19	0,79%	
05.02.t(1)	97,38	0,20%	
06.02.t(1)	97,84	0,47%	
07.02.t(1)	99,88	2,06%	

Value at Risk		Value at Risk	
Konfidenzniveau	95,00%	Konfidenzniveau	99,00%
Alpha (α)	5,00%	Alpha (α)	1,00%
Perzentile der Normalverteilung (α)	-1,645	Perzentile der Normalverteilung (α)	-2,326
tägliche Volatilität (σ) am 31.12.t(5)	1,97%	tägliche Volatilität (σ) am 31.12.t(5)	1,97%
Quantil von α	-3,24%	Quantil von α	-4,59%
Mittelwert der stetigen, täglichen Renditen	-0,06%	Mittelwert der stetigen, täglichen Renditen	-0,06%
$VaR_{stetige\ Rendite,\ \alpha}$	3,18%	$VaR_{stetige\ Rendite,\ \alpha}$	4,53%
Erdölpreis pro Barrel in US$	45,41 $	Erdölpreis pro Barrel in US$	45,41 $
$VaR_{stetige\ Rendite,\ Geldeinheiten}$	1,45	$VaR_{stetige\ Rendite,\ Geldeinheiten}$	2,06
betrachtete Zeit (N)	1,00	betrachtete Zeit (N)	30,00
Zeitfaktor	1,000	Zeitfaktor	5,477
$VaR_{stetige\ Rendite,\ \alpha,\ Zeitfaktor}$	3,18%	$VaR_{stetige\ Rendite,\ \alpha,\ Zeitfaktor}$	23,35%
$VaR_{Geldeinheiten,\ Zeitfaktor}$	1,45 $	$VaR_{Geldeinheiten,\ Zeitfaktor}$	10,60 $
Investitionsvolumen Erdöl in Barrel	100.000	Investitionsvolumen Erdöl in Barrel	100.000
$VaR_{Geldeinheiten,\ Zeitfaktor,\ Investitionsvolumen}$	144.608 $	$VaR_{Geldeinheiten,\ Zeitfaktor,\ Investitionsvolumen}$	1.060.225 $

Abbildung 41: Ermittlung des Value at Risk bei einer stetigen Wahrscheinlichkeitsverteilung

Literatur und Verweise auf das Excel-Tool

Diedrichs, M. (2018): Risikomanagement und Risikocontrolling, 4. Auflage, Vahlen, S. 156-164.

Gleißner, W. (2016): Grundlagen des Risikmanagements, 3. Auflage, Vahlen, S. 207-208.

Hull, J. C. (2014): Risikomanagement: Banken, Versicherungen und andere Finanzinsitutionen, 3. Auflage, Pearson, S. 220-241.

Romeike, F., Hasger, P. (2013): Erfolgsfaktor Risikomanagement 3.0, 3. Auflage, SpringerGabler, S. 127-128.

Viani, U. (2012): Risikomanagement, Schäffer-Poeschel, S. 181-185.

Wüst, K. (2014): Risikomanagement: Eine Einführung mit Anwendungen in Excel, UTB, S. 98-109.

Siehe Excel-Datei `Case Study Risikomanagement Teil 1`, Excel-Arbeitsblatt `VaR stetige Rendite (1)`.

Assignment 5: Berechnung des Conditional Value at Risk bzw. Expected Shortfall bei einer stetigen Wahrscheinlichkeitsverteilung

Aufgabe

- Berechnen Sie den Conditional Value at Risk für den Erdölpreis ab dem 31.12.t(5) rückwirkend für die letzten 5 Jahre. Gehen Sie dabei in folgenden Schritten vor:
  - Berechnen Sie zunächst den Conditional Value at Risk für ein Konfidenzniveau von 95 % für einen Tag basierend auf den stetigen Renditen des Erdölpreises.
  - Berechnen Sie dann den Conditional Value at Risk für ein Konfidenzniveau von 95 % für einen Tag basierend auf dem Erdölpreis pro Barrel.
  - Berechnen Sie den Conditional Value at Risk für ein Konfidenzniveau von 95 % für einen Tag basierend auf einem Investitionsvolumen von 100.000 Barrel Erdöl.
  - Berechnen Sie den Conditional Value at Risk für ein Konfidenzniveau von 99 % für einen Tag basierend auf den stetigen Renditen des Erdölpreises.
  - Berechnen Sie dann den Conditional Value at Risk für ein Konfidenzniveau von 99 % für einen Tag basierend auf dem Erdölpreis pro Barrel.
  - Berechnen Sie den Conditional Value at Risk für ein Konfidenzniveau von 99 % für 30 Tage basierend auf dem Erdölpreis pro Barrel.
  - Berechnen Sie den Conditional Value at Risk für ein Konfidenzniveau von 99 % für 30 Tage basierend auf einem Investitionsvolumen von 100.000 Barrel Erdöl.
- Erklären Sie die Unterschiede der Ergebnisse und begründen Sie Ihre Aussagen.

Inhalt

Bei einer stetigen Wahrscheinlichkeitsverteilung wird der Conditional Value at Risk bzw. der Expected Shortfall als Erwartungswert aller Verluste gebildet, die größer dem Value at Risk sind. Er misst den durchschnittlichen Verlust für den Fall, dass der Value at Risk überschritten wird.

Wichtige Formeln

Der Erwartungswert entspricht der Berechnung des Integrals:

$$CVaR_{\alpha}(r^s) = \int_0^{\alpha} VaR_u du$$

(2.1.5.1)

$CVaR_{\alpha}(r^s)$ = Conditional Value at Risk zum Konfidenzniveau p für stetige Renditen

Für eine normalverteilte Zufallsvariable $X \sim N(\mu, \sigma)$ ergibt sich:

$$CVaR_{\alpha}(r^{s}) = \sigma \cdot \frac{\varphi(z_{\alpha})}{\alpha} - \mu$$

(2.1.5.2)

$\varphi(z_{\alpha})$ ist die Dichte der Standardnormalverteilung. Sie wird am (α)-Quantil der Standardnormalverteilung ausgewertet.

Durch Einsetzen der umskalierten Parameter in die Conditional Value at Risk Formel ergibt sich folgende Gleichung des umskalierten Conditional Value at Risk:

$$CVaR_{\alpha}(r^{s}) = \sqrt{N} \cdot \sigma_t \cdot \frac{\varphi(Z_{\alpha})}{\alpha} - N \cdot \mu_T$$

(2.1.5.3)

Arbeitsmappe: `Case Study Risikomanagement Teil 1` ➲ Arbeitsblatt: `VaR stetige Rendite (1)`

Die Dichte wird in Excel wie folgt berechnet:

Excel-Beispiel: `H37=NORM.VERT(NORM.INV(H9;0;1);0;1;FALSCH)=`

`=NORM.VERT(H10;0;1;FALSCH)`

Berechnung des Conditional Value at Risk (Expected Shortfall) als Rendite bei einer stetigen Wahrscheinlichkeitsverteilung in Excel:

Excel-Beispiel: `H38=ABS(WURZEL(H24)*H12*H37/H9-H24*H16)`

Berechnung des Conditional Value at Risk (Expected Shortfall) in Geldeinheiten bei einer stetigen Wahrscheinlichkeitsverteilung in Excel:

Excel-Beispiel: `H39=H20*H38`

Unter Berücksichtigung des Investitionsvolumens lautet die Excel-Formel für den Value at Risk:

Excel-Beispiel: `H40=H39*H30`

Vorgehensweise

- Im ersten Schritt wird die Dichte für das 5 %-Quantil berechnet `H37=NORM.VERT(H10;0;1;FALSCH)`. Sie beträgt 0,1031.
- Danach wird der Conditional Value at Risk für einen Tag berechnet `H38=ABS(WURZEL(H24)*H12*H37/H9-H24*H16)`. Der Conditional Value at Risk für einen Tag beträgt 4,13%. Der Conditional Value at Risk kann auch für eine andere Zeitperiode als einen Tag berechnet werden, z. B. für 30 Tage. Dann muss die Zelle `H24` entsprechend angepasst werden.
- Die Umrechnung des Conditional Value at Risk in Geldeinheiten erfolgt durch Multiplikation des Conditional Value at Risk für einen Tag mit dem Erdölpreis in USD. Der Conditional Value at Risk in Geldeinheiten beträgt 1,87 US$.
- Für das hier zu untersuchende Investitionsvolumen von 100.000 Barrel beträgt der Conditional Value at Risk 187.421 US$.
- Der Value at Risk besagt, dass in 5 % der Fälle an einem Tag der Verlust aus einem Investment in 100.000 Barrel Erdöl 144.608 US$ überschreitet. Der Verlust beträgt dann im Mittel 187.421 US$.

Ergebnis

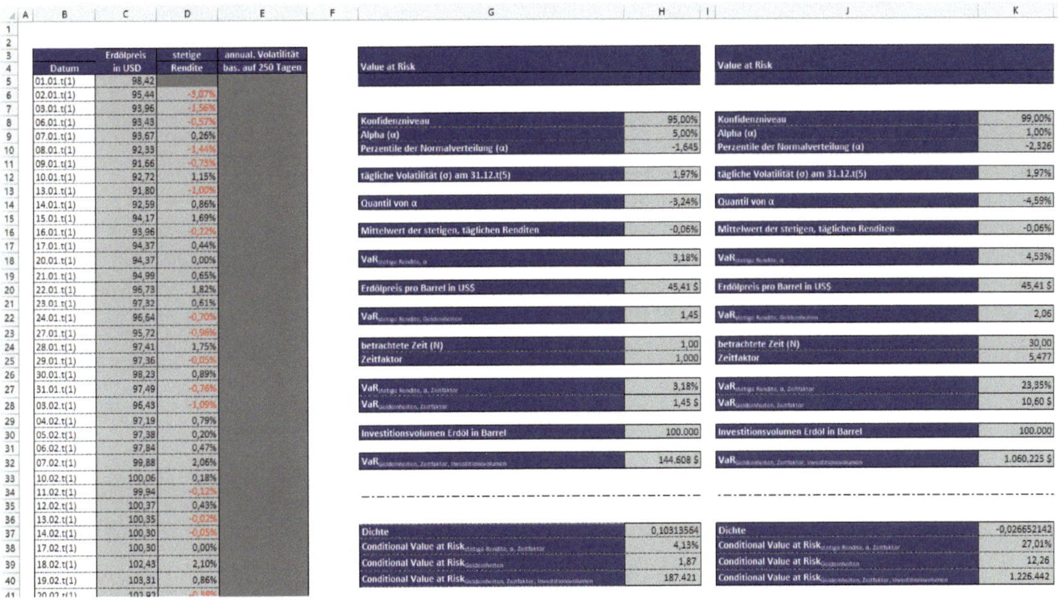

Datum	Erdölpreis in USD	stetige Rendite	annual. Volatilität bas. auf 250 Tagen
01.01.t(1)	98,42		
02.01.t(1)	95,44	-3,07%	
03.01.t(1)	93,96	-1,56%	
06.01.t(1)	93,43	-0,57%	
07.01.t(1)	93,67	0,26%	
08.01.t(1)	92,33	-1,44%	
09.01.t(1)	91,66	-0,73%	
10.01.t(1)	92,72	1,15%	
13.01.t(1)	91,80	-1,00%	
14.01.t(1)	92,59	0,86%	
15.01.t(1)	94,17	1,69%	
16.01.t(1)	93,96	-0,22%	
17.01.t(1)	94,37	0,44%	
20.01.t(1)	94,37	0,00%	
21.01.t(1)	94,99	0,65%	
22.01.t(1)	96,73	1,82%	
23.01.t(1)	97,32	0,61%	
24.01.t(1)	96,64	-0,70%	
27.01.t(1)	95,72	-0,96%	
28.01.t(1)	97,41	1,75%	
29.01.t(1)	97,36	-0,05%	
30.01.t(1)	98,23	0,89%	
31.01.t(1)	97,49	-0,76%	
03.02.t(1)	96,43	-1,09%	
04.02.t(1)	97,19	0,79%	
05.02.t(1)	97,38	0,20%	
06.02.t(1)	97,84	0,47%	
07.02.t(1)	99,88	2,06%	
10.02.t(1)	100,06	0,18%	
11.02.t(1)	99,94	-0,12%	
12.02.t(1)	100,37	0,43%	
13.02.t(1)	100,35	-0,02%	
14.02.t(1)	100,30	-0,05%	
17.02.t(1)	100,30	0,00%	
18.02.t(1)	102,43	2,10%	
19.02.t(1)	103,31	0,86%	

Value at Risk		Value at Risk	
Konfidenzniveau	95,00%	Konfidenzniveau	99,00%
Alpha (α)	5,00%	Alpha (α)	1,00%
Perzentile der Normalverteilung (α)	-1,645	Perzentile der Normalverteilung (α)	-2,326
tägliche Volatilität (σ) am 31.12.t(5)	1,97%	tägliche Volatilität (σ) am 31.12.t(5)	1,97%
Quantil von α	-3,24%	Quantil von α	-4,59%
Mittelwert der stetigen, täglichen Renditen	-0,06%	Mittelwert der stetigen, täglichen Renditen	-0,06%
$VaR_{stetige\ Rendite,\ \alpha}$	3,18%	$VaR_{stetige\ Rendite,\ \alpha}$	4,53%
Erdölpreis pro Barrel in US$	45,41 $	Erdölpreis pro Barrel in US$	45,41 $
$VaR_{stetige\ Rendite,\ Geldeinheiten}$	1,45	$VaR_{stetige\ Rendite,\ Geldeinheiten}$	2,06
betrachtete Zeit (N)	1,00	betrachtete Zeit (N)	30,00
Zeitfaktor	1,000	Zeitfaktor	5,477
$VaR_{stetige\ Rendite,\ \alpha,\ Zeitfaktor}$	3,18%	$VaR_{stetige\ Rendite,\ \alpha,\ Zeitfaktor}$	23,35%
$VaR_{Geldeinheiten,\ Zeitfaktor}$	1,45 $	$VaR_{Geldeinheiten,\ Zeitfaktor}$	10,60 $
Investitionsvolumen Erdöl in Barrel	100.000	Investitionsvolumen Erdöl in Barrel	100.000
$VaR_{Geldeinheiten,\ Zeitfaktor,\ Investitionsvolumen}$	144.608 $	$VaR_{Geldeinheiten,\ Zeitfaktor,\ Investitionsvolumen}$	1.060.225 $
Dichte	0,10313564	Dichte	-0,026652142
$Conditional\ Value\ at\ Risk_{stetige\ Rendite,\ \alpha,\ Zeitfaktor}$	4,13%	$Conditional\ Value\ at\ Risk_{stetige\ Rendite,\ \alpha,\ Zeitfaktor}$	27,01%
$Conditional\ Value\ at\ Risk_{Geldeinheiten}$	1,87	$Conditional\ Value\ at\ Risk_{Geldeinheiten}$	12,26
$Conditional\ Value\ at\ Risk_{Geldeinheiten,\ Zeitfaktor,\ Investitionsvolumen}$	187.421	$Conditional\ Value\ at\ Risk_{Geldeinheiten,\ Zeitfaktor,\ Investitionsvolumen}$	1.226.442

Abbildung 42: Ermittlung des Conditional VaR (Expected Shortfall) bei einer stetigen Wahrscheinlichkeitsverteilung

Literatur und Verweise auf das Excel-Tool

Diedrichs, M. (2018): Risikomanagement und Risikocontrolling, 4. Auflage, Vahlen, S. 156-164.

Gleißner, W. (2016): Grundlagen des Risikmanagements, 3. Auflage, Vahlen, S. 207-208.

Hull, J. C. (2014): Risikomanagement: Banken, Versicherungen und andere Finanzinsitutionen, 3. Auflage, Pearson, S. 220-241.

Romeike, F., Hasger, P. (2013): Erfolgsfaktor Risikomanagement 3.0, 3. Auflage, SpringerGabler, S. 127-128.

Viani, U. (2012): Risikomanagement, Schäffer-Poeschel, S. 181-185.

Wüst, K. (2014): Risikomanagement: Eine Einführung mit Anwendungen in Excel, UTB, S. 98-109.

Siehe Excel-Datei `Case Study Risikomanagement Teil 1`, Excel-Arbeitsblatt `VaR stetige Rendite (1)`.

Assignment 6: Berechnung von Lower Partial Moments: Shortfall-Wahrscheinlichkeit

Aufgabe

Berechnen Sie die Shortfall-Wahrscheinlichkeit (Lower Partial Moments nullter Ordnung bzw. LPM_0), für den Erdölpreis ab dem 31.12.t(5) rückwirkend für die letzten 5 Jahre.

Inhalt

Lower Partial Moments (untere partielle Momente; LPM_m-Maße) sind Risikomaße, die sich als Downside-Risikomaße nur auf einen Teil der gesamten Wahrscheinlichkeitsdichte beziehen. Sie erfassen nur die negativen Abweichungen von einer Schranke τ (Zielgröße), werten aber in diesem Bereich die gesamten Informationen der Wahrscheinlichkeitsverteilung aus (bis zum theoretisch möglichen Maximalschaden).

Üblicherweise werden in der Praxis drei Spezialfälle betrachtet:

- Shortfall-Wahrscheinlichkeit (Lower Partial Moments nullter Ordnung bzw. LPM_0),
- Shortfall-Erwartungswert (Lower Partial Moments erster Ordnung bzw. LPM_1) und
- Shortfall-Varianz (Lower Partial Moments zweiter Ordnung bzw. LPM_2)

Das Ausmaß der Gefahr der Unterschreitung der Zielgröße τ wird dabei in verschiedener Weise berücksichtigt. Bei der Shortfall-Wahrscheinlichkeit spielt nur die Wahrscheinlichkeit p der Unterschreitung eine Rolle. Beim Shortfall-Erwartungswert wird dagegen die mittlere Unterschreitungshöhe berücksichtigt.

Die Shortfall-Wahrscheinlichkeit (Lower Partial Moments nullter Ordnung bzw. LPM_0) – auch Downside-Wahrscheinlichkeit genannt – erfasst die Wahrscheinlichkeit, mit der das Mindestanspruchsniveau eine vorab definierte Schwelle τ unterschreiten wird. Allerdings wird die absolute Höhe der Zielwertunterschreitungen nicht erfasst. Shortfall-Wahrscheinlichkeit oder Ausfallwahrscheinlichkeit ermittelt sich z. B. als Anzahl der Renditen, die den Zielwert unterschreiten, im Verhältnis zur Gesamtzahl der Renditen. Somit stellt die Shortfall-Wahrscheinlichkeit die relative Häufigkeit der Zielwert-Unterschreitungen dar.

Für die Ermittlung der Shortfall-Wahrscheinlichkeit wird das Mindestanspruchsniveau festgelegt und die Wahrscheinlichkeit der Unterschreitung festgestellt. Im Gegensatz dazu steht beim VaR als α-Quantil die Shortfall-Wahrscheinlichkeit über das gewählte Konfidenzniveau fest und der dazu passende Zielwert wird bestimmt. Die Shortfall-Wahrscheinlichkeit und der VaR stehen somit in einem inversen Verhältnis.

Wichtige Formeln

Die allgemeine Formel der Lower Partial Moments lautet:

$$LPM_n(\tau, r^s) = \frac{1}{T}\sum_{\substack{t=1 \\ r<\tau}}^{T}(\tau - r^s)^n$$

(2.1.6.1)

LPM	= Lower Partial Moments
τ	= geforderter Zielwert, auch „Target“, z. B. die Mindestrendite
r^S	= stetige Rendite
t	= Index für die Zeit
T	= Zeitspanne

Bei der Shortfall-Wahrscheinlichkeit spielt nur die Wahrscheinlichkeit P der Unterschreitung eine Rolle. Die Shortfall-Wahrscheinlichkeit (LPM_0) berechnet sich basierend auf obiger Formel wie folgt:

$$LPM_0(\tau, r^s) = P(r^s < \tau)$$

(2.1.6.2)

Arbeitsmappe: `Case Study Risikomanagement Teil 1` ➲ Arbeitsblatt: `Lower Partial Moments`

Die Berechnung der Shortfall-Wahrscheinlichkeit in Excel erfolgt gemäß:

Excel-Beispiel: `L9=ANZAHL(E6:E1308)/ANZAHL(D6:D1308)`

Vorgehensweise

- Ausgehend von den stetigen Renditen in Spalte `D` werden die Renditen X ermittelt, die unter dem Zielwert τ liegen (der Zielwert ist in Zelle `L7` abgebildet und beträgt -3,5%). Dies erfolgt durch die Excel-Formel `E6=WENN(D6<$L$7;D6;"")`.
- Im nächsten Schritt wird die Shortfall-Wahrscheinlichkeit (LPM_0) berechnet, indem die Anzahl der Werte, die sich unterhalt der Zielgröße befinden, durch die Anzahl der beobachtbaren Renditen geteilt werden `L9=ANZAHL(E6:E1308)/ANZAHL(D6:D1308)`.

Ergebnis

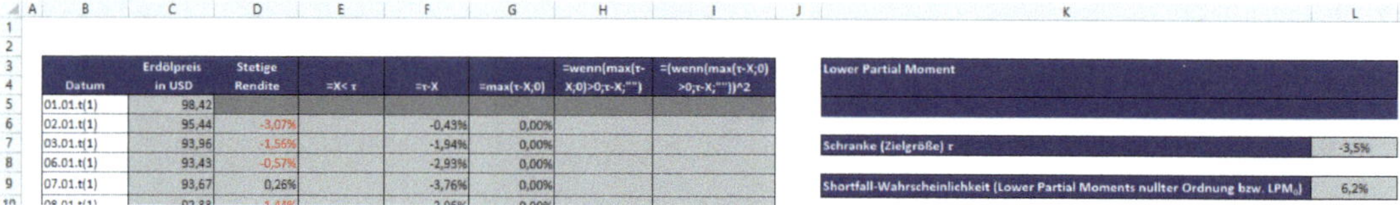

Datum	Erdölpreis in USD	Stetige Rendite	=X< τ	=τ-X	=max(τ-X;0)	=wenn(max(τ-X;0)>0;τ-X;"")	=(wenn(max(τ-X;0)>0;τ-X;""))^2
01.01.t(1)	98,42						
02.01.t(1)	95,44	-3,07%		-0,43%	0,00%		
03.01.t(1)	93,96	-1,56%		-1,94%	0,00%		
06.01.t(1)	93,43	-0,57%		-2,93%	0,00%		
07.01.t(1)	93,67	0,26%		-3,76%	0,00%		

Lower Partial Moment	
Schranke (Zielgröße) τ	-3,5%
Shortfall-Wahrscheinlichkeit (Lower Partial Moments nullter Ordnung bzw. LPM_0)	6,2%

Abbildung 43: Berechnung der Shortfall-Wahrscheinlichkeit (Lower Partial Moments nullter Ordnung bzw. LPM_0)

Literatur und Verweise auf das Excel-Tool

Gleißner, W. (2016): Grundlagen des Risikmanagements, 3. Auflage, Vahlen, S. 208-210.

Siehe Excel-Datei `Case Study Risikomanagement Teil 1`, Excel-Arbeitsblatt `Lower Partial Moments`.

Assignment 7: Berechnung von Lower Partial Moments: Shortfall-Erwartungswert

Aufgabe

Berechnen Sie den Shortfall-Erwartungswert (Lower Partial Moments erster Ordnung bzw. LPM_1) für den Erdölpreis ab dem 31.12.t(5) rückwirkend für die letzten 5 Jahre.

Inhalt

Der Shortfall-Erwartungswert (LPM erster Ordnung bzw. LPM_1), berücksichtigt das Ausmaß der Unterschreitung der festgelegten Zielgröße (Schwellenwert = Target). Er wird auch „erwarteter Ausfall", „mittleres Ausfallrisiko", „Expected Shortfall Magnitude" oder „Target Shortfall" genannt. Gleichzeitig kann man den Expected Shortfall als Sonderfall der LPM_1 verstehen, bei dem ein beweglicher Schwellenwert in Höhe des α-Quantils verwendet wird. Auch die Semistandardabweichung gilt als Spezialfall der LPM_1.

Der Downside-Erwartungswert errechnet sich als Summe der beobachteten Differenzen zwischen dem Zielwert und den einzelnen Renditen, die einen Wert größer null aufweisen, dividiert durch die Gesamtzahl der über der Schranke liegenden Renditen. Somit gibt das LPM_1 Auskunft über die erwartete Höhe der Verfehlungen des Zielwerts. Zusammen mit der Downside-Wahrscheinlichkeit ergibt sich ein aussagekräftiges Bild, da so nicht nur die Wahrscheinlichkeit, sondern auch das Ausmaß der möglichen Zielverfehlungen dargestellt wird.

Wichtige Formeln

Beim Shortfall-Erwartungswert wird die mittlere Unterschreitungshöhe berechnet. Die Berechnung des Shortfall-Erwartungswerts in Excel erfolgt gemäß:

$$LPM_1(\tau, r^s) = \frac{1}{T} \sum_{\substack{t=1 \\ X < \tau}}^{T} (\tau - r^s)$$

fx

(2.1.7.1)

Arbeitsmappe: `Case Study Risikomanagement Teil 1` ➲ Arbeitsblatt: `Lower Partial Moments`

Der Shortfall-Erwartungswert (LPM_1) berechnet sich basierend auf obiger Formel wie folgt:

Excel-Beispiel: `L11=MITTELWERT(H6:H1308)`

Vorgehensweise

- Ausgehend von dem Zielwert τ in Höhe von -3,5% wird die Differenz zwischen Rendite und Zielwert gemessen. Dies erfolgt durch die Excel-Formel `F6=$L$7-D6`.
- Danach werden diejenigen Werte ermittelt, die kleiner Null sind `G6=MAX(F6;0)`. Nur diese Werte werden dann ausgewiesen `H6=WENN(G6>0;G6;"")`.
- Im letzten Schritt wird der Shortfall-Erwartungswert (LPM_1) als Mittelwert der Abweichungen von der Schranke ermittelt `L11=MITTELWERT(H6:H1308)`.
- Der Mittelwert beträgt 1,5% und besagt, dass in 6,2% der Fälle die Verluste durchschnittlich um 1,5% höher als die vorgegebene Schranke von -3,5% sind bzw. dass in 6,2% der Fälle die Verluste 5,0% betragen.

Ergebnis

Datum	Erdölpreis in USD	Stetige Rendite	=X< τ	=τ-X	=max(τ-X;0)	=wenn(max(τ-X;0)>0;τ-X;"")	=(wenn(max(τ-X;0)>0;τ-X;""))^2
01.01.t(1)	98,42						
02.01.t(1)	95,44	-3,07%		-0,43%	0,00%		
03.01.t(1)	93,96	-1,56%		-1,94%	0,00%		
06.01.t(1)	93,43	-0,57%		-2,93%	0,00%		
07.01.t(1)	93,67	0,26%		-3,76%	0,00%		
08.01.t(1)	92,33	-1,44%		-2,06%	0,00%		
09.01.t(1)	91,66	-0,73%		-2,77%	0,00%		

Lower Partial Moment	
Schranke (Zielgröße) τ	-3,5%
Shortfall-Wahrscheinlichkeit (Lower Partial Moments nullter Ordnung bzw. LPM_0)	6,2%
Shortfall-Erwartungswert (Lower Partial Moments erster Ordnung bzw. LPM_1)	1,5%

Abbildung 44: Berechnung des Shortfall-Erwartungswerts (LPM erster Ordnung bzw. LPM_1)

Literatur und Verweise auf das Excel-Tool

Gleißner, W. (2016): Grundlagen des Risikmanagements, 3. Auflage, Vahlen, S. 208-210.

Siehe Excel-Datei `Case Study Risikomanagement Teil 1`, Excel-Arbeitsblatt `Lower Partial Moments`.

Assignment 8: Berechnung von Lower Partial Moments: Shortfall-Varianz

Aufgabe

Berechnen Sie die Shortfall-Varianz (Lower Partial Moments zweiter Ordnung bzw. LPM_2) für den Erdölpreis ab dem 31.12.t(5) rückwirkend für die letzten 5 Jahre.

Inhalt

Die Shortfall-Varianz als LPM zweiter Ordnung (LPM_2) erfasst die Streuung der Unterschreitungen des Zielwerts. Mit Hilfe der Shortfall-Varianz werden größere Verluste stärker gewichtet als geringere, indem die Zielunterschreitungen quadriert werden. Die Downside-Varianz misst somit die durchschnittliche quadrierte negative Abweichung vom Zielwert.

Die Shortfall-Varianz weist Ähnlichkeiten zur Semivarianz auf, weswegen sie teilweise auch als Target-Semivarianz bezeichnet wird. Daneben hat sie Ähnlichkeiten zur Varianz, wobei hier die Abweichungen unter Berücksichtigung des Zielwerts und nicht um den Mittelwert der Verteilung berechnet werden. Mit der Shortfall-Varianz werden die hohen Unterschreitungen des Zielwerts besonders stark gewichtet, wohingegen die Varianz starke Abweichungen vom Mittelwert in beide Richtungen bestraft. Da aber Investoren keine überdurchschnittlich hohen Erträge bestrafen wollen, passt die Shortfall-Varianz besser zu den Risikopräferenzen von Investoren.

Wichtige Formeln

Bei der Shortfall-Varianz wird die Streuung der Unterschreitungen des Zielwerts berechnet. Die Berechnung der Shortfall-Varianz in Excel erfolgt gemäß:

$$LPM_2(\tau, r^s) = \frac{1}{T} \sum_{\substack{t=1 \\ X<\tau}}^{T} (\tau - r^s)^2$$

(2.1.8.1)

Arbeitsmappe: `Case Study Risikomanagement Teil 1` ➲ Arbeitsblatt: `Lower Partial Moments`

Die Shortfall-Varianz (LPM_2) berechnet sich basierend auf obiger Formel wie folgt:

Excel-Beispiel: `L13=MITTELWERT(I6:I1308)`

Vorgehensweise

- Ausgehend von dem Zielwert τ in Höhe von -3,5% Zelle wird die Differenz zwischen Rendite und Zielwert gemessen. Dies erfolgt durch die Excel-Formel `F6=$L$7-D6`.
- Danach werden diejenigen Werte ermittelt, die kleiner Null sind `G6=MAX(F6;0)` und quadriert `I6=WENN(H6="";"";H6^2)`.
- Im letzten Schritt wird die Shortfall-Varianz (LPM_2) als Mittelwert der quadrierten Abweichungen von der Schranke ermittelt `L13=MITTELWERT(I6:I1308)`.

Ergebnis

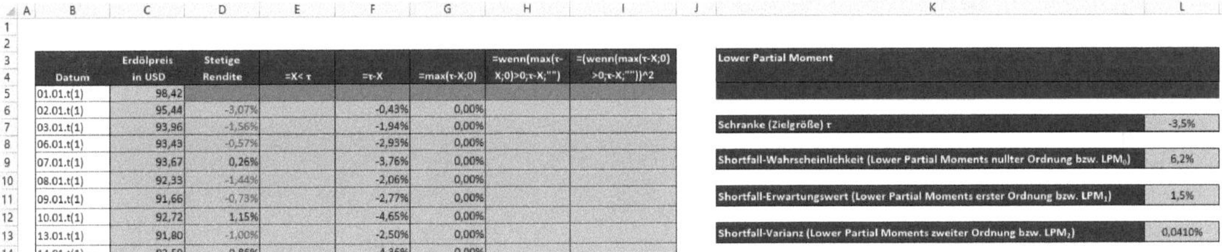

Datum	Erdölpreis in USD	Stetige Rendite	=X< τ	=τ-X	=max(τ-X;0)	=wenn(max(τ-X;0)>0;τ-X;"")	=(wenn(max(τ-X;0)>0;τ-X;""))^2
01.01.t(1)	98,42						
02.01.t(1)	95,44	-3,07%		-0,43%	0,00%		
03.01.t(1)	93,96	-1,56%		-1,94%	0,00%		
06.01.t(1)	93,43	-0,57%		-2,93%	0,00%		
07.01.t(1)	93,67	0,26%		-3,76%	0,00%		
08.01.t(1)	92,33	-1,44%		-2,06%	0,00%		
09.01.t(1)	91,66	-0,73%		-2,77%	0,00%		
10.01.t(1)	92,72	1,15%		-4,65%	0,00%		
13.01.t(1)	91,80	-1,00%		-2,50%	0,00%		

Lower Partial Moment	
Schranke (Zielgröße) τ	-3,5%
Shortfall-Wahrscheinlichkeit (Lower Partial Moments nullter Ordnung bzw. LPM_0)	6,2%
Shortfall-Erwartungswert (Lower Partial Moments erster Ordnung bzw. LPM_1)	1,5%
Shortfall-Varianz (Lower Partial Moments zweiter Ordnung bzw. LPM_2)	0,0410%

Abbildung 45: Berechnung der Shortfall-Varianz als LPM zweiter Ordnung (LPM_2)

Literatur und Verweise auf das Excel-Tool

Gleißner, W. (2016): Grundlagen des Risikmanagements, 3. Auflage, Vahlen, S. 208-210.

Siehe Excel-Datei `Case Study Risikomanagement Teil 1`, Excel-Arbeitsblatt `Lower Partial Moments`.

Assignment 9: Value at Risk für nicht-lineare Preisfunktionen: Anleihen

Aufgabe

Sie besitzen eine Anleihe mit einer Restlaufzeit von sechs Jahren. Sie erhalten noch fünf Jahre lang Zinsen in Höhe von 45 €. Am Ende des sechsten Jahres bekommen Sie den Nennwert der Anleihe in Höhe von 1.000 € und 45 € Zinsen für das letzte Jahr der Anlage.

- Berechnen Sie den Barwert der Zahlung bei Marktzins in Höhe 4,00% und nach Erhöhung des Marktzinses um 1,00% auf 5,00%.
- Berechnen Sie die Duration.
- Berechnen Sie die Modified Duration und führen Sie eine Kontrollrechnung durch.
- Berechnen Sie die Duration und die Modified Duration mit Excel-Funktion `DURATION` und `MDURATION`.
- Berechnen Sie den Value at Risk nach der Methode der exakten Berechnung.
- Berechnen Sie den Value at Risk nach der Methode der näherungsweisen Berechnung über die Macauley-Duration und die Modified Duration.
- Berechnen Sie den Value at Risk nach der Methode der näherungsweisen Berechnung über die Konvexität.

Inhalt

Nicht-lineare Preisfunktionen gelten für Finanzprodukte, deren Wert/Preis nicht-linear von den zugrunde liegenden Risikofaktoren abhängt. Wir betrachten im Folgenden nicht-lineare Funktionen von:

- Anleihen und
- Optionen.

So hängen Anleihen nicht-linear vom Zinssatz und Aktienoptionen nicht-linear vom Aktienkurs ab.

Anleihen sind Forderungspapiere, durch die ein Kredit am Kapitalmarkt aufgenommen wird. Wir gehen davon aus, dass Sie die Grundlagen von Anleihen beherrschen (siehe Literaturhinweise).

Folgende Grundbegriffe sind relevant:

Anleihe/Bond	meist längerfristige Schuldverschreibung. Der Aussteller zahlt dem Käufer der Anleihe für die vereinbarte Laufzeit Zinsen, am Ende der Laufzeit erhält der Käufer zusätzlich die geliehene Summe zurück
Kupon oder Zinsschein	Berechtigung zum Erhalt der fälligen Zinsen
Nennwert oder Nominalwert	Wertangabe einer einzelnen Anleihe
Nominalzinssatz	Zinssatz, mit dem die Anleihe verzinst wird
Festverzinsliche Anleihe	Anleihe mit im Voraus festgelegter Verzinsung. Die Zinszahlung erfolgt in der Regel jährlich oder halbjährlich

Wir wollen uns hier anschauen, wie der Value at Risk für Anleihen berechnet werden kann. Die Berechnung des Value at Risk folgt den Ansätzen, die wir für diskrete Renditen bereits kennengelernt haben. Der Value at Risk bei Anleihen kann über eine „exakte Berechnung“ (so wie wir ihn bereits berechnet haben) oder über eine „näherungsweise Berechnung“ erfolgen. Bei der näherungsweisen werden die folgenden drei, für Anleihen zentralen Risikoparameter eingesetzt:

1. Duration (Macaulay Duration) => Risikomaß für das Wiederanlagerisiko
2. Modified Duration => Risikomaß für das Zinsänderungsrisiko
3. Convexity => Risikomaß für das Zinsänderungsrisiko

Die <u>Duration</u> oder auch <u>Macaulay Duration</u>, die Frederick R. Macaulay eingeführt hat, ist eine Kennzahl, die als Zeitgröße interpretiert werden kann. Die Duration gibt die mittlere Kapitalbindungsdauer einer Geldanlage in einem festverzinslichen Wertpapier wieder. Sie gibt an, nach welcher Zeit der Investor sein eingesetztes Kapital wiedererhält. Die Duration beschreibt somit das Wiederanlagerisiko.

Formal kann die Duration als gewichteter Durchschnitt der Zeitpunkte der Zahlungen eines festverzinslichen Wertpapiers (durchschnittliche Kapitalbindungsdauer) verstanden werden, wobei als Gewichtungsfaktoren die Barwerte der Zins- und Tilgungszahlungen bezogen auf den Gesamtbarwert verwendet werden. Somit ist die Macauley Duration nichts anderes als ein gewichtetes arithmetisches Mittel der Cashflows eines festverzinslichen Wertpapiers.

Die <u>Modified Duration</u> ist ein Risikomaß für das Zinsänderungsrisiko und kann aus der Duration abgeleitet werden (daher Modified Duration). Während die Duration in der Einheit Jahre gemessen wird, beantwortet die Modified Duration die in der Praxis häufig gestellte Frage, wie hoch die relative Veränderung des Anleihekurses in Abhängigkeit einer Veränderung des Marktzinsniveaus ist. Die Modified Duration besagt, um wie viel Prozent sich der Anleihekurs ändert, wenn sich das Marktzinsniveau um einen Prozentpunkt ändert. Die Modified Duration gibt also an, wie stark sich der Gesamtertrag einer Anleihe (bestehend aus den Tilgungen, Kuponzahlungen und dem Zinseszinseffekt bei der Wiederanlage der Rückzahlungen) ändert, wenn sich der Zinssatz am Markt ändert. Damit misst sie den durch eine marginale Zinssatzänderung ausgelösten Kurseffekt und kann als Elastizität des Anleihekurses in Abhängigkeit vom Marktzinssatz verstanden werden.

Der Barwert von Anleihen weist bei Zinsänderungen einen konvexen Verlauf auf. Da die Modified Duration lediglich die erste Ableitung – also die Steigung – berücksichtigt, liefert sie nur für kleine Zinsänderungen nutzbare Werte. Die Modified Duration ist ein sehr vorsichtiges Risikomaß, da Risiken überschätzt und Chancen unterschätzt werden. Daher wird als genaueres Risikomaß die Konvexität (Convexity) eingesetzt.

Die Konvexität ist ein Risikomaß zur Beschreibung des Verhaltens einer Anleihe bei Zinsänderungen. Sie ist eine Erweiterung bzw. Verbesserung der Modified Duration. Eine positive Konvexität beschreibt Anleihen, die bei steigenden Zinssätzen eine geringe Kurssensitivität und bei sinkenden Zinssätzen eine hohe Kurssensitivität besitzen. Bei steigenden Zinsen sind niedrige Kursverluste zu erwarten, bei sinkenden Zinsen hingegen hohe Kurssteigerungen. Ferner gilt: Je größer die Konvexität, desto stärker ist dieses Verhalten der Anleihe ausgeprägt.

Wichtige Formeln

Die Formel der Macauley-Duration ist wie folgt definiert. Aus Vereinfachungsgründen wird eine flache Zinsstrukturkurve mit einem jährlich konstanten Marktzins angenommen.

$$D = \frac{\sum_{t=1}^{T} t \cdot \frac{Z_t}{(1+r)^t}}{P} = \frac{\sum_{t=1}^{T} t \cdot \frac{Z_t}{(1+r)^t}}{\sum_{t=1}^{T} \frac{Z_t}{(1+r)^t}}$$

(2.1.9.1)

D	= Duration
Z_t	= Zahlung am Ende der Periode t
r	= Marktzinssatz
P	= Preis der Anleihe
t	= Zeitperiode, hier ein Jahr

Die Duration ist eine Zeitgröße und gibt die mittlere Kapitalbindungsdauer an. Die Rücklaufzeiten t werden mit dem Anteil des Barwerts der Zahlung in der jeweiligen Periode an dem Gesamtbarwert aller Zahlungen (=Anleihepreis) gewichtet. Die Summe der Gewichte ergibt eins.

Ausgangspunkt für die Modified Duration ist wiederum der Barwert des Zahlungsstroms. Eine sofortige Änderung des Marktzinses Δi führt zur folgenden Neuberechnung des Barwertes.

$$P(i + \Delta i) = \Sigma_{t=1}^{T} \frac{Z_t}{(1 + i + \Delta i)^t}$$

(2.1.9.2)

Mathematisch kann man $P(i + \Delta i)$ aber auch mittels Taylorentwicklung beschreiben. Durch Umformung erhält man die Modified Duration, die wie folgt definiert ist:

$$MD = \frac{dP}{di} \cdot \frac{1}{P} = \frac{\sum_{t=1}^{T} t \cdot \frac{Z_t}{(1+r)^{t+1}}}{\sum_{t=1}^{T} \frac{Z_t}{(1+r)^t}}$$

(2.1.9.3)

Die Modified Duration ist also nichts Anderes als die erste Ableitung der Barwertfunktion nach dem Zins, geteilt durch den Preis (Barwert) der Anleihe.

Der Zusammenhang zwischen Modified Duration und Macauley-Duration wird ersichtlich, wenn man die Modified Duration mit $1 + i$ multipliziert. Dann erhalten die Diskontierungsfaktoren sowie Zähler und Nenner dieselben Exponenten und es ergibt sich aus der Modified Duration die Macauley-Duration.

$$D = MD \cdot (1 + i) = \frac{\sum_{t=1}^{T} t \cdot \frac{Z_t}{(1+r)^t}}{\sum_{t=1}^{T} \frac{Z_t}{(1+r)^t}}$$

(2.1.9.4)

Wie bereits erwähnt verbessert die Konvexität die Ergebnisse der Modified Duration. Dies gelingt indem in der Taylorentwicklung die zweite Ableitung hinzugenommen wird. Es ergibt sich folgender Zusammenhang:

$$P(i + \Delta i) \approx P(i) + \frac{dP}{di} \cdot \Delta i + \frac{1}{2!} \cdot \frac{d^2P}{di^2}(\Delta i)^2$$

(2.1.9.5)

und somit

$$\frac{P(i + \Delta i) - P(i)}{P(i)} = \frac{\Delta P}{P(i)} \approx - MD \cdot \Delta i + \frac{1}{2} \cdot C \cdot (\Delta i)^2$$

(2.1.9.6)

wobei C die Konvexität (Convexity) beschreibt.

$$C = \frac{\Delta^2 P}{d\Delta i^2} \cdot \frac{1}{P} = \frac{\sum_{t=1}^{T} t \cdot (t+1) \frac{Z_t}{(1+r)^{t+2}}}{P} = \frac{\sum_{t=1}^{T} t \cdot (t+1) \frac{Z_t}{(1+r)^{t+2}}}{\sum_{t=1}^{T} \frac{Z_t}{(1+r)^t}}$$

(2.1.9.7)

Die Konvexität ist als nichts anderes als die zweite Ableitung der Barwertfunktion nach dem Zins, geteilt durch den Preis (Barwert) der Anleihe.

Die Formel für den Value at Risk nach der exakten Berechnung lautet:

$$VaR = \left| P(\mathrm{i} + \Delta \mathrm{i}) - P(\mathrm{i}) \right|$$

(2.1.9.8)

Die Formel für den Value at Risk nach der näherungsweisen Berechnung über die Macauley-Duration und die Modified Duration lautet:

$$VaR = \left| \frac{1}{1+i} \cdot D \cdot P(\mathrm{i}) \cdot \Delta i \right| = \left| MD \cdot P(\mathrm{i}) \cdot \Delta i \right|$$

(2.1.9.9)

Die Formel für den Value at Risk nach der näherungsweisen Berechnung über die Konvexität lautet:

$$VaR = \left| -MD \cdot \Delta i \cdot P(\mathrm{i}) + \frac{1}{2} \cdot C \cdot (\Delta \mathrm{i})^2 \cdot P(\mathrm{i}) \right|$$

(2.1.9.10)

Arbeitsmappe: `Case Study Risikomanagement Teil 1` ➲ Arbeitsblatt: `VaR nicht-lineare Funktionen`

Die Berechnung des Gesamtbarwerts aller Zahlungen zum aktuellen Marktzinssatz im Zähler erfolgt in Excel gemäß:

Excel-Beispiel: `C21=(C8/(1+C56)^C7+D8/(1+C56)^D7+E8/(1+C56)^E7+F8/(1+C56)^F7+G8/(1+C56)^G7+H8/(1+C56)^H7)`

Die Berechnung des Gesamtbarwerts aller Zahlungen nach Erhöhung des Marktzinssatzes erfolgt in Excel gemäß:

Excel-Beispiel: `C22=(C8/(1+C57)^C7+D8/(1+C57)^D7+E8/(1+C57)^E7+F8/(1+C57)^F7+G8/(1+C57)^G7+(H8+I8)/(1+C57)^H7)`

Die Berechnung des für die Duration relevanten Barwerts im Zähler erfolgt in Excel gemäß:

Excel-Beispiel:
`C27=(C7*C8/(1+C56)^C7+D7*D8/(1+C56)^D7+E7*E8/(1+C56)^E7+F7*F8/(1+C56)^F7+G7*G8/(1+C56)^G7+H7*(H8)/(1+C56)^H7)`

Die Berechnung der Duration erfolgt in Excel gemäß:

Excel-Beispiel: `C30=C27/C28`

Die Berechnung der Duration erfolgt mit der Excel-Funktion `DURATION` gemäß:

Excel-Beispiel: `C61=DURATION(C53;C54;C55;C56;C58;C59)`

Die Berechnung des für die Modified Duration relevanten Barwerts im Zähler erfolgt in Excel gemäß:

Excel-Beispiel:
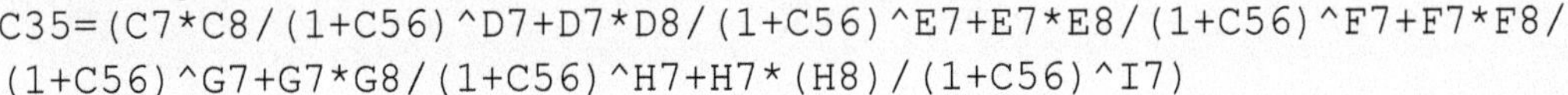
`C35=(C7*C8/(1+C56)^D7+D7*D8/(1+C56)^E7+E7*E8/(1+C56)^F7+F7*F8/(1+C56)^G7+G7*G8/(1+C56)^H7+H7*(H8)/(1+C56)^I7)`

Die Berechnung der Modified Duration erfolgt in Excel gemäß:

Excel-Beispiel: `C38=C35/C36`

Die Berechnung der Duration erfolgt mit der Excel-Funktion `MDURATION` gemäß:

Excel-Beispiel: `C62=MDURATION(C53;C54;C55;C56;C58;C59)`

Die Berechnung des für die Konvexität (Convexity) relevanten Barwerts im Zähler erfolgt in Excel gemäß:

Excel-Beispiel: `C44=(C7*D7*C8/(1+C56)^E7+D7*E7*D8/(1+C56)^F7+E7*F7*E8/(1+C56)^G7+F7*G7*F8/(1+C56)^H7+G7*H7*G8/(1+C56)^I7+H7*I7*H8/(1+C56)^J7)`

Die Berechnung der Konvexität (Convexity) erfolgt in Excel gemäß:

Excel-Beispiel: `C47=C44/C45`

Die exakte Berechnung des VaR erfolgt in Excel gemäß:

Excel-Beispiel: `C67=ABS(C22-C21)`

Die näherungsweise Berechnung des VaR mit Hilfe der Modified Duration erfolgt in Excel gemäß:

Excel-Beispiel: `C73=ABS(C21*C38*C15)`

Die näherungsweise Berechnung des VaR mit Hilfe der Konvexität (Convexity) erfolgt in Excel gemäß:

Excel-Beispiel: `C74=ABS(-C38*C15*C21+0,5*C47*C15^2*C21)`

Vorgehensweise

- In den Zahlungen (Zellen `C7:J8`), die aus der Anleihe resultieren, können Sie den Kupon-/Nominalzinssatz erkennen. In unserem Beispiel wurden 1.000 € investiert. Die Zinszahlungen betragen 45 € pro Jahr, d. h. der Kupon-/Nominalzinssatz beträgt 4,5% (Zelle `C13`).
- Ausgehend von den Zahlungen werden mit dem aktuellen Marktzinssatz (`C14`) und dem Marktzinssatz nach Zinserhöhung (`C16`) die Barwerte der Zahlungen berechnet (Zellen `C21` und `C22`). Der Barwert der mit dem aktuellen Zinssatz diskontierten Zahlungen (`C21`) entspricht dem Preis/Kurs der Anleihe.
- Im nächsten Schritt werden die Duration, die Modified Duration und die Konvexität der Anleihe ohne und mit Excel-Funktionen berechnet.
- Zur Berechnung der Duration wird im Zähler folgender Barwert berechnet: `C27=(C7*C8/(1+C56)^C7+D7*D8/(1+C56)^D7+E7*E8/(1+C56)^E7+F7*F8/(1+C56)^F7+G7*G8/(1+C56)^G7+H7*H8/(1+C56)^H7)`
  Dieser Barwert wird durch den Preis der Anleihe (Zelle `C28`) geteilt, woraus die Duration erfolgt (Zelle `C30`). Zum gleichen Ergebnis kommt mit unter Verwendung der Excel-Funktion `DURATION` (Zelle `C61`), welche die Inputs aus den Zellen `C53:C59` (außer `C57`) benötigt.

Beide Berechnungen ergeben eine Duration in Höhe von 5,3391, was besagt, dass der Investor sein investiertes Kapital in Höhe von 1.000 € nach 5,3391 Jahren wieder zurückerhält.

- Zur Berechnung der Modified Duration wird im Zähler folgender Barwert berechnet:
  `C35=(C7*C8/(1+C56)^D7+D7*D8/(1+C56)^E7+E7*E8/(1+C56)^F7+F7*F8/(1+C56)^G7+G7*G8/(1+C56)^H7+H7*H8/(1+C56)^I7)`
  Dieser Barwert wird durch den Preis der Anleihe (`C36`) geteilt, woraus die Modified Duration erfolgt (Zelle `C38`). Zum gleichen Ergebnis kommt die Excel-Funktion `MDURATION` (Zelle `C62`), welche die Inputs aus den Zellen `C53:C59` (außer `C57`) benötigt.
  Beide Berechnungen ergeben eine Modified Duration in Höhe von 5,1914, was besagt, dass sich der Preis der Anleihe um 5,1914 € erhöht, wenn sich der Marktzinssatz um 1 % erhöht (unter der Annahme, dass der Anleihepreis linear vom Zinssatz abhängig wäre). Diese Annahme ist aber nur eine Näherung, da Zins und Anleihepreis sich konvex verhalten.
- Daher benutzen wir im nächsten Schritt die Konvexität (Convexity). Zur Berechnung der Konvexität (Convexity) wird im Zähler folgender Barwert berechnet:
  `C44=(C7*D7*C8/(1+C56)^E7+D7*E7*D8/(1+C56)^F7+E7*F7*E8/(1+C56)^G7+F7*G7*F8/(1+C56)^H7+G7*H7*G8/(1+C56)^I7+H7*I7*H8/(1+C56)^J7)`
  Dieser Barwert wird durch den Preis der Anleihe (`C45`) geteilt, woraus sich die Konvexität ergibt (Zelle `C47`). Eine Excel-Funktion zur Berechnung der Konvexität (Convexity) steht nicht zur Verfügung.
  Die Berechnung der Konvexität (Convexity) ergibt einen Wert von 33,6791. Die Konvexität steht für die Krümmung der Kurve des Anleihepreises. Sie zeigt, wie sich eine Zinsänderung auf die Duration auswirkt. Da wir hier eine positive Konvexität (Convexity) vorliegen haben, können wir für diese Anleihe folgern, dass sie bei steigenden Zinssätzen eine geringe Kurssensitivität und bei sinkenden Zinssätzen eine hohe Kurssensitivität aufweist. Dies ist eine wichtige Zusatzinformation, wenn wir Anleihen mit gleicher oder ähnlicher Modified Duration vergleichen.
- Im nächsten Schritt soll der Value at Risk ermittelt werden, also der Verlust, wenn der Zinssatz steigt. Dies kann über eine exakte Berechnung oder eine näherungsweise Berechnung erfolgen.
- Bei der exakten Berechnung wird ganz einfach die Differenz zwischen dem Barwert vor und nach Zinserhöhung berechnet (Zelle `C67`). Da der Value at Risk stets einen positiven Wert hat, berechnen wir den absoluten Wert `C67=ABS(C22-C21)`. Wenn wir zum Beispiel davon ausgehen, dass der Zinssatz zu 99 % nicht mehr als ein Prozent steigt, beträgt der maximale Verlust (Value at Risk) aus dieser Zinserhöhung 51,59 €. Der Wert der exakten Berechnung ist die Benchmark für die näherungsweisen Berechnungen.
- Die näherungsweise Berechnung des Value at Risk mit Hilfe der Modified Duration erfolgt in `C73=ABS(C21*C38*C15)`. Es ergibt sich ein Value at Risk in Höhe von 53,27 €. Dies zeigt, dass bei Verwendung der Modified Duration das Risiko überschätzt wird.
- Ein besseres Ergebnis erhalten wir bei Verwendung der Konvexität (Convexity) `C74=ABS(-C38*C15*C21+0,5*C47*C15^2*C21)`. Hier beträgt der Value at Risk 51,55 € und kommt damit dem exakten Wert in Höhe von 51,59 € sehr nahe.
- Sie werden sich sicherlich fragen, warum wir näherweise Berechnungen für den VaR vornehmen, wenn wir doch gleich mit der einfacheren, exakten Berechnung das gewünschte Ergebnis erhalten. Die näherungsweise Berechnung macht in der Tat für eine einzelne Anleihe keinen Sinn. Anders ist die Situation, wenn wir mehrere Wertpapiere mit nicht-linearen Funktionen im Portfolio haben. Dann sind wir auf die näherungsweise Berechnung angewiesen.

Ergebnis

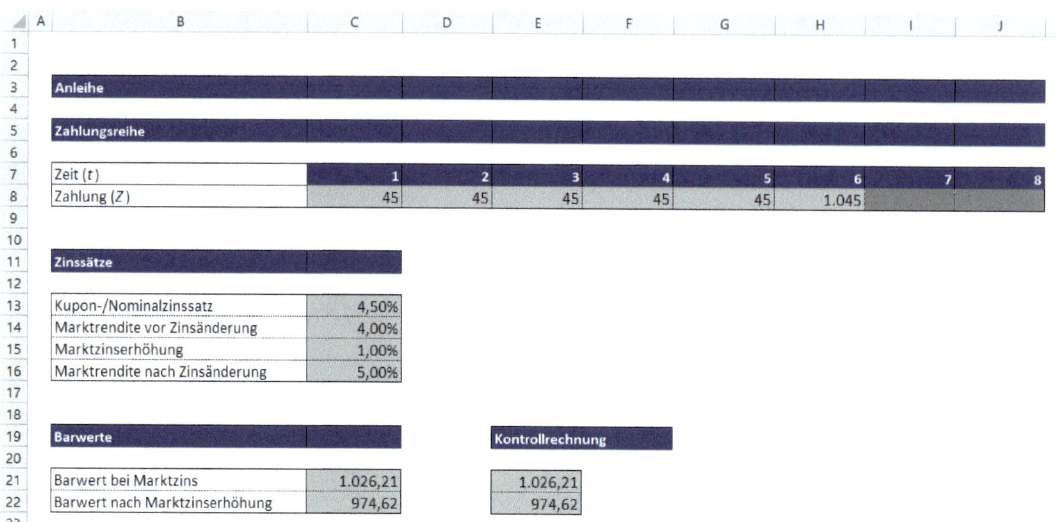

Anleihe

Zahlungsreihe

Zeit (t)	1	2	3	4	5	6	7	8
Zahlung (Z)	45	45	45	45	45	1.045		

Zinssätze

Kupon-/Nominalzinssatz	4,50%
Marktrendite vor Zinsänderung	4,00%
Marktzinserhöhung	1,00%
Marktrendite nach Zinsänderung	5,00%

Barwerte

		Kontrollrechnung
Barwert bei Marktzins	1.026,21	1.026,21
Barwert nach Marktzinserhöhung	974,62	974,62

Abbildung 46: Berechnung der Zinssätze und Barwerte

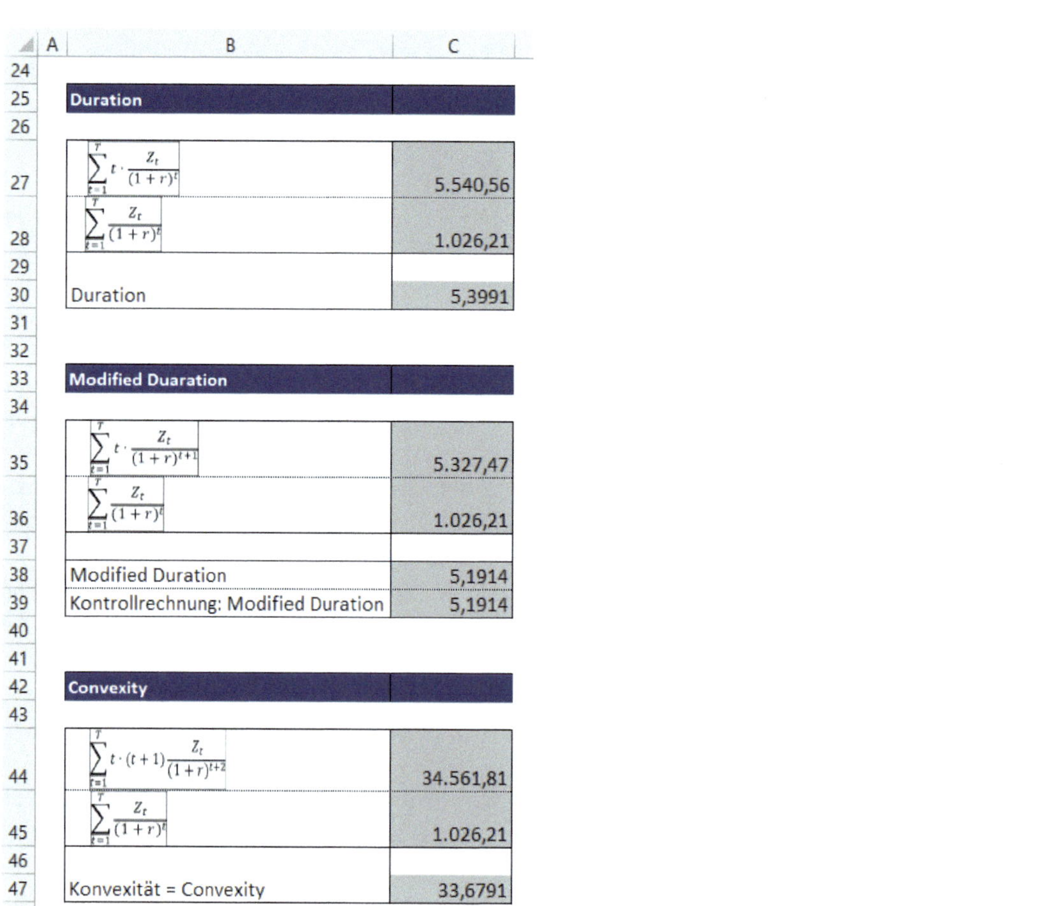

Duration

$\sum_{t=1}^{T} t \cdot \frac{Z_t}{(1+r)^t}$	5.540,56
$\sum_{t=1}^{T} \frac{Z_t}{(1+r)^t}$	1.026,21
Duration	5,3991

Modified Duaration

$\sum_{t=1}^{T} t \cdot \frac{Z_t}{(1+r)^{t+1}}$	5.327,47
$\sum_{t=1}^{T} \frac{Z_t}{(1+r)^t}$	1.026,21
Modified Duration	5,1914
Kontrollrechnung: Modified Duration	5,1914

Convexity

$\sum_{t=1}^{T} t \cdot (t+1) \frac{Z_t}{(1+r)^{t+2}}$	34.561,81
$\sum_{t=1}^{T} \frac{Z_t}{(1+r)^t}$	1.026,21
Konvexität = Convexity	33,6791

Abbildung 47: Berechnung der Duration, Modified Duration und Convexity

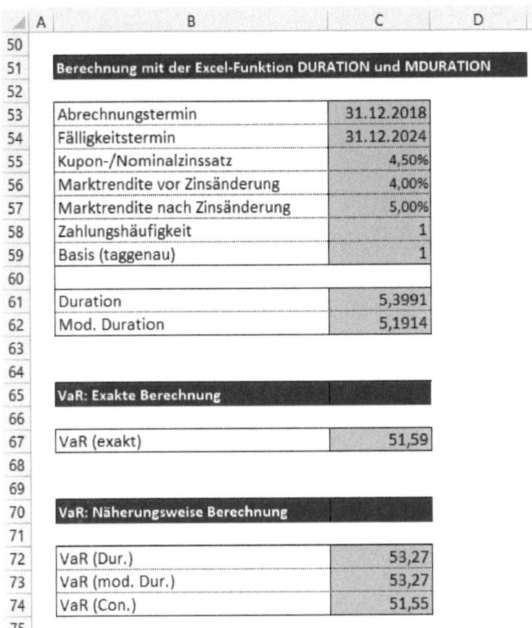

Berechnung mit der Excel-Funktion DURATION und MDURATION	
Abrechnungstermin	31.12.2018
Fälligkeitstermin	31.12.2024
Kupon-/Nominalzinssatz	4,50%
Marktrendite vor Zinsänderung	4,00%
Marktrendite nach Zinsänderung	5,00%
Zahlungshäufigkeit	1
Basis (taggenau)	1
Duration	5,3991
Mod. Duration	5,1914

VaR: Exakte Berechnung	
VaR (exakt)	51,59

VaR: Näherungsweise Berechnung	
VaR (Dur.)	53,27
VaR (mod. Dur.)	53,27
VaR (Con.)	51,55

Abbildung 48: Berechnung der Duration und Modified Duration mit Excel-Funktionen und Berechnung des VaR

Literatur und Verweise auf das Excel-Tool

Wengert, H., Schittenhelm, A. (2013): Corporate Risk Management, Springer Gabler, S. 41-46 und 56-58.

Wüst, K. (2014): Risikomanagement: Eine Einführung mit Anwendungen in Excel, UTB, S. 133-137.

Siehe Excel-Datei `Case Study Risikomanagement Teil 1`, Excel-Arbeitsblatt `VaR nichtlineare Funktionen`.

Assignment 10: Extremwerttheorie

Aufgabe

- Berechnen Sie mit Hilfe der Extremwerttheorie den Value at Risk und den Conditional Value at Risk (Expected Shortfall) für einen Tag bei einem Konfidenzniveau von 95 % für den Erdölpreis ab dem 31.12.t(5) rückwirkend für die letzten 5 Jahre.
- Führen Sie eine Sensitivitätsanalyse durch und ermitteln Sie den Value at Risk und den Conditional Value at Risk (Expected Shortfall) bei folgenden Konfidenzniveaus: 99,0%, 99,1%, 99,2%, 99,3%, 99,4%, 99,5%, 99,6%, 99,7%,99,8%, 99,9%

Inhalt

Das Konzept extremer Ereignisse (z. B. disruptive Technologien, Finanzmarktkrisen u. ä.), wie sie beispielsweise *Taleb* mit seinen „Black Swans" beschreibt, trägt dem Problem Rechnung, dass es im realen Leben nicht (oder nur schwer) vorhersehbare Ereignisse geben kann, die schwerwiegende ökonomische Auswirkungen haben können. Dieses Phänomen findet im traditionellen Risikomanagement in der Regel keine Berücksichtigung. Für die Praxis des Risikomanagements und den Umgang mit der Unsicherheit der Zukunft erscheint es sinnvoll, auf der Grundlage von bekannten Vergangenheitsinformationen auch auf Extremwerte in der Zukunft zu schließen. Hier sind Techniken erforderlich, die die Verwendung einer Normalverteilung vermeiden und stattdessen berücksichtigen, dass Extremereignisse wesentlich häufiger auftreten als durch eine Normalverteilung impliziert. Die hier notwendigen Verfahren basieren auf der fraktalen Geometrie von Mandelbrot und stützen sich wesentlich auf sog. skalierbare Verteilungen, wie die Pareto-Verteilung. Daraus ist die Extremwerttheorie entstanden, die wir im Folgenden anwenden.

Die Extremwerttheorie, die auch Extreme Value Theory (EVT) oder Peaks-over-Treshold-Methode (PoT) genannt wird, geht über den Expected Shortfall hinaus, der ja auf Basis der vorliegenden historischen Daten berechnet wird. Die Extremwerttheorie wird bei potenziell katastrophalen Ereignissen eingesetzt, die zwar sehr selten eintreten, dafür aber extrem hohe Schadenssummen produzieren. Die Extremwerttheorie liefert einen wissenschaftlichen Ansatz zur Vorhersage dieser seltenen Ereignisse. Sie ist eine mathematische Disziplin, die sich mit Ausreißern, das heißt mit maximalen und minimalen Werten von Stichproben beschäftigt.

Ähnlich wie der Expected Shortfall beschäftigt sich die Extremwerttheorie mit den Rändern von Verteilungen. Sie berücksichtigt die empirischen Beobachtungen, dass extreme Renditen in der Realität eine höhere Wahrscheinlichkeit (so genannte Fat Tails) und mittlere Renditen eine niedrigere Wahrscheinlichkeit haben als durch eine Normalverteilung beschrieben. Mit Hilfe der Extremwerttheorie können Werte für hohe Konfidenzniveaus genau berechnet werden. Insofern ist die Extremwerttheorie eine Erweiterung des Gedankens des Expected Shortfall, der insbesondere die Auswirkung von potenziell extremen Ereignissen misst. Extreme Ereignisse treten selten auf und können beschrieben werden als Ereignisse, die einen Schwellenwert überschreiten.

Die Extremwerttheorie ist eng mit dem Namen *Gnedenko* verbunden. Er konnte 1943 die Hauptaussage der Extremwerttheorie beweisen. Sie besagt, dass die Ränder einer Vielzahl von Wahrscheinlichkeitsverteilungen gleiche Ränder aufweisen. Das bedeutet, dass eine breite Klasse von Verteilungen mit steigenden oder sinkenden Renditen r (je nachdem, ob die maximalen oder minimalen Werte der Stichprobe betrachtet werden) gegen eine verallgemeinerte Pareto-Verteilung strebt.

Die Extremwerttheorie kann sowohl den linken als auch den rechten Rand einer Verteilung erklären. Wir beschäftigen uns hier mit dem linken Rand der Verteilung.

Bei Verwendung der Extremwerttheorie ist zu beachten, dass die Pareto-Verteilung nur gültig ist für „extreme" Fälle, also für die Fälle oberhalb einer vom Anwender zu bestimmenden Schwelle. Die Schwelle sollte so hoch gesetzt werden, dass damit auch wirklich der Rand der

Verteilung untersucht wird, andererseits muss sie so niedrig gesetzt sein, dass die Zahl der in die Maximum-Likelihood-Berechnungen eingehenden Datensätze nicht zu gering ist und damit die Qualität der Berechnung des Randes gefährdet wird.

Wichtige Formeln

Die (kumulierte) verallgemeinerte Pareto-Verteilung wird mit folgender Gleichung berechnet:

$$G_{\xi,\beta} = 1 - \left(1 + \xi\frac{y}{\beta}\right)^{-\frac{1}{\xi}}$$

(2.1.10.1)

Die Verteilung besitzt zwei Parameter, nämlich ξ und β. Der Parameter ξ ist ein Formparameter, der die Schwere des Rands der Verteilung bestimmt. Der Parameter β ist ein Skalierungsparameter.

y ist die Differenz zwischen $r^{\min}$und $\hat{r}$, wobei $r^{\min}$ für die minimale Rendite in der Verteilung und $\hat{r}$ für die kritische Schwelle steht.

Die Parameter ξ und β können mit der Maximum-Likelihood-Methode geschätzt werden.

$$\Pi_{i=1}^{n_r}\frac{1}{\beta}\left(1 + \frac{\xi(-r_i + \hat{r})}{\beta}\right)^{-\frac{1}{\xi}-1}$$

(2.1.10.2)

Die Maximierung der Funktion dieser Funktion entspricht der Maximierung ihres Logarithmus:

$$\Sigma_i^{n_r} ln\left[\frac{1}{\beta}\left(1 + \frac{\xi(-r_i + \hat{r})}{\beta}\right)^{-\frac{1}{\xi}-1}\right]$$

(2.1.10.3)

Mit dem iterativen Suchverfahren (`SOLVER` in Excel) können wir nun die Parameter ξ und β bestimmen, die die zuletzt aufgeführte Formel maximieren.

Nach der Bestimmung der Parameter ξ und β kann der Value at Risk berechnet werden. Die Formel lautet:

$$VaR = \hat{r} + \frac{\beta}{\xi}\left[\left(\frac{n}{n_{\hat{r}}}(1 - p)\right)^{-\xi} - 1\right]$$

(2.1.10.4)

n ist die Anzahl der Beobachtungen, $n_{\hat{r}}$ bezeichnet hierbei die Anzahl der Werte, die unter der Schwelle liegen. p ist das Konfidenzniveau.

Der Expected Shortfall wird mit folgender Formel berechnet:

$$\textit{Expected Shortfall} = \frac{VaR + \beta - \xi\hat{r}}{1 - \xi}$$

(2.1.10.5)

Arbeitsmappe: `Case Study Risikomanagement Teil 1` ➲ Arbeitsblatt: `Extrem-werttheorie`

Berechnung der Log-Likelihood-Funktion in Excel:

Excel-Beispiel: `J12=WENN(H12<$G$5;LN((1/$N$4)*((1+($N$5*(-$H12+$G$5)/$N$4)))^(-1/$N$5-1));0)`

Berechnung des Value at Risk in Excel:

Excel-Beispiel: `J5=-G5+(N4/N5)*(((J2/J3)*(1-J4))^(-N5)-1)`

Berechnung des Expected Shortfall in Excel:

Excel-Beispiel: `J6=(J5+$N$4+$G$5*$N$5)/(1-$N$5)`

Vorgehensweise

- Zunächst werden die stetigen Renditen in Spalte `D` berechnet.
- Die stetigen, täglichen Renditen werden dann in Spalte `H` mit der Funktion `Sortieren` in der Größe nach aufsteigend sortiert.
- Danach wird das Konfidenzniveau p zur Bestimmung des Schwellenwerts $\hat{r}$ festgelegt (Zelle `G2`) und das Alpha α berechnet (Zelle `G3`) `G3=1-G2` festgelegt.
- Im nächsten Schritt wird die Anzahl der α-% kleinsten Werte ermittelt. In unserem Beispiel sind es die 5 % kleinsten Werte. Das sind bei 1.303 vorliegenden Renditen 65 Werte. Hierbei findet die Funktion `G4=ABRUNDEN((G3)*ANZAHL(D12:D1314);0)` Anwendung.
- Darauffolgend wird die Rendite des 65-kleinsten Werts bestimmt. Dies erfolgt für das 5 %-Quantil mit der Funktion `G5=MIN(SVERWEIS(G4;G12:H1314;2;0);0)`. Die ermittelte Rendite beträgt -3,78%. Der Schwellenwert $\hat{r}$ beträgt -3,78%.
- In Spalte `J` befindet sich die Berechnung der Wahrscheinlichkeit für die Maximum-Likelihood-Methode. Die Excel Formel lautet: `J12=WENN(H12<$G$5;LN((1/$N$4)*((1+($N$5*(-$H12+$G$5)/$N$4)))^(-1/$N$5-1));0)`
- Um die Wahrscheinlichkeit für die Maximum-Likelihood-Methode zu berechnen, benötigen wir neben dem Schwellenwerts $\hat{r}$ die Werte der Parameter β und ξ. Die Ausgangswerte zur

Bestimmung von β und ξ erhalten wir zunächst aus den `Annahmen allgemein` und werden mit `M4` und `M5` verlinkt. Wir verlinken diese Zelle wiederum mit den Zellen `N4` und `N5`, in denen nach Optimierung mit dem Solver die aus der Optimierung hervorgehende Werte von β und ξ stehen werden.

- In Zelle `J8` werden die Wahrscheinlichkeiten summiert `J8=SUMME(J12:J1314)`, die dann bei der Optimierung maximiert werden.
- Für die Optimierung mit Hilfe des `SOLVER` sind folgende Werte in den `SOLVER` einzugeben.

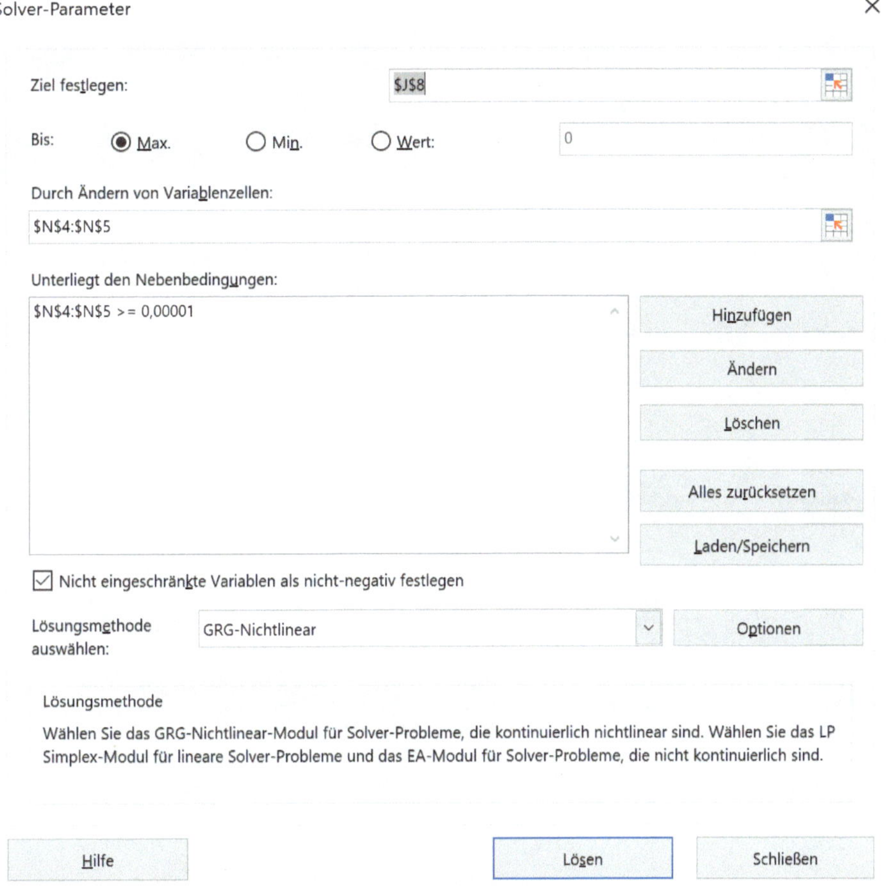

Abbildung 49: Solver Parameter für Extremwerttheorie

- Es ergeben sich Werte für β in Höhe von 0,013932 und für ξ in Höhe von 0,000010.
- Im nächsten Schritt kann nun mit der Extremwerttheorie der Value at Risk berechnet werden. Dazu benötigt man als Variablen neben β und ξ auch die Anzahl der Beobachtungen n `J2=ANZAHL(J12:J1314)`, die Anzahl der Werte $n_{\hat{r}}$, die über der Schwelle liegen `J3=ZÄHLENWENN(J12:J1314; "<>0")`, sowie das Konfidenzniveau p und den Schwellenwert $\hat{r}$ (Zelle `G5`). Der VaR berechnet sich mit `J5=-G5+(N4/N5)*(((J2/J3)*(1-J4))^(-N5)-1)`. Er beträgt 3,75% und beschriebt im Gegensatz zu den vorigen Berechnungen des Value at Risk den genauen Wert beim 5 %-Quantil.
- Ferner kann mit der Extremwerttheorie der Expected Shortfall berechnet werden `J6=(J5+$N$4+$G$5*$N$5)/(1-$N$5)`. Er beträgt 5,15%.

- Mit Hilfe einer Sensitivitätsanalyse `Daten` ➲ `Was-wäre-wenn-Analyse` ➲ `Datentabelle` können nun der Value at Risk und der Expected Shortfall für unterschiedliche Konfidenzniveaus problemlos berechnet werden.

Ergebnis

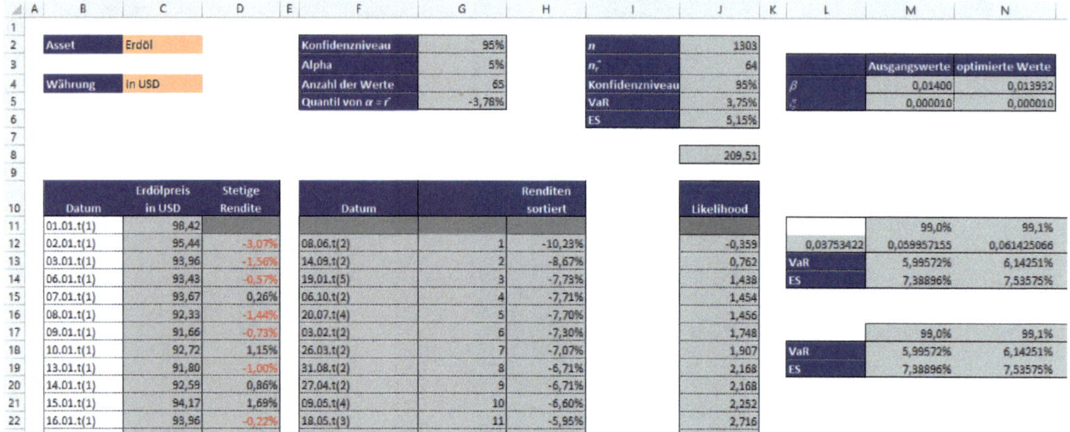

Asset	Erdöl
Währung	in USD

Konfidenzniveau	95%
Alpha	5%
Anzahl der Werte	65
Quantil von $\alpha = r^*$	-3,78%

n	1303
n_r^*	64
Konfidenzniveau	95%
VaR	3,75%
ES	5,15%
	209,51

	Ausgangswerte	optimierte Werte
β	0,01400	0,013932
ξ	0,000010	0,000010

Datum	Erdölpreis in USD	Stetige Rendite	Datum		Renditen sortiert	Likelihood
01.01.t(1)	98,42					
02.01.t(1)	95,44	-3,07%	08.06.t(2)	1	-10,23%	-0,359
03.01.t(1)	93,96	-1,56%	14.09.t(2)	2	-8,67%	0,762
06.01.t(1)	93,43	-0,57%	19.01.t(5)	3	-7,73%	1,438
07.01.t(1)	93,67	0,26%	06.10.t(2)	4	-7,71%	1,454
08.01.t(1)	92,33	-1,44%	20.07.t(4)	5	-7,70%	1,456
09.01.t(1)	91,66	-0,73%	03.02.t(2)	6	-7,30%	1,748
10.01.t(1)	92,72	1,15%	26.03.t(2)	7	-7,07%	1,907
13.01.t(1)	91,80	-1,00%	31.08.t(2)	8	-6,71%	2,168
14.01.t(1)	92,59	0,86%	27.04.t(2)	9	-6,71%	2,168
15.01.t(1)	94,17	1,69%	09.05.t(4)	10	-6,60%	2,252
16.01.t(1)	93,96	-0,22%	18.05.t(3)	11	-5,95%	2,716

	99,0%	99,1%
0,03753422	0,059957155	0,061425066
VaR	5,99572%	6,14251%
ES	7,38896%	7,53575%

	99,0%	99,1%
VaR	5,99572%	6,14251%
ES	7,38896%	7,53575%

Abbildung 50: Berechnung des VaR und des Expected Shortfall mit der Extremwerttheorie

Literatur und Verweise auf das Excel-Tool

Gleißner, W. (2016): Grundlagen des Risikmanagements, 3. Auflage, Vahlen, S. 535-536.

Hull, J. C. (2014): Risikomanagement: Banken, Versicherungen und andere Finanzinsitutionen, 3. Auflage, Pearson, S. 361-367.

Romeike, F., Hasger, P. (2013): Erfolgsfaktor Risikomanagement 3.0, 3. Auflage, SpringerGabler, S. 118.

Siehe Excel-Datei `Case Study Risikomanagement Teil 1`, Excel-Arbeitsblatt `Extremwerttheorie`

Assignment 11: Risikomaße im Vergleich

Aufgabe

- Prüfen Sie die in der folgenden Tabelle aufgelisteten Anforderungen an die Risikomaße.
- Füllen Sie die Tabelle aus.
- Begründen Sie Ihre Entscheidung.

Anforderung	Varianz	Standardabweichung	Semi-Varianz/Semi-Standardabweichung	Absoluter Value at Risk	Relativer Value at Risk	Conditional Value at Risk	LPM_0	LPM_1	LPM_2
Leichte Interpretierbarkeit									
Möglichkeit zur direkten Messung des ökonomischen Risikos									
Verwendung als Zielgröße für Optimierungsprobleme									
Möglichkeit der integrierten Risikomessung unterschiedlicher Risikoarten									
Verwendung zur Risikosteuerung eines Portfolios									
Kohärenz									

Abbildung 52: Risikomaße im Vergleich

Inhalt

Im Allgemeinen werden Risikokennzahlen bzw. Risikomaße verwendet, um Risiken zu quantifizieren und darauf aufbauend Steuerungsmaßnahmen vornehmen zu können. Mit der Risikoquantifizierung durch Risikomaße wird das Ziel verfolgt, existenzgefährdende Risiken zu erkennen und diesen entgegen zu wirken.

Zur Quantifizierung des Risikos muss ein Risikomaß verwendet werden, welches die Höhe des Risikos adäquat wiedergibt. Allgemein kann das Risiko, wie wir es schon behandelt haben, in Form einer Wahrscheinlichkeitsdichte oder Verteilungsfunktion einer Zufallsvariablen dargestellt werden. Die Veranschaulichung des Risikos in solch einer Form ist jedoch für Nichtexperten häufig wenig aussagekräftig und nachvollziehbar, so dass eine Verdichtung der Informationen wünschenswert ist.

Wie wir schon bei den von uns verwendeten Risikokennzahlen gesehen haben, wird die Höhe des Risikos durch das Ausmaß der Zielverfehlung, also durch das Ausmaß der Abweichung vom Erwartungswert, sowie den jeweils zuzurechnenden Wahrscheinlichkeiten determiniert. Aus diesem Grund sollten Risikomaße für die Risikosteuerung einerseits Aussagen über die Eintrittswahrscheinlichkeiten und andererseits Aussagen über die Risikohöhen ermöglichen. Zusätzlich sollte das gewählte Risikomaß gut verständlich und leicht zu interpretieren sein. Daher empfiehlt es sich, das Risiko in Geldeinheiten auszudrücken. Der Value at Risk erfüllt dem ersten Anschein nach diese Anforderungen.

Insgesamt soll ein Risikomaß dazu dienen, Risiken im Unternehmen zu steuern. Das bedeutet, dass das Risikomaß zur Steuerung einer Vielzahl von Risiken anzuwenden ist. Es geht also um ein aggregiertes Risikomaß, welches das Portfoliorisiko beschreibt.

Artzner et al. haben die folgenden vier Axiome formuliert, die ein Risikomaß im Rahmen der Risikosteuerungsmöglichkeit erfüllen sollte. Risikomaße, die diesen Eigenschaften entsprechen, werden als kohärente Risikomaße bezeichnet. Hull beschreibt die Axiome in einer sehr verständlichen Weise (Hull, J. C. (2014), S. 227).

Axiom 1: *Monotonie*: Wenn ein Portfolio für jeden Umweltzustand ein schlechteres Ergebnis als ein anderes liefert, sollte sein Risikomaß größer sein.

Axiom 2: *Translationsinvarianz*: Wenn dem Portfolio Barmittel der Höhe von X zufließen, dann sollte das Risikomaß um diesen Betrag X sinken.

Axiom 3: *Homogenität*: Wird das Volumen des Portfolios um einen Faktor λ geändert und bleiben die relativen Anteile der einzelnen Positionen im Portfolio gleich, dann sollte sich das Risikomaß ebenfalls um den Faktor λ ändern.

Axiom 4: *Subadditivität*: Das Risikomaß für zwei zusammengeführte Portfolios sollte nicht größer sein als die Summe der beiden Risikomaße vor der Zusammenführung.

Zusammenfassend kann gesagt werden, dass ein Risikomaß die folgenden Anforderungen erfüllen sollte:

- leichte Interpretierbarkeit,
- Möglichkeit zur direkten Messung des ökonomischen Risikos,
- Verwendung als Zielgröße für Optimierungsprobleme,
- Möglichkeit der integrierten Risikomessung unterschiedlicher Risikoarten,
- Verwendung zur Risikosteuerung eines Bankportfolios sowie
- Kohärenz.

Literatur und Verweise auf das Excel-Tool

Hull, J. C. (2014): Risikomanagement: Banken, Versicherungen und andere Finanzinsitutionen, 3. Auflage, Pearson, S. 226-231.

Daldrup, A. (2005): Kreditrisikomaße im Vergleich, Arbeitsbericht 13/2005 Hrsg.: Matthias Schumann, Georg-August-Universität Göttingen, Institut für Wirtschaftsinformatik.

Course Unit 2: Bestimmung von Portfoliorisiken

Assignment 12: Varianz-Kovarianz-Methode: Varianz-Kovarianz-Matrix und Portfoliorisiko

Aufgabe

- Erstellen Sie ein Tabellenblatt, in das Sie die folgenden Werte kopieren.
  - Erdölpreise ab dem 31.12.t(5) rückwirkend für die letzten 5 Jahre.
  - 3 Monate EURIBOR-USD ab dem 31.12.t(5) rückwirkend für die letzten 5 Jahre.
  - Wechselkurse EUR/USD (USD-Preis für 1 EUR) vom 31.12.t(5) rückwirkend für die letzten 5 Jahre.
- Berechnen Sie die tägliche stetige Rendite für die gegebenen Kursdaten der Portfolio-Assets.
- Berechnen Sie die Durchschnittsrenditen für die einzelnen Portfolio-Assets.
- Folgende Daten für die Portfolio-Assets sind gegeben:
  - Crude Oil: 100.000 Barrel
  - Anleihe: Anleihe: 2.500.000 US$, Restlaufzeit 1 Jahr, Kuponzinssatz: EURIBOR zum 31.12.t(5) plus Marge in Höhe von 0,63%.
  - Fremdwährungsbestand in US$: 4.000.000 US$
- Berechnen Sie die Gewichte der Portfolio-Assets.
- Berechnen Sie die Kovarianzen für die Assets des Portfolios und erstellen Sie eine Varianz-Kovarianz-Matrix.
- Berechnen Sie die Portfoliorendite basierend auf den historischen Renditen der Portfolio-Assets und der Portfoliogewichte.
- Berechnen Sie das Portfoliorisiko (Portfoliovarianz und Portfoliostandardabweichung) basierend auf der Varianz-Kovarianz-Matrix und den Portfoliogewichten.

Inhalt

Die Varianz-Kovarianz-Methode zählt zu den analytischen bzw. parametrischen Verfahren. Die Bezeichnung „parametrische Verfahren“ leitet sich davon ab, dass Parameter wie die Standardabweichung zur Berechnung verwendet werden und der Value at Risk nicht als Quantil aus einer empirischen Verteilung abgelesen wird. Unter den vereinfachenden Annahmen des parametrischen Ansatzes genügen der Erwartungswert (Mittelwert) und das Risiko (Standardabweichung) zur Bestimmung des Value at Risk.

Bei der Varianz-Kovarianz-Methode wird für die Renditen der verschiedenen Assets des Portfolios eine gemeinsame Normalverteilung angenommen. Da aufgrund der vorliegenden empirischen Daten die Erwartungswerte der einzelnen Renditen bekannt sind, kann problemlos die Portfoliorendite berechnet werden. Auch können ohne Probleme die Standardabweichungen der einzelnen Renditen sowie deren Kovarianzen bestimmt werden, so dass mit der Varianz-Kovarianz-Matrix das Portfoliorisiko berechnet werden kann. Mit Hilfe der Portfoliorendite und der Portfoliostandardabweichung lassen sich nun der Value at Risk, der Relative Value at Risk und der Conditional Value at Risk für normalverteilte Daten ableiten.

Wichtige Formeln

Die erwartete Rendite des Portfolios errechnet sich als

$$\mu_P = \Sigma_{i=1}^{n} w_i \cdot \mu_i$$

(2.2.12.1)

μ_i = Erwartungswert von r_i
w_i = Gewicht des Assets i

Die Formel der Kovarianz einer Stichprobe lautet:

$$Cov(r_{i,j}) = \sigma_{i,j} = \frac{1}{n-1}\Sigma_{t=1}^{n}(r_{i,t} - \mu_i) \cdot (r_{j,t} - \mu_j)$$

(2.2.12.2)

$\mathrm{Cov}(r_{i,j}) = \sigma_{i,j}$ = Kovarianz
i = Assets i
j = Assets j

Das Portfoliorisiko gemessen als Portfoliovarianz errechnet sich mit folgender Formel:

$$\sigma_P^2 = \Sigma_{i,j=1}^{n} w_i \cdot w_j \cdot \sigma_i \cdot \sigma_j \cdot \rho_{i,j} = \Sigma_{i,j=1}^{n} w_i \cdot w_j \cdot Cov_{i,j}$$

(2.2.12.3)

Arbeitsmappe: `Case Study Risikomanagement Teil 1` ➲ Arbeitsblatt: `Varianz-Kovarianz-Methode`

Die Formel für die Berechnung des Mittelwerts der historischen Rendite, die dem Erwartungswert der Rendite entspricht, lautet:

Excel-Beispiel: `L19=MITTELWERT(D19:D1321)`

Die Kovarianz in der Varianz-Kovarianz-Matrix berechnet sich wie folgt:

Excel-Beispiel: `L23=KOVARIANZ.S(G19:G1321;D19:D1321)`

Die Portfoliogewichte können wie folgt ermittelt werden:

Excel-Beispiel: `L28=D5/D13`

Die Berechnung für die Portfoliorendite lautet:

Excel-Beispiel: `L33{=MMULT(L19:N19;L28:L30)}`

Die Portfoliovarianz ergibt sich wie folgt:

Excel-Beispiel: `L34{=MMULT(MMULT(MTRANS(L28:L30);L22:N24);L28:L30)}`

Die Portfoliostandardabweichung ist die Wurzel der Portfoliovarianz:

Excel-Beispiel: `L35=WURZEL(L34)`

Vorgehensweise

- Ausgehend von dem Erdölpreis (Spalte `C`), dem Kupon (Spalte `F`) und dem Wechselkurs EUR/USD (Spalte `H`) werden in den Spalten `D`, `G` und `I` die stetigen Renditen als logarithmierte Renditen berechnet. Beim Bond wurde in Spalte `F` der Kupon berechnet, indem zum 3 Months EURIBOR USD die Marge addiert wurde.
- Im nächsten Schritt werden die Mittelwerte der historischen Renditen berechnet, die als Erwartungswerte dienen `L19=MITTELWERT(D19:D1321)`.
- Grundlage für die Berechnung der Portfoliovarianz ist die Varianz-Kovarianz-Matrix, die darauf folgend erstellt wird `L22=KOVARIANZ.S(D19:D1321;D19:D1321)`. Diese wird für eine Stichprobe berechnet.
- Des Weiteren sind die Gewichte der einzelnen Assets im Portfolio zu ermitteln `L28=D5/D13`. Ihre Summe beträgt 100 % `L31=SUMME(L28:L30)`.
- Abschließend wird die Portfoliorendite, die Portfoliovarianz und die Portfoliostandardabweichung berechnet. Die Portfoliorendite berechnet sich als `L33{=MMULT(L19:N19;L28:L30)}`, die Portfoliovarianz als `L34{=MMULT(MMULT(MTRANS(L28:L30);L22:N24);L28:L30)}` und die Portfoliostandardabweichung als `L35=WURZEL(L34)`.

Ergebnis

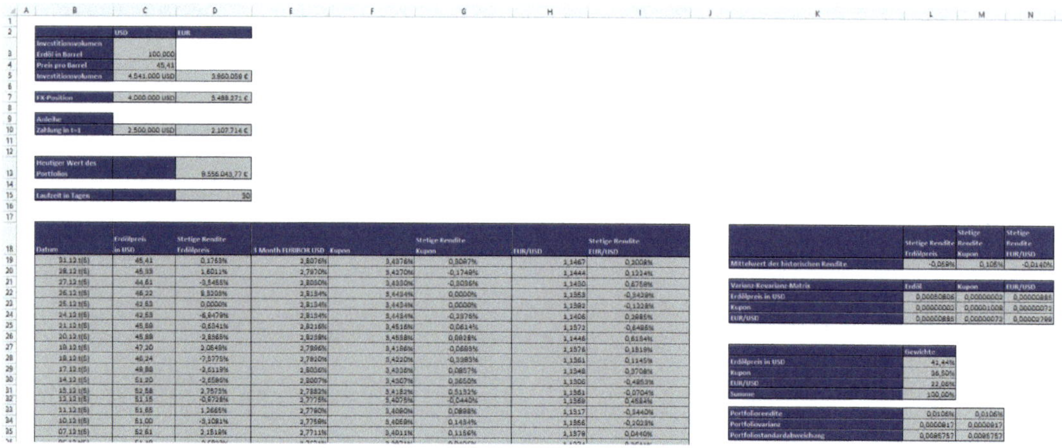

Abbildung 53: Erstellung der Varianz-Kovarianz-Matrix und Berechnung des Portfoliorisikos mit Hilfe der Varianz-Kovarianz-Methode

Literatur und Verweise auf das Excel-Tool

Diedrichs, M. (2018): Risikomanagement und Risikocontrolling, 4. Auflage, Vahlen, S. 159-164.

Gleißner, W. (2016): Grundlagen des Risikmanagements, 3. Auflage, Vahlen, S. 245.

Romeike, F., Hasger, P. (2013): Erfolgsfaktor Risikomanagement 3.0, 3. Auflage, SpringerGabler, S. 313-329.

Viani, U. (2012): Risikomanagement, Schäffer-Poeschel, S. 183-191.

Wüst, K. (2014): Risikomanagement: Eine Einführung mit Anwendungen in Excel, UTB, S. 152-160.

Siehe Excel-Datei `Case Study Risikomanagement Teil 1`, Excel-Arbeitsblatt `Varianz-Kovarianz-Methode`

Assignment 13: Varianz-Kovarianz-Methode: Berechnung des Value at Risk und Conditional Value at Risk

Aufgabe

- Erstellen Sie mit der ermittelten Portfoliorendite und Portfoliostandardabweichung eine Dichtefunktion basierend auf der Annahme einer Normalverteilung.
- Berechnen Sie den Portfolio-Value-at-Risk für ein Konfidenzniveau von 95 % und für eine Laufzeit von 1 Tag und von 30 Tagen basierend auf dem Portfoliovolumen in EURO.
- Zeichnen Sie den Portfolio-Value-at-Risk, Relativer Portfolio-Value-at-Risk und Conditional Portfolio-Value-at-Risk in die Dichtefunktion ein.

Inhalt

Da bei der Varianz-Kovarianz-Methode für die stetigen Renditen der verschiedenen Assets des Portfolios eine gemeinsame Normalverteilung angenommen wird, kann über die Portfoliorendite und die Portfoliostandardabweichung der Value at Risk und der Conditional Value at Risk für normalverteilte Daten berechnet werden. Die Vorgehensweise unterscheidet sich nicht von der Berechnung des Value at Risk und Conditional Value at Risk bei einer stetigen Wahrscheinlichkeitsverteilung.

Wichtige Formeln

Die Formel des Value at Risk lautet:

$$VaR_\alpha(r^s) = \left|\sqrt{N} \cdot \sigma_T \cdot z_\alpha - N \cdot \mu\right|$$

(2.2.13.1)

Der Conditional Value at Risk berechnet sich als:

$$CVaR_\alpha = \sqrt{N} \cdot \sigma_T \cdot \frac{\varphi(Z_\alpha)}{\alpha} - N \cdot \mu_T$$

(2.2.13.2)

Arbeitsmappe: `Case Study Risikomanagement Teil 1` ➲ Arbeitsblatt: `Varianz-Kovarianz-Methode`

Berechnung des Quantils der Verteilung zum Konfidenzniveau p bei Annahme einer Normalverteilung in Excel:

Excel-Beispiel: `L39=NORM.INV(L38;0;1)`

Das 5 %-Quantil berechnet sich in Excel mit:

Excel-Beispiel: `L42=L35*L39`

Der Value at Risk berechnet sich in Excel mit

Excel-Beispiel: `L43=ABS(L35*L39-L33)`

Bei einem gegebenen Portfoliovolumen lautet die Formel des Value at Risk in Geldeinheiten für einen Tag:

Excel-Beispiel: `L47=L43*L45`

Unter Hinzunahme des Zeitfaktors ergibt sich der Value at Risk 1,59% gemäß Excel-Formel:

Excel-Beispiel: `L52=ABS(L35*L39*L50-L33*L49)`

Die Formel für den Value at Risk in Geldeinheiten unter Berücksichtigung des Zeitfaktors:

Excel-Beispiel: `L53=L45*L52`

Für den Conditional Value at Risk wird die Dichte in Excel wie folgt berechnet:

Excel-Beispiel: `L58=NORMVERT(L39;0;1;FALSCH)`

Berechnung des Conditional Value at Risk (Expected Shortfall) als Rendite bei einer stetigen Wahrscheinlichkeitsverteilung in Excel:

Excel-Beispiel: `L59=ABS(L50*L35*L58/L38-L49*L33)`

Berechnung des Conditional Value at Risk (Expected Shortfall) in Geldeinheiten bei einer stetigen Wahrscheinlichkeitsverteilung in Excel:

Excel-Beispiel: `L60=L45*L59`

Vorgehensweise

- Bei der Berechnung des Value at Risk wird zunächst in Zelle `L39=NORM.INV(L38;0;1)` der Wert der Standardnormalverteilung für das 5 %-Quantil berechnet. Er beträgt -1,645.
- Der Wert des 5 %-Quantils beträgt -1,58% `L42=L35*L39`.
- Der Value at Risk für einen Tag beträgt 1,59% und wird mit der Excel-Formel `L43=ABS(L35*L39-L33)` berechnet.
- Bei einem Portfoliovolumen von 9.556.043,77 € beträgt der Value at Risk in Geldeinheiten für einen Tag 151.527 €. Die Excel-Formel `L47=L43*L45` wird verwendet.
- Unter Hinzunahme des Zeitfaktors von 30 Tagen beträgt der Value at Risk 8,95% gemäß Excel-Formel `M52=ABS(M35*M39*M50-M33*M49)`.
- Der Value at Risk in Geldeinheiten beträgt 854.807 €. Es findet die Excel-Formel `M53=M45*M52` Anwendung.
- Der Value at Risk besagt, dass zu 95 % der Fälle innerhalb der nächsten 30 Tage der Verlust aus einem Investment in das Portfolio 854.807 € nicht überschreitet.
- Bei der Berechnung des Conditional Value at Risk wird im ersten Schritt die Dichte für das 5 %-Quantil berechnet `M58=NORMVERT(M39;0;1;FALSCH)`. Sie beträgt 0,1031.
- Danach wird der Conditional Value at Risk für 30 Tage berechnet `M59=ABS(M50*M35*M58/M38-M49*M33)`. Der Conditional Value at Risk für 30 Tage beträgt 10,50%.
- Die Umrechnung des Conditional Value at Risk in Geldeinheiten erfolgt durch Multiplikation des Conditional Value at Risk für 30 Tage mit dem Portfoliovolumen `M60=M45*M59`. Der Conditional Value at Risk in Geldeinheiten beträgt 1.003.415 €.
- Sollte der Value at Risk überschritten werden, besagt der Conditional Value at Risk, dass der zu erwartende Verlust 1.003.415 € beträgt.

Ergebnis

	A	B	C	D	E	F	G	H	I
36		06.12.t(5)	51,49	-2,6827%	2,7671%	3,3971%	0,0406%	1,1374	0,2641%
37		05.12.t(5)	52,89	-0,6784%	2,7658%	3,3958%	0,7944%	1,1344	0,0088%
38		04.12.t(5)	53,25	0,5650%	2,7389%	3,3689%	-0,3665%	1,1343	-0,0969%
39		03.12.t(5)	52,95	3,8896%	2,7513%	3,3813%	0,4482%	1,1354	0,3264%
40		30.11.t(5)	50,93	-1,0158%	2,7361%	3,3661%	-0,0594%	1,1317	-0,6693%
41		29.11.t(5)	51,45	2,2804%	2,7381%	3,3681%	0,9396%	1,1393	0,2373%
42		28.11.t(5)	50,29	-2,4940%	2,7066%	3,3366%	0,0189%	1,1366	0,6708%
43		27.11.t(5)	51,56	-0,1357%	2,7060%	3,3360%	-0,0243%	1,1289	-0,3449%
44		26.11.t(5)	51,63	2,3715%	2,7068%	3,3368%	0,4692%	1,1328	-0,0794%
45		23.11.t(5)	50,42	-8,0195%	2,6912%	3,3212%	0,0584%	1,1337	-0,5805%
46		22.11.t(5)	54,63	0,0000%	2,6893%	3,3193%	0,3716%	1,1403	0,1668%
47		21.11.t(5)	54,63	2,2211%	2,6769%	3,3069%	0,7226%	1,1384	0,1231%
48		20.11.t(5)	53,43	-6,0459%	2,6531%	3,2831%	0,2232%	1,1370	-0,7361%
49		19.11.t(5)	56,76	0,5299%	2,6458%	3,2758%	0,0400%	1,1454	0,3411%
50		16.11.t(5)	56,46	0,0000%	2,6445%	3,2745%	0,1375%	1,1415	0,7651%
51		15.11.t(5)	56,46	0,3726%	2,6400%	3,2700%	0,3370%	1,1328	0,1590%
52		14.11.t(5)	56,25	1,0005%	2,6290%	3,2590%	0,3957%	1,1310	0,1770%
53		13.11.t(5)	55,69	-7,3377%	2,6161%	3,2461%	0,0616%	1,1290	0,6398%
54		12.11.t(5)	59,93	-0,4329%	2,6141%	3,2441%	-0,1232%	1,1218	-1,0464%
55		09.11.t(5)	60,19	-0,7943%	2,6181%	3,2481%	0,1078%	1,1356	-0,2379%
56		08.11.t(5)	60,67	-1,6348%	2,6146%	3,2446%	0,4169%	1,1363	-0,5529%
57		07.11.t(5)	61,67	-0,8718%	2,6011%	3,2311%	0,3062%	1,1426	-0,0088%
58		06.11.t(5)	62,21	-1,4205%	2,5913%	3,2213%	0,0621%	1,1427	0,1752%
59		05.11.t(5)	63,10	-0,0654%	2,5893%	3,2193%	-0,0972%	1,1407	0,1667%
60		02.11.t(5)	63,14	-0,8673%	2,5924%	3,2224%	0,3382%	1,1388	-0,1755%
61		01.11.t(5)	63,69	-2,5118%	2,5815%	3,2115%	0,7188%	1,1408	0,8451%

J	K	L	M
	Konfidenzniveau	95,00%	95,00%
	Alpha (α)	5,00%	5,00%
	Perzentile der Normalverteilung (α)	-1,645	-1,645
	Perzentile der Normalverteilung (1-α)	1,645	1,645
	5% Quantil	-1,58%	1,58%
	VAR - Relativer VaRstetige Rendite, Portfolio	1,59%	1,59%
	Portfoliovolumen in EUR	9.556.044	9.556.044
	VaRGeldeinheiten, Portfolio	151.527	151.527
	betrachtete Zeit (N)	1	30
	Zeitfaktor	1,000	5,477
	VaRZeitfaktor, stetige Rendite, Portfolio	1,59%	8,95%
	VaRZeitfaktor Geldeinheiten, Portfolio	151.527	854.807
	Dichte	0,10313564	0,10313564
	Conditional Value at RiskZeitfaktor	1,96%	10,50%
	Conditional Value at RiskGeldeinheiten	187.736	1.003.415

Abbildung 54: Berechnung des Value at Risk und des Conditional Value at Risk mit Hilfe der Varianz-Kovarianz-Methode

Literatur und Verweise auf das Excel-Tool

Diedrichs, M. (2018): Risikomanagement und Risikocontrolling, 4. Auflage, Vahlen, S. 159-164.

Gleißner, W. (2016): Grundlagen des Risikmanagements, 3. Auflage, Vahlen, S. 245.

Romeike, F., Hasger, P. (2013): Erfolgsfaktor Risikomanagement 3.0, 3. Auflage, SpringerGabler, S. 313-329.

Viani, U. (2012): Risikomanagement, Schäffer-Poeschel, S. 183-191.

Wüst, K. (2014): Risikomanagement: Eine Einführung mit Anwendungen in Excel, UTB, S. 152-160.

Siehe Excel-Datei `Case Study Risikomanagement Teil 1`, Excel-Arbeitsblatt `Varianz-Kovarianz-Methode`

Assignment 14: Historische Simulation

Aufgabe

- Erstellen Sie ein Tabellenblatt, in das Sie die folgenden Werte kopieren.
  - Erdölpreise ab dem 31.12.t(5) rückwirkend für die letzten 5 Jahre.
  - 3 Monate EURIBOR-USD ab dem 31.12.t(5) rückwirkend für die letzten 5 Jahre.
  - Den Wechselkurs EUR/USD (USD-Preis für 1 EUR) vom 31.12.t(5) rückwirkend für die letzten 5 Jahre.
- Berechnen Sie die täglichen diskreten Renditen für die gegebenen Kursdaten der Portfolio-Assets.
- Berechnen Sie die Werte der simulierten Portfolio-Assets.
- Ermitteln Sie die simulierten Portfoliowerte.
- Berechnen Sie die Gewinne/Verluste, die sich aus der Differenz zwischen den simulierten Portfoliowerten und dem aktuellen Portfoliowert ergeben.
- Folgende Daten für die Portfolio-Assets sind gegeben:
  - Crude Oil: 100.000 Barrel
  - Anleihe: Anleihe: 2.500.000 US$, Restlaufzeit 1 Jahr, Kuponzinssatz: EURIBOR zum 31.12.t(5) plus Marge in Höhe von 0,63%.
  - Fremdwährungsbestand in US$: 4.000.000 US$
- Berechnen Sie den Portfolio-Value-at-Risk für ein Konfidenzniveau von 95 % und für eine Laufzeit von einem Tag basierend auf dem Portfoliovolumen in EURO.
- Berechnen Sie den Conditional Portfolio-Value-at-Risk (Expected Portfolio Shortfall) für eine Laufzeit von einem Tag basierend auf dem Portfoliovolumen in EURO.

Inhalt

Die historische Simulation wird häufig bei einem Portfolio angewendet, für dessen Risikofaktoren historische Daten vorliegen. Beispiele für diese Risikofaktoren sind Aktienkurse, Wechselkurse, Rohstoffpreise oder Zinsen.

Die Grundidee der historischen Simulation besteht darin, für jeden Risikofaktor Wertveränderungen für die Vergangenheit zu berechnen und diese Veränderungen auf den aktuellen Wert des Risikofaktors anzuwenden. Für alle Zeitpunkte der Vergangenheitsanalyse werden potenzielle Portfoliowerte berechnet. Aus diesen werden Gewinne und Verluste gegenüber dem aktuellen Portfoliowert berechnet. Die ermittelten Gewinne und Verluste werden als Zufallswerte interpretiert, aus denen eine Häufigkeitsverteilung ermittelt werden kann. Diese dient dann als Wahrscheinlichkeitsverteilung für die Zukunft. Bei der historischen Simulation wird also implizit angenommen, dass die historische Häufigkeitsverteilung mit der zukünftigen Wahrscheinlichkeitsverteilung gleichgesetzt werden kann.

Im Rahmen der historischen Simulation werden der Faktoransatz und der Portfolioansatz unterschieden. Beim *Faktoransatz* wird zunächst für die einzelnen Risikofaktoren der Value at Risk isoliert berechnet und dann zu einem Portfolio-Value-at-Risk aufaddiert. Beim *Portfolioansatz* werden durch Neubewertung des Portfolios mit historischen Werten der Risikofaktoren alternative Portfoliowerte erzeugt und daraus der Portfolio-Value-at-Risk berechnet.

Ferner kann zwischen der Differenzenmethode und Quotientenmethode unterschieden werden. Bei der *Differenzenmethode* werden die historischen absoluten Änderungen (Differenzen) zwischen Risikofaktoren oder Portfoliowerten verwendet, bei der *Quotientenmethode* werden die historischen relativen Änderungen in Form von logarithmierten Änderungen verwendet.

In der Praxis wird vorwiegend der Portfolioansatz mit der Quotientenmethode eingesetzt.

Wichtige Formeln

Das Ergebnis der historischen Simulation ist eine diskrete Wahrscheinlichkeitsverteilung für die Gewinne und Verluste des Portfolios. Daher finden hier die bereits bekannten Formeln für den Value at Risk und Conditional Value at Risk bei einer diskreten Wahrscheinlichkeitsverteilung Anwendung. Da in diesem Assignment Portfoliogewinne und Portfolioverluste als Ausgangsdaten dienen, die als Abweichung der simulierten Werte vom aktuellen Portfoliowert berechnet werden, stimmt hier der Value at Risk mit dem Relativen Value at Risk überein.

Formal gesehen ist der Value at Risk der absolute Wert des Quantils einer Verteilung zum Konfidenzniveau *p*. Die Formel für die Berechnung des Value at Risk als Rendite bei einer diskreten Wahrscheinlichkeitsverteilung lautet:

$$VaR_{\alpha}(G) = RVaR_{\alpha}(G) = Q_{\alpha}(G)$$

(2.2.14.1)

$VaR_{\alpha}(G)$	= Value at Risk zum Konfidenzniveau *p* für den Gewinn/Verlust des Portfolios
$RVaR_{\alpha}(G)$	= Relativer Value at Risk zum Konfidenzniveau p für den Gewinn/Verlust des Portfolios
G	= Gewinn
Q_{α}	= Quantil der Verteilung zum Konfidenzniveau *p*

Die Formel für die Berechnung des Conditional Value at Risk als Rendite bei einer diskreten Wahrscheinlichkeitsverteilung lautet:

$$CVaR_{\alpha}(G) = |E(G|G < Q_{\alpha}(G))|$$

(2.2.14.2)

$CVaR_{\alpha}(G)$ = Conditional Value at Risk zum Konfidenzniveau p für den Gewinn/Verlust des Portfolios

Arbeitsmappe: `Case Study Risikomanagement Teil 1` ➲ Arbeitsblatt: `Historische Simulation`

Berechnung des Value at Risk bzw. Relativen Value at Risk als Rendite bei einer diskreten Wahrscheinlichkeitsverteilung in Excel:

Excel-Beispiel: `W23=ABS(MIN(SVEWEIS(W21;S19:T1321;2;FALSCH);0))`

Berechnung des Conditional Value at Risk (Expected Shortfall) als Rendite bei einer diskreten Wahrscheinlichkeitsverteilung in Excel:

Excel-Beispiel: `W26=ABS(MITTELWERT(T19:T83))`

Vorgehensweise

- Ausgehend von den Erdölpreisen (Spalte `C`) werden zunächst die diskreten Renditen berechnet (Spalte `D`). Danach wird der Erdölpreis simuliert, indem mit den gegebenen historischen Veränderungen der Erdölpreise mögliche Erdölpreise für den morgigen Tag berechnet werden (Spalte `E`). Dazu berechnet man basierend auf dem aktuellen Erdölpreis potenzielle zukünftige Erdölpreise, indem der aktuelle Erdölpreis um die historischen Veränderungen des Erdölpreises angepasst wird `E19=$C$19*(1+D19)`. Abschließend wird die simulierte Erdölposition im Portfolio berechnet, indem die potenziellen zukünftigen Erdölpreise mit dem Investitionsvolumen in Barrel multipliziert werden. Das Portfoliovolumen wird dann noch mit dem aktuellen EUR/USD-Wechselkurs in Euro umgerechnet (Spalte `F`) `F19=(E19*$C$3)/$E$7`.
- Dieselbe Vorgehensweise wird für die Anleiheposition (Spalten `G` bis `K`) und die Fremdwährungsposition (Spalten `L` bis `O`) gewählt.
- Nachdem die Einzelpositionen des Portfolios berechnet wurden, werden diese zum Portfoliowert summiert (Spalte `P`) `P19=F19+K19+O19`.
- Durch Abzug des aktuellen Portfoliowerts von den potenziellen Portfoliowerten werden potenzielle Gewinne und Verluste berechnet (Spalte `Q`) `Q19=P19-$D$13`.
- Basierend auf den Vorarbeiten kann nun der Gewinn in aufsteigender Reihenfolge sortiert werden `T19=KKLEINSTE($Q$19:$Q$1321;S19)`.
- Auf Grundlage dieser Liste wird bei der Ermittlung des Value at Risk bei einer diskreten Wahrscheinlichkeitsverteilung die Anzahl der α-% kleinsten Werte ermittelt. In unserem Beispiel sind es die 5 % kleinsten Werte. Das sind bei 1.303 vorliegenden Renditen 65,15 Werte. In diesem Fall ist das Ergebnis auf 65 abzurunden und der entsprechende 65-zigste

Wert der geordneten Liste in Spalte `T` zu wählen. Dies erfolgt für das 5 %-Quantil mit der Funktion `W21=ABRUNDEN((W19)*ANZAHL(T19:T1321);0)`.

- Darauffolgend wird der Value at Risk bzw. der Relative Value at Risk als der 65-kleinste Wert bestimmt. Dies erfolgt für das 5 %-Quantil mit der Funktion `W23=ABS(MIN(SVERWEIS(W21;S19:T1321;2;FALSCH);0))`. Der ermittelte Value at Risk beträgt 145.530 €.
- Abschließend kann der Conditional Value at Risk berechnet werden `W26=ABS(MITTELWERT(T19:T83))`. Er beträgt 201.827 €.

Ergebnis

	N	O	P	Q	R	S	T	U	V	W
17										
18	simulierter EUR/USD	simulierte Dollar Position in EUR	Portfolio-wert	Gewinn und Verlust			Gewinn/Verlust sortiert		Konfidenzniveau	95%
19	1,1490	3.481.274 €	9.555.819 €	-225 €		1	-400.993,31 €		Alpha	5%
20	1,1481	3.484.003 €	9.615.814 €	59.770 €		2	-337.480,37 €			
21	1,1545	3.464.771 €	9.394.815 €	-161.229 €		3	-302.460,08 €		Anzahl der Werte	65
22	1,1428	3.500.254 €	9.911.611 €	355.567 €		4	-301.563,12 €			
23	1,1453	3.492.558 €	9.560.331 €	4.287 €		5	-292.740,11 €		VaR = Relativer VaR	145.530 €
24	1,1501	3.477.873 €	9.280.013 €	-276.031 €		6	-287.761,29 €			
25	1,1393	3.510.970 €	9.553.755 €	-2.289 €		7	-286.493,36 €			
26	1,1538	3.466.938 €	9.423.265 €	-132.779 €		8	-284.911,01 €		Expected Shortfall	201.827 €
27	1,1482	3.483.671 €	9.633.709 €	77.665 €		9	-276.031,03 €			
28	1,1480	3.484.279 €	9.263.304 €	-292.740 €		10	-264.276,21 €			
29	1,1510	3.475.360 €	9.440.978 €	-115.066 €		11	-259.833,17 €			
30	1,1411	3.505.240 €	9.468.822 €	-87.221 €		12	-254.177,29 €			
31	1,1459	3.490.727 €	9.668.992 €	112.948 €		13	-250.292,25 €			
32	1,1520	3.472.316 €	9.501.784 €	-54.259 €		14	-244.754,03 €			
33	1,1428	3.500.292 €	9.618.473 €	62.429 €		15	-242.139,82 €			
34	1,1444	3.495.336 €	9.441.820 €	-114.223 €		16	-231.032,66 €			
35	1,1472	3.486.738 €	9.640.568 €	84.525 €		17	-227.853,14 €			
36	1,1497	3.479.070 €	9.441.992 €	-114.052 €		18	-222.217,80 €			

Abbildung 55: Berechnung des Value at Risk und des Conditional Value at Risk mit Hilfe der historischen Simulation

Literatur und Verweise auf das Excel-Tool

Diedrichs, M. (2018): Risikomanagement und Risikocontrolling, 4. Auflage, Vahlen, S. 160-162.

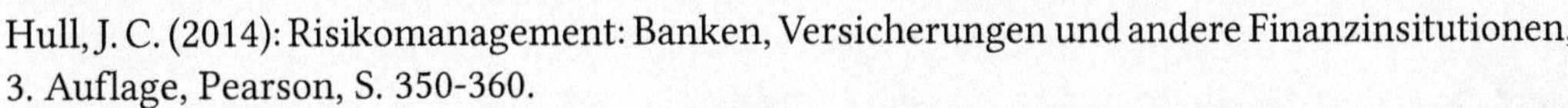

Hull, J. C. (2014): Risikomanagement: Banken, Versicherungen und andere Finanzinsitutionen, 3. Auflage, Pearson, S. 350-360.

Romeike, F., Hasger, P. (2013): Erfolgsfaktor Risikomanagement 3.0, 3. Auflage, SpringerGabler, S. 329-339.

Viani, U. (2012): Risikomanagement, Schäffer-Poeschel, S. 187-191.

Wüst, K. (2014): Risikomanagement: Eine Einführung mit Anwendungen in Excel, UTB, S. 164-181.

Siehe Excel-Datei `Case Study Risikomanagement Teil 1`, Excel-Arbeitsblatt `Historische Simulation`

Assignment 15: Monte-Carlo-Simulation: Normalverteilte Risikoparameter

Aufgabe

- Erstellen Sie ein Tabellenblatt, in das Sie die folgenden Werte kopieren.
  - Erdölpreise ab dem 31.12.t(5) rückwirkend für die letzten 5 Jahre.
  - 3 Monate EURIBOR-USD ab dem 31.12.t(5) rückwirkend für die letzten 5 Jahre.
  - Wechselkurs EUR/USD (USD-Preis für 1 EUR) vom 31.12.t(5) rückwirkend für die letzten 5 Jahre.
- Berechnen Sie die täglichen stetigen Renditen für die gegebenen Kursdaten der Portfolio-Assets.
- Berechnen Sie für die stetigen Renditen jedes Portfolio-Assets
  - den Mittelwert der historischen Rendite, der dem Erwartungswert der Rendite entspricht, und
  - die Standardabweichung der Stichprobe.
- Definieren Sie als Annahme für die Monte-Carlo-Simulation für jedes Portfolio-Asset eine Normalverteilung mit dem berechneten Erwartungswert und Standardabweichung.
- Führen Sie die Monte-Carlo-Simulation mit 5.000 Ziehungen durch und ermitteln Sie die simulierten Portfoliowerte.
- Berechnen Sie die Gewinne/Verluste, die sich aus der Differenz zwischen den simulierten Portfoliowerten und dem aktuellen Portfoliowert ergeben.
- Berechnen Sie den Portfolio-Value-at-Risk für ein Konfidenzniveau von 95 % und für eine Laufzeit von einem Tag basierend auf dem Portfoliovolumen in EURO.
- Berechnen Sie den Conditional Portfolio-Value-at-Risk (Expected Portfolio Shortfall) für eine Laufzeit von einem Tag basierend auf dem Portfoliovolumen in EURO.

Inhalt

Die Monte-Carlo-Simulation ist ein Verfahren aus der Stochastik, bei dem sehr häufig durchgeführte Zufallsexperimente die Basis darstellen. Die Monte-Carlo-Simulation versucht, mit Hilfe der Wahrscheinlichkeitstheorie analytisch unlösbare Probleme im mathematischen Kontext numerisch zu lösen.

Die Monte-Carlo-Simulation ist eine Weiterentwicklung der Szenarioanalyse. Mittels Computersimulation wird bei der Risikoaggregation eine große repräsentative Anzahl risikobedingt möglicher Zukunftsszenarien (Planungsszenarien) berechnet und analysiert. Auf diese Weise wird eine realistische Bandbreite der zukünftigen Erträge und der Liquiditätsentwicklung aufgezeigt, also die Planungssicherheit bzw. Umfang möglicher negativer Planabweichungen dargestellt.

Die Idee der Monte-Carlo-Methode besteht darin, für zufällig gewählte Parameter über die entsprechenden Zusammenhänge (Ursache-Wirkungsgeflecht) die zugehörigen Ergebnis- oder Zielgrößen zu ermitteln. Das zur Ermittlung der Zielgrößen verwendete Modell ist in der Regel deterministischer Natur, das heißt, mit dem Festlegen der Parameter sind die Zielgrößen eindeutig bestimmt. Allerdings sind die Zielgrößen durch den Zufallscharakter der Parameter im Prinzip wiederum zufällige Größen.

Als Rechtfertigung für die Monte-Carlo-Simulation dient das Gesetz der großen Zahlen. In seiner einfachsten Form besagt dieses Gesetz, dass sich die relative Häufigkeit eines Zufallsergebnisses in der Regel um die theoretische Wahrscheinlichkeit eines Zufallsergebnisses stabilisiert; und zwar dann, wenn das zu Grunde liegende Zufallsexperiment immer wieder unter denselben Voraussetzungen durchgeführt wird.

Die Monte-Carlo-Simulation basiert nicht auf Vergangenheitswerten wie die historische Simulation, sondern auf einer stochastischen Variation der unterschiedlichen Modellparameter. Im Rahmen dieses stochastischen Ansatzes werden neben den einzelnen Risiko-Positionen und ihren Einflussfaktoren auch die Korrelationen zu anderen Risiko-Positionen berücksichtigt.

Wichtige Formeln

Ähnlich wie bei der historischen Simulation beziehen sich die hier notwendigen Formeln bei Anwendung der Monte-Carlo-Simulation nicht auf die Generierung der Wahrscheinlichkeitsverteilung der Zielgröße, sondern auf die Berechnung des Value at Risk bzw. Conditional Value at Risk. Das Ergebnis der Monte-Carlo-Simulation ist wiederum ein Histogramm bzw. eine Häufigkeitsverteilung für die Gewinne und Verluste des Portfolios. Daher finden hier die bereits bekannten Formeln für den Value at Risk bzw. Relativen Value at Risk und Conditional Value at Risk bei einer diskreten Wahrscheinlichkeitsverteilung Anwendung.

Formal gesehen ist der Value at Risk der absolute Wert des Quantils einer Verteilung zum Konfidenzniveau *p*. Die Formel für die Berechnung des Value at Risk als Rendite bei einer diskreten Wahrscheinlichkeitsverteilung lautet:

$$VaR_\alpha(G) = RVaR_\alpha(G) = Q_\alpha(G)$$

fx

(2.2.15.1)

$VaR_\alpha(G)$	= Value at Risk zum Konfidenzniveau *p* für den Gewinn/Verlust des Portfolios
$RVaR_\alpha(G)$	= Relativer Value at Risk zum Konfidenzniveau p für den Gewinn/Verlust des Portfolios
G	= Gewinn
$Q_\alpha(G)$	= Quantil der Verteilung zum Konfidenzniveau *p*

Die Formel für die Berechnung des Conditional Value at Risk als Rendite bei einer diskreten Wahrscheinlichkeitsverteilung lautet:

$$CVaR_\alpha(G) = \left|E(G \mid G < Q_\alpha(G))\right|$$

fx

(2.2.15.2)

$CVaR_\alpha(G)$	= Conditional Value at Risk zum Konfidenzniveau p für den Gewinn/Verlust des Portfolios

Berechnung des Value at Risk bzw. Relativen Value at Risk als Rendite bei einer diskreten Wahrscheinlichkeitsverteilung in Excel:

Excel-Beispiel: `Y27=ABS(MIN(SVERWEIS(Y25;U23:V5022;2;0);0))`

Denselben Wert kann man aber auch über eine Risk-Kit-Funktion ermitteln. Die Formel hierzu lautet:

Excel-Beispiel: `Z27=ABS(MIN(Perc(P18;Y23)-P20;0))`

Berechnung des Conditional Value at Risk (Expected Shortfall) als Rendite bei einer diskreten Wahrscheinlichkeitsverteilung in Excel:

Excel-Beispiel: `Y30=ABS(MITTELWERT(V23:V272))`

Denselben Wert kann man aber auch über eine Risk-Kit-Funktion ermitteln. Die Formel hierzu lautet:

Excel-Beispiel: `Z30=ABS(ShortfallDown(P18;Y23)-P20)`

Vorgehensweise

Vorbemerkung: Wir führen hier die Monte-Carlo-Simulation beispielhaft mit dem Softwareprogramm Risk-Kit durch. Jede andere geeignete Software kann selbstverständlich auch verwendet werden, es muss jedoch eine Kalibrierungsfunktion enthalten sein. Es ist hier anzumerken, dass die Ergebnisse der Monte-Carlo-Simulation nur angezeigt werden, wenn die entsprechende Software auch auf dem Computer installiert ist.

- Ausgehend von den Erdölpreisen (Spalte `C`) werden zunächst die stetigen Renditen berechnet (Spalte `D`).
- Darauf basierend berechnen wir den Mittelwert (Zelle `D19`) und die Standardabweichung (Zelle `D20`). Durch die beiden Größen kann die Normalverteilung erstellt werden.
- Um eine Normalverteilung in Risk-Kit zu erstellen, wählen wir unter

das Symbol für die Normalverteilung

.

In dem Fenster Funktionstyp wählen wir `Einzelne Zufallszahl`

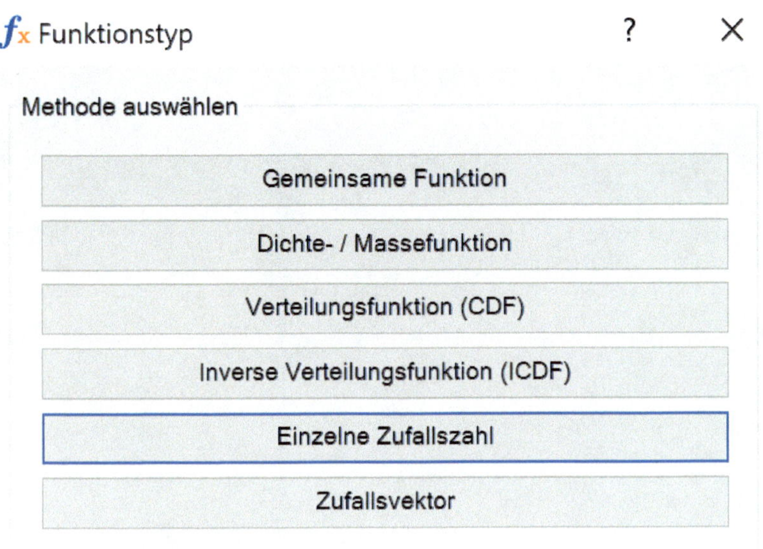

Abbildung 56: Funktionstyp

und können dann die Parameter für die Normalverteilung eingeben.

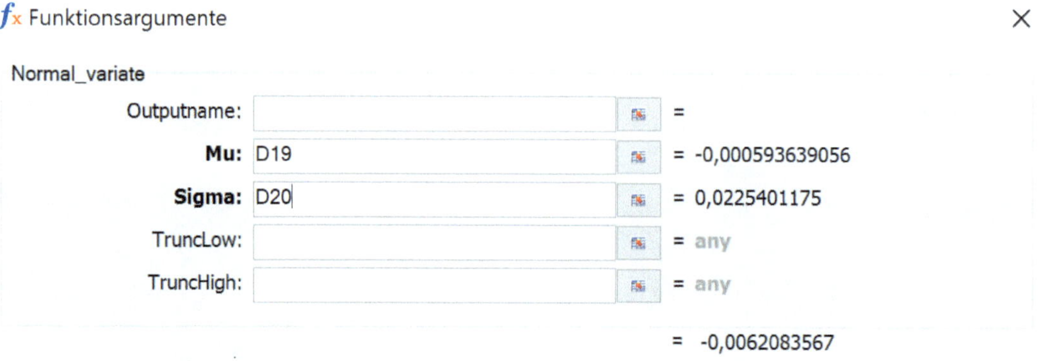

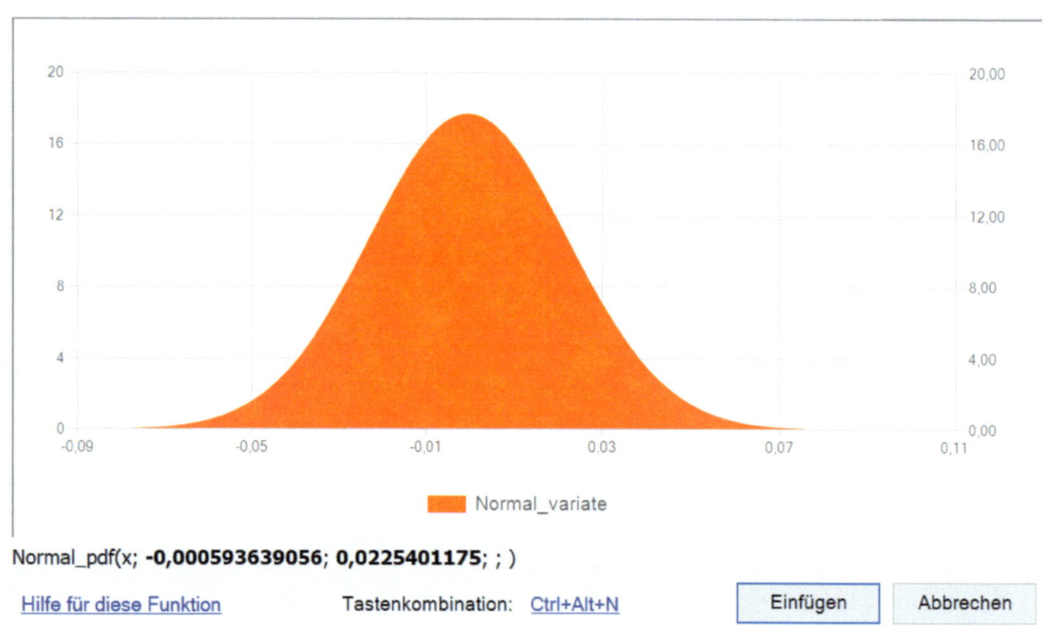

Abbildung 57: Funktionsargumente

- In Zelle D18 werden nun Zufallszahlen aus der definierten Normalverteilung generiert. Zelle D18 wird nun über das Symbol

als Input-Zelle definiert. Input-Zellen für die Monte-Carlo-Simulation haben in Risk-Kit eine grüne Hintergrundfarbe.

- Dieselbe Vorgehensweise wird für die Anleiheposition (Zelle `I18`) und die Fremdwährungsposition (Zelle `M18`) gewählt.
- Nachdem die Input-Parameter für die Monte-Carlo-Simulation eingegeben wurden, kann im nächsten Schritt der Portfoliowert als Output-Parameter der Monte-Carlo-Simulation definiert werden `P18=F18+K18+O18`. Output-Zellen für die Monte-Carlo-Simulation werden über das Symbol

aktiviert und haben in Risk-Kit eine dunkelgelbe Hintergrundfarbe.
- Vor der Durchführung der Monte-Carlo-Simulation führen Sie die notwendige Konfiguration über das Symbol

durch.

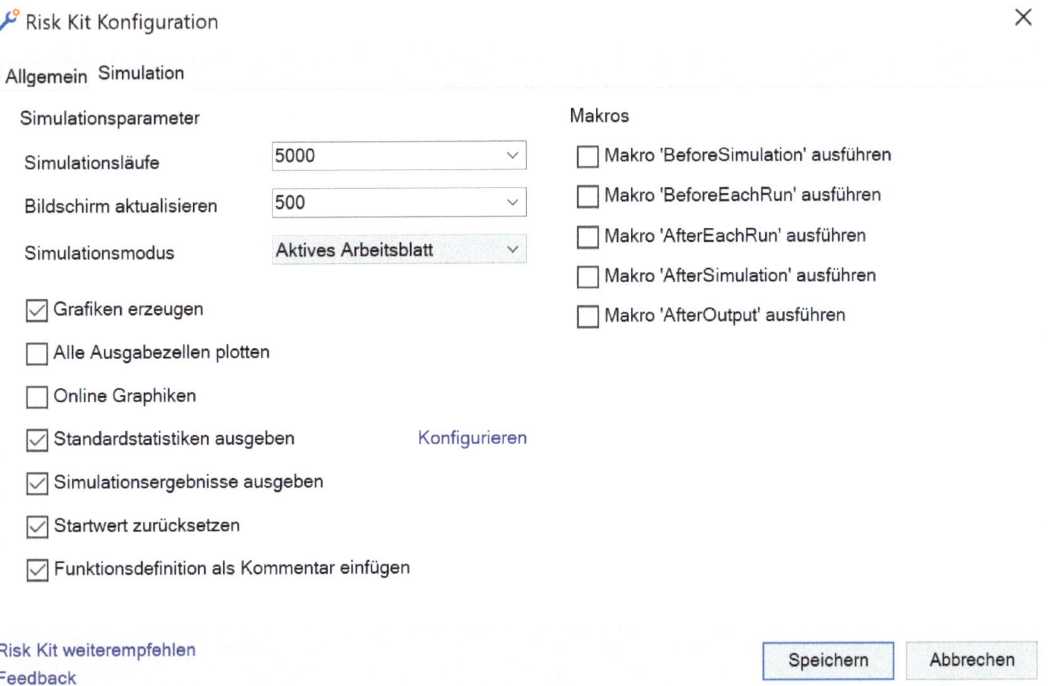

Abbildung 58: Risk-Kit Konfiguration

- Danach können Sie die Monte-Carlo-Simulation starten, indem Sie auf das Symbol

drücken.

- WICHTIG: Nach Durchführung der Monte-Carlo-Simulation wird bei den Berechnungsoptionen die Arbeitsmappenberechnung automatisch wieder auf `Manuell` zurückgesetzt. Bitte stellen Sie dies wieder auf `Automatisch` um.

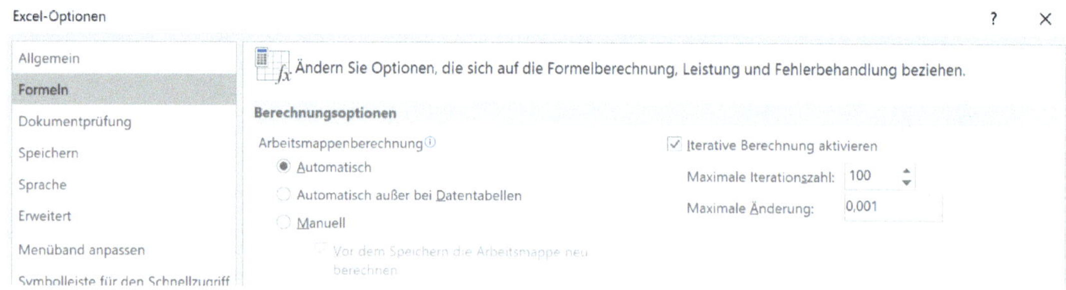

Abbildung 59: Excel-Optionen

- In Spalte `R` werden die Ergebnisse der Monte-Carlo-Simulation aufgeführt (Zellen `R23:R5022`). Die Werte stammen aus dem Arbeitsblatt `Output` und wurden mit diesem verlinkt.
- Durch Abzug des aktuellen Portfoliowerts von den potenziellen Portfoliowerten werden potenzielle Gewinne und Verluste berechnet (Spalte `S`) `S23=R23-$P$20`.
- Basierend auf den Vorarbeiten kann nun der Gewinn in aufsteigender Reihenfolge sortiert werden `V23=KKLEINSTE($S$23:$S$5022;U23)`.
- Auf Grundlage dieser Liste wird bei der Ermittlung des Value at Risk bei einer diskreten Wahrscheinlichkeitsverteilung die Anzahl der α-% kleinsten Werte ermittelt. In unserem Beispiel sind es die 5 % kleinsten Werte. Das sind bei 5.000 vorliegenden Renditen 250 Werte. Das 5 % -Quantil liegt nach statistischer Definition beim 250. niedrigsten Wert. Bei unserem VaR-Ansatz verwenden wir den 250-zigsten Wert der geordneten Liste in Spalte `V`. Dies wird mit der Funktion `Y25=ABRUNDEN((Y23)*ANZAHL(V23:V5022);0)` berechnet. Der ermittelte Value at Risk beträgt 146.887 €. Zur Kontrolle wird dieser Wert auch über die ShortfallDown-Funktion von Risk-Kit berechnet `Z30=ABS(Shortfall-Down(P18;Y23)-P20)`.
- Abschließend kann der Conditional Value at Risk berechnet werden `Y30=ABS(MITTEL-WERT(V23:V272))`. Er beträgt 182.612 €.

Ergebnis

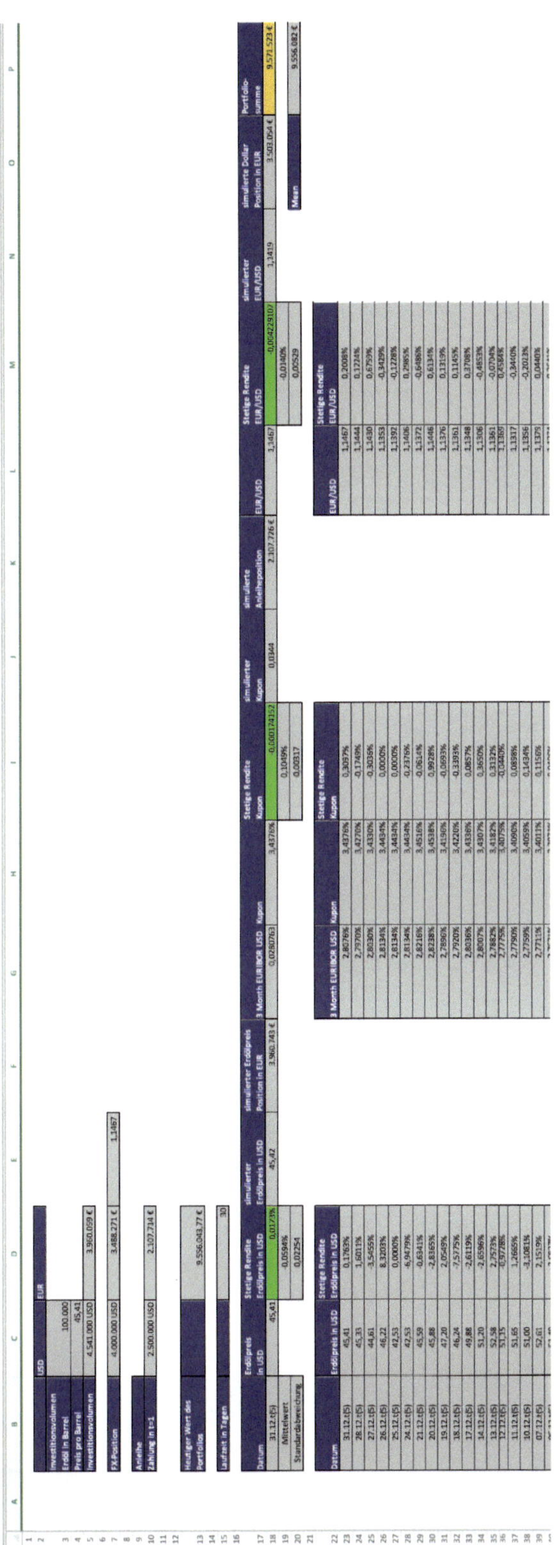

Abbildung 60: Modellkonzeption der Monte-Carlo-Simulation basierend auf einer Normalverteilung

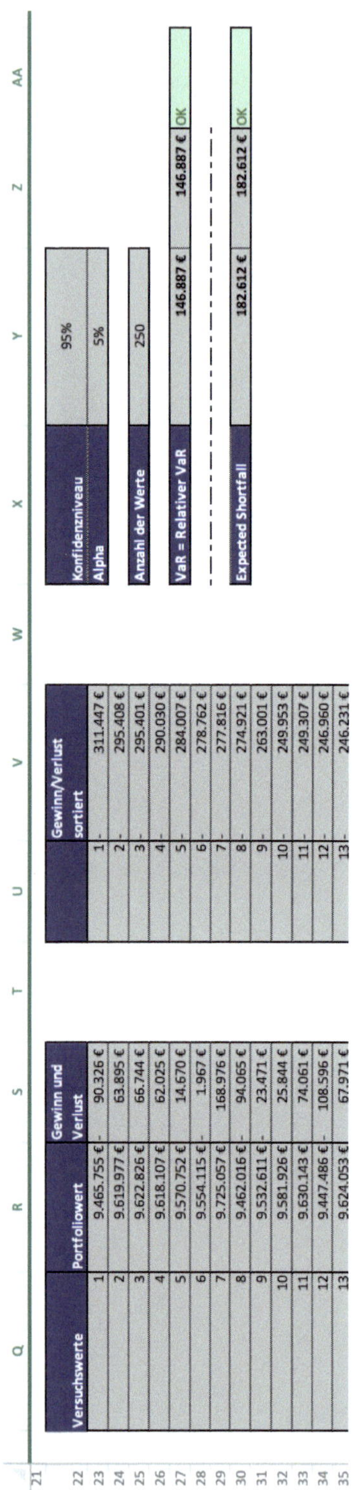

Versuchswerte	Portfoliowert	Gewinn und Verlust
1	9.465.755 €	- 90.326 €
2	9.619.977 €	63.895 €
3	9.622.826 €	66.744 €
4	9.618.107 €	62.025 €
5	9.570.752 €	14.670 €
6	9.554.115 €	- 1.967 €
7	9.725.057 €	168.976 €
8	9.462.016 €	- 94.065 €
9	9.532.611 €	- 23.471 €
10	9.581.926 €	25.844 €
11	9.630.143 €	74.061 €
12	9.447.486 €	- 108.596 €
13	9.624.053 €	67.971 €

	Gewinn/Verlust sortiert
1	- 311.447 €
2	- 295.408 €
3	- 295.401 €
4	- 290.030 €
5	- 284.007 €
6	- 278.762 €
7	- 277.816 €
8	- 274.921 €
9	- 263.001 €
10	- 249.953 €
11	- 249.307 €
12	- 246.960 €
13	- 246.231 €

Konfidenzniveau	95%		
Alpha	5%		
Anzahl der Werte	250		
VaR = Relativer VaR	146.887 €	146.887 €	OK
Expected Shortfall	182.612 €	182.612 €	OK

Abbildung 61: Berechnung des Value at Risk und des Conditional Value at Risk mit Hilfe der Monte-Carlo-Simulation basierend auf einer Normalverteilung

Literatur und Verweise auf das Excel-Tool

Diedrichs, M. (2018): Risikomanagement und Risikocontrolling, 4. Auflage, Vahlen, S. 160-162.

Gleißner, W. (2016): Grundlagen des Risikmanagements, 3. Auflage, Vahlen, S. 254-260.

Hull, J. C. (2014): Risikomanagement: Banken, Versicherungen und andere Finanzinsitutionen, 3. Auflage, Pearson, S. 389-391.

Romeike, F., Hasger, P. (2013): Erfolgsfaktor Risikomanagement 3.0, 3. Auflage, SpringerGabler, S. 339-351.

Viani, U. (2012): Risikomanagement, Schäffer-Poeschel, S. 189-200.

Wüst, K. (2014): Risikomanagement: Eine Einführung mit Anwendungen in Excel, UTB, S. 181-195.

Siehe Excel-Datei `Case Study Risikomanagement Teil 1`, Excel-Arbeitsblatt `MCS Risk-Kit (ND)`

Assignment 16: Monte-Carlo-Simulation: Kalibrierte Risikoparameter

Aufgabe

- Erstellen Sie ein Tabellenblatt, in das Sie die folgenden Werte kopieren.
  - Erdölpreise ab dem 31.12.t(5) rückwirkend für die letzten 5 Jahre.
  - 3 Monate EURIBOR-USD ab dem 31.12.t(5) rückwirkend für die letzten 5 Jahre.
  - Den Wechselkurs EUR/USD (USD-Preis für 1 EUR) vom 31.12.t(5) rückwirkend für die letzten 5 Jahre.
- Berechnen Sie die täglichen stetigen Renditen für die gegebenen Kursdaten der Portfolio-Assets.
- Kalibrieren Sie die stetigen Renditen, um eine auf die gegebenen historischen Renditen angepasste Verteilungsfunktion zu erhalten.
- Definieren Sie als Annahme für die Monte-Carlo-Simulation für jedes Portfolio-Asset die durch Kalibrierung ermittelt Verteilungsfunktion.
- Führen Sie die Monte-Carlo-Simulation mit 5.000 Ziehungen durch und ermitteln Sie die simulierten Portfoliowerte.
- Berechnen Sie die Gewinne/Verluste, die sich aus der Differenz zwischen den simulierten Portfoliowerten und dem aktuellen Portfoliowert ergeben.
- Berechnen Sie den Portfolio-Value-at-Risk für ein Konfidenzniveau von 95 % und für eine Laufzeit von einem Tag basierend auf dem Portfoliovolumen in EURO.

Inhalt

Die Monte-Carlo-Simulation erfolgt hier analog zu der oben beschriebenen Vorgehensweise. Der Unterschied besteht lediglich in den Inputparametern. Bei der Monte-Carlo-Simulation mit normalverteilten Inputparametern sind die Risikoparameter normalverteilt, bei der Monte-Carlo-Simulation mit Kalibrierung wird aufgrund der historischen Renditen durch Kalibrierung eine auf diese Daten passgenaue Verteilungsfunktion ermittelt.

Wichtige Formeln

Ähnlich wie bei der historischen Simulation beziehen sich die hier notwendigen Formeln bei Anwendung der Monte-Carlo-Simulation nicht auf die Generierung der Wahrscheinlichkeitsverteilung der Zielgröße, sondern auf die Berechnung des Value at Risk bzw. Conditional Value at Risk. Das Ergebnis der Monte-Carlo-Simulation ist wiederum ein Histogramm bzw. eine Häufigkeitsverteilung für die Gewinne und Verluste des Portfolios. Daher finden hier die bereits bekannten Formeln für den Value at Risk bzw. Relativen Value at Risk und Conditional Value at Risk bei einer diskreten Wahrscheinlichkeitsverteilung Anwendung.

Formal gesehen ist der Value at Risk der absolute Wert des Quantils einer Verteilung zum Konfidenzniveau *p*. Die Formel für die Berechnung des Value at Risk als Rendite bei einer diskreten Wahrscheinlichkeitsverteilung lautet:

$$VaR_\alpha(G) = RVaR_\alpha(G) = Q_\alpha(G)$$

(2.2.16.1)

$VaR_\alpha(G)$	= Value at Risk zum Konfidenzniveau *p* für den Gewinn/Verlust des Portfolios
$RVaR_\alpha(G)$	= Relativer Value at Risk zum Konfidenzniveau p für den Gewinn/Verlust des Portfolios
G	= Gewinn
$Q_\alpha(G)$	= Quantil der Verteilung zum Konfidenzniveau *p*

Die Formel für die Berechnung des Conditional Value at Risk als Rendite bei einer diskreten Wahrscheinlichkeitsverteilung lautet:

$$CVaR_\alpha(G) = \left|E\left(G \mid G < Q_\alpha(G)\right)\right|$$

(2.2.16.2)

$CVaR_\alpha(G)$	= Conditional Value at Risk zum Konfidenzniveau p für den Gewinn/Verlust des Portfolios

Arbeitsmappe: `Case Study Risikomanagement Teil 1` ➲ Arbeitsblatt: `MCS Risk-Kit (CD)`

Berechnung des Value at Risk bzw. Relativen Value at Risk als Rendite bei einer diskreten Wahrscheinlichkeitsverteilung in Excel:

Excel-Beispiel: `Y27=ABS(MIN(SVERWEIS(Y25;U23:V5022;2; FALSCH);0))`

Denselben Wert kann man aber auch über eine Risk-Kit-Funktion ermitteln. Die Formel hierzu lautet:

Excel-Beispiel: `Z27=ABS(MIN(Perc(P18;Y23)-P20;0))`

Berechnung des Conditional Value at Risk (Expected Shortfall) als Rendite bei einer diskreten Wahrscheinlichkeitsverteilung in Excel:

Excel-Beispiel: `Y30=ABS(MITTELWERT(V23:V272))`

Denselben Wert kann man aber auch über eine Risk-Kit-Funktion ermitteln. Die Formel hierzu lautet:

Excel-Beispiel: `Z30=ABS(ShortfallDown(P18;Y23)-P20)`

Vorgehensweise

Vorbemerkung: Wir führen hier die Monte-Carlo-Simulation beispielhaft mit dem Softwareprogramm Risk-Kit durch. Jede andere geeignete Software kann selbstverständlich auch verwendet werden, es muss jedoch eine Kalibrierungsfunktion enthalten sein. Es ist hier anzumerken, dass die Ergebnisse der Monte-Carlo-Simulation nur angezeigt werden, wenn die entsprechende Software auch auf dem Computer installiert ist.

- Ausgehend von den Erdölpreisen (Spalte `C`) werden zunächst die stetigen Renditen berechnet (Spalte `D`).
- Dies werden nun im nächsten Schritt kalibriert, um die am besten passende Verteilungsfunktion für diese Datenreihe zu ermitteln. Hierzu drücken wir das Symbol

und wählen `Eindimensionale Verteilungen kalibrieren.`

Eindimensionale Verteilungen kalibrieren

Normale Copula kalibrieren

- Daraufhin öffnet sich ein Fenster, in welchem wir folgende Einstellungen vornehmen. Danach wird die `Kalibrierung` durchgeführt.

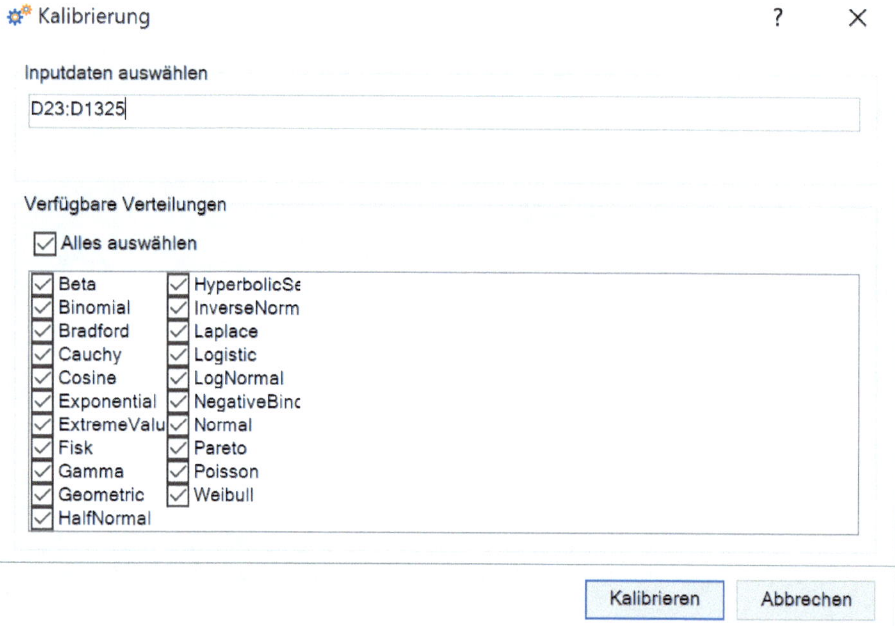

Abbildung 62: Kalibrierung

- Es erscheint nun folgendes Fenster, in dem Sie auf OK drücken.

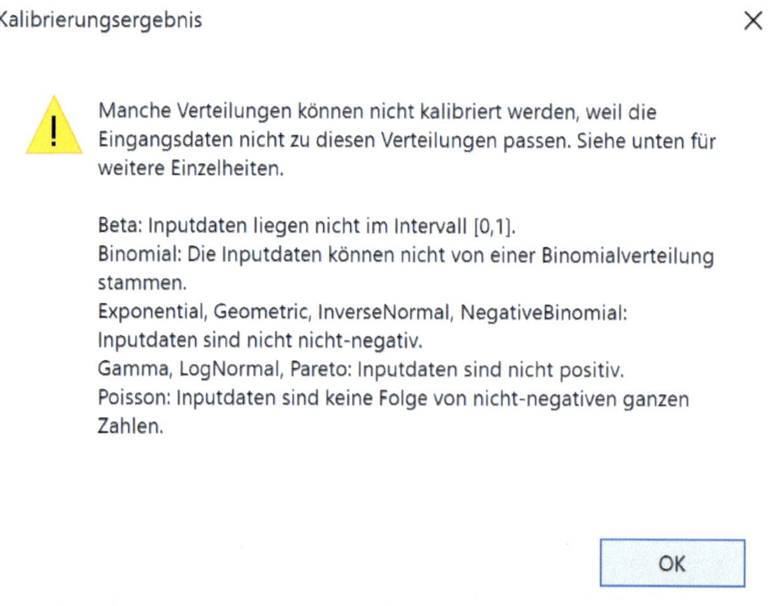

Abbildung 63: Hinweis zum Kalibrierungsergebnis

- Das Ergebnis der Kalibrierung zeigt, dass die Laplace-Verteilung die Verteilung der stetigen Renditen am besten wiedergibt.

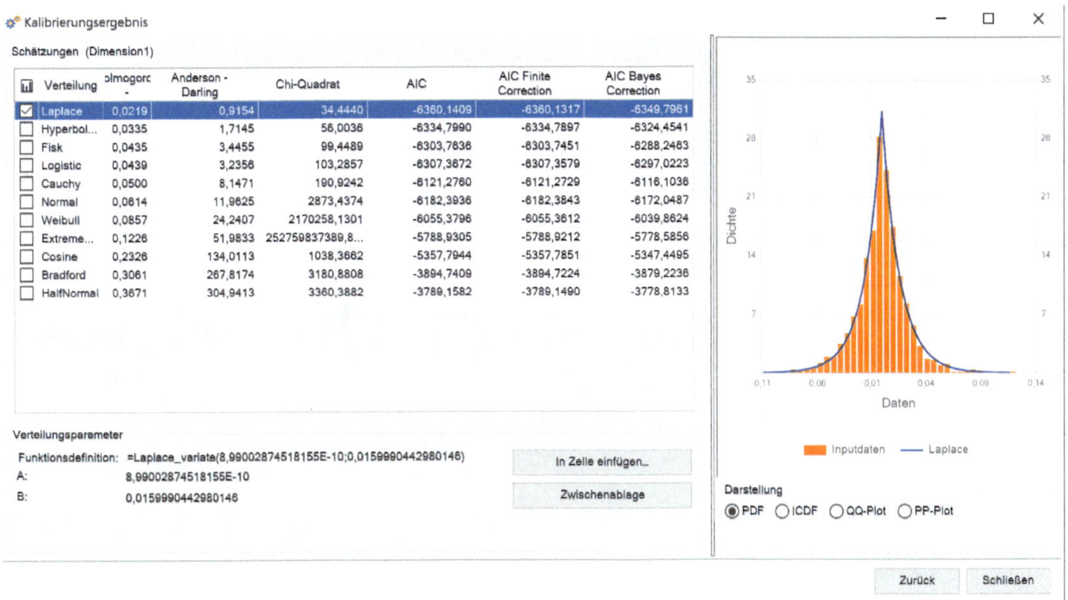

Abbildung 64: Kalibrierungsergebnis

- Wählen Sie nun das Feld `In Zelle einfügen...` und geben Sie danach die Zelle `D18` ein.

- Dieselbe Vorgehensweise wird für die Anleiheposition (Zelle `I18`) und die Fremdwährungsposition (Zelle `M18`) gewählt.
- Nachdem die Input-Parameter für die Monte-Carlo-Simulation eingegeben wurden, kann im nächsten Schritt der Portfoliowert als Output-Parameter der Monte-Carlo-Simulation definiert werden `P18=F18+K18+O18`. Output-Zellen für die Monte-Carlo-Simulation werden über das Symbol

aktiviert und haben in Risk-Kit eine dunkelgelbe Hintergrundfarbe.

- Vor der Durchführung der Monte-Carlo-Simulation führen Sie die notwendige Konfiguration über das Symbol

  Konfiguration

  durch.

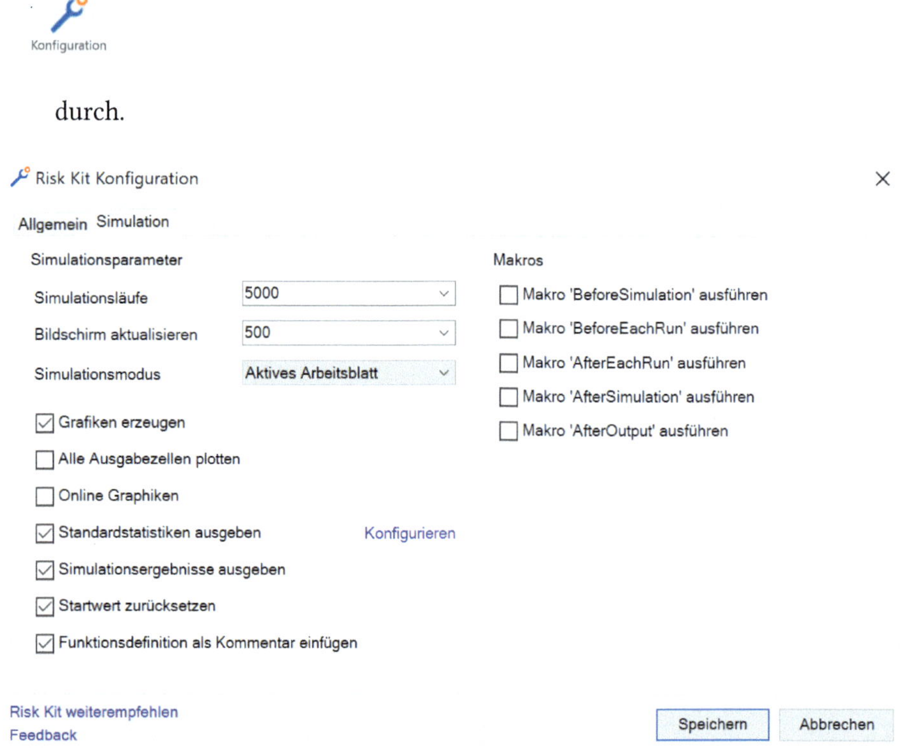

Abbildung 65: Risk-Kit Konfiguration

- Danach können Sie die Monte-Carlo-Simulation starten, indem Sie auf das Symbol

  drücken.
- WICHTIG: Nach Durchführung der Monte-Carlo-Simulation wird bei den Berechnungsoptionen die Arbeitsmappenberechnung automatisch wieder auf `Manuell` zurückgesetzt. Bitte stellen Sie dies wieder auf `Automatisch` um.

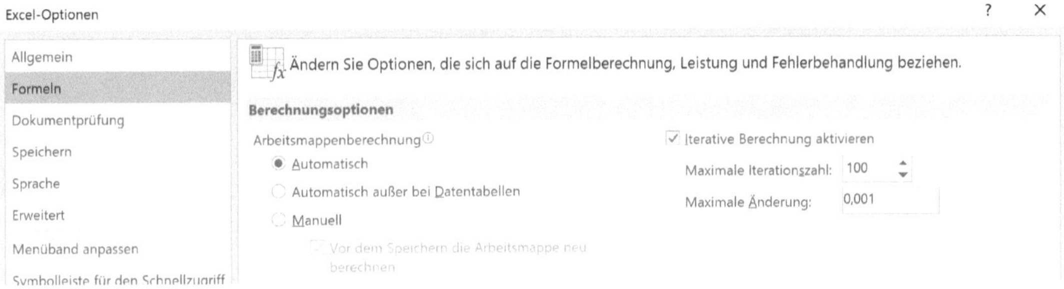

Excel-Optionen ? ×

Allgemein
Formeln
Dokumentprüfung
Speichern
Sprache
Erweitert
Menüband anpassen
Symbolleiste für den Schnellzugriff

Ändern Sie Optionen, die sich auf die Formelberechnung, Leistung und Fehlerbehandlung beziehen.

Berechnungsoptionen

Arbeitsmappenberechnung
Automatisch
Automatisch außer bei Datentabellen
Manuell
Vor dem Speichern die Arbeitsmappe neu berechnen

Iterative Berechnung aktivieren
Maximale Iterationszahl: 100
Maximale Änderung: 0,001

Abbildung 66: Excel-Optionen

- In Spalte `R` werden die Ergebnisse der Monte-Carlo-Simulation aufgeführt (Zellen `R23:R5022`). Die Werte stammen aus dem Arbeitsblatt `Output` und wurden mit diesem verlinkt.
- Durch Abzug des aktuellen Portfoliowerts von den potenziellen Portfoliowerten werden potenzielle Gewinne und Verluste berechnet (Spalte `S`) `S23=R23-$P$20`.
- Basierend auf den Vorarbeiten kann nun der Gewinn in aufsteigender Reihenfolge sortiert werden `V23=KKLEINSTE($S$23:$S$5022;U23)`.
- Auf Grundlage dieser Liste wird bei der Ermittlung des Value at Risk bei einer diskreten Wahrscheinlichkeitsverteilung die Anzahl der α-% kleinsten Werte ermittelt. In unserem Beispiel sind es die 5 % kleinsten Werte. Das sind bei 5.000 vorliegenden Renditen 250 Werte. Das 5 % -Quantil liegt nach statistischer Definition beim 250. niedrigsten Wert. Bei unserem VaR-Ansatz verwenden wir den 250-zigsten Wert der geordneten Liste in Spalte `V`. Dies wird mit der Funktion `Y25=ABRUNDEN((Y23)*ANZAHL(V23:V5022);0)` berechnet. Der ermittelte Value at Risk beträgt 155.624 €. Zur Kontrolle wird dieser Werte auch über die Percentile-Funktion von Risk-Kit berechnet `Z27=ABS(MIN(@Perc(P18;Y23)-P20;0))`.
- Abschließend kann der Conditional Value at Risk berechnet werden `Y30=ABS(MITTELWERT(V23:V272))`. Er beträgt 217.828 €. Zur Kontrolle wird dieser Wert auch über die ShortfallDown-Funktion von Risk-Kit berechnet `Z30=ABS(ShortfallDown(P18;Y23)-P20)`.

Ergebnis

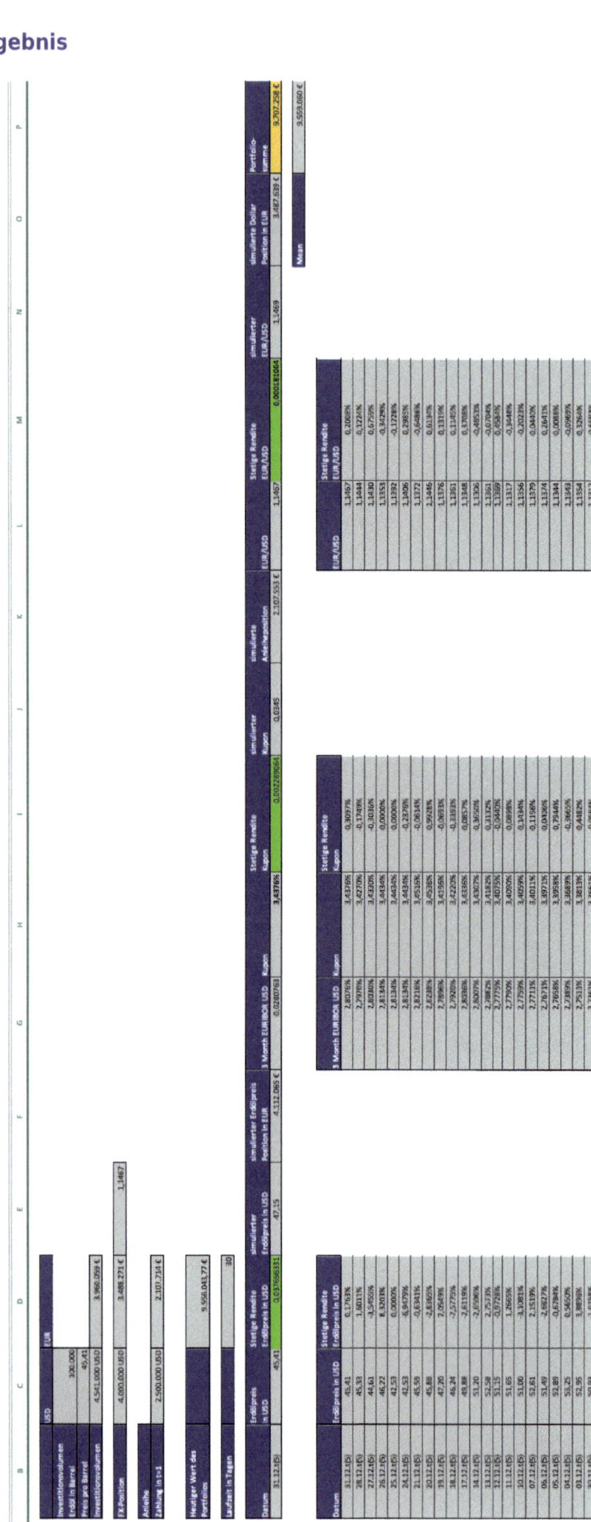

	USD	EUR	
Investitionsvolumen Erdöl in Barrel	100.000		
Preis pro Barrel	45,41		
Investitionsvolumen	4.541.000 USD	3.960.059 €	
FX-Position	4.000.000 USD	3.488.271 €	1,1467
Anleihe			
Zahlung in t=1	2.500.000 USD	2.107.714 €	
Heutiger Wert des Portfolios		9.556.043,77 €	
Laufzeit in Tagen		30	

Datum	Erdölpreis in USD	Stetige Rendite Erdölpreis in USD	simulierter Erdölpreis in USD	simulierter Erdölpreis Position in EUR	3 Month EURIBOR USD	Kupon	Stetige Rendite Kupon	simulierter Kupon	simulierte Anleiheposition	EUR/USD	Stetige Rendite EUR/USD	simulierter EUR/USD	simulierte Dollar Position in EUR	Portfolio-summe
31.12.t(5)	45,41	0,037656331	47,15	4.112.065 €	0,0280763	3,4376%	0,002289064	0,0345	2.107.553 €	1,1467	0,000181004	1,1469	3.487.639 €	9.707.258 €

Mean	9.559.060 €

Datum	Erdölpreis in USD	Stetige Rendite Erdölpreis in USD	3 Month EURIBOR USD	Kupon	Stetige Rendite Kupon	EUR/USD	Stetige Rendite EUR/USD
31.12.t(5)	45,41	0,1763%	2,8076%	3,4376%	0,3097%	1,1467	0,2008%
28.12.t(5)	45,33	1,6011%	2,7970%	3,4270%	-0,1749%	1,1444	0,1224%
27.12.t(5)	44,61	-3,5455%	2,8030%	3,4330%	-0,3036%	1,1430	0,6759%
26.12.t(5)	46,22	8,3203%	2,8134%	3,4434%	0,0000%	1,1353	-0,3429%
25.12.t(5)	42,53	0,0000%	2,8134%	3,4434%	0,0000%	1,1392	-0,1228%
24.12.t(5)	42,53	-6,9479%	2,8134%	3,4434%	-0,2376%	1,1406	0,2985%
21.12.t(5)	45,59	-0,6341%	2,8216%	3,4516%	-0,0614%	1,1372	-0,6486%
20.12.t(5)	45,88	-2,8365%	2,8238%	3,4538%	0,9928%	1,1446	0,6134%
19.12.t(5)	47,20	2,0549%	2,7896%	3,4196%	-0,0693%	1,1376	0,1319%
18.12.t(5)	46,24	-7,5775%	2,7920%	3,4220%	-0,3393%	1,1361	0,1145%
17.12.t(5)	49,88	-2,6119%	2,8036%	3,4336%	0,0857%	1,1348	0,3708%
14.12.t(5)	51,20	-2,6596%	2,8007%	3,4307%	0,3650%	1,1306	-0,4853%
13.12.t(5)	52,58	2,7573%	2,7882%	3,4182%	0,3132%	1,1361	-0,0704%
12.12.t(5)	51,15	-0,9728%	2,7775%	3,4075%	-0,0440%	1,1369	0,4584%
11.12.t(5)	51,65	1,2665%	2,7790%	3,4090%	0,0898%	1,1317	-0,3448%
10.12.t(5)	51,00	-3,1081%	2,7759%	3,4059%	0,1434%	1,1356	-0,2023%
07.12.t(5)	52,61	2,1519%	2,7711%	3,4011%	0,1156%	1,1379	0,0440%
06.12.t(5)	51,49	-2,6827%	2,7671%	3,3971%	0,0406%	1,1374	0,2641%
05.12.t(5)	52,89	-0,6784%	2,7658%	3,3958%	0,7944%	1,1344	0,0088%
04.12.t(5)	53,25	0,5650%	2,7389%	3,3689%	-0,3665%	1,1343	-0,0969%
03.12.t(5)	52,95	3,8896%	2,7513%	3,3813%	0,4482%	1,1354	0,3264%
30.11.t(5)	50,93	-1,0158%	2,7361%	3,3661%	-0,0594%	1,1317	-0,6693%

Abbildung 67: Modellkonzeption der Monte-Carlo-Simulation basierend auf einer kalibrierten Verteilung

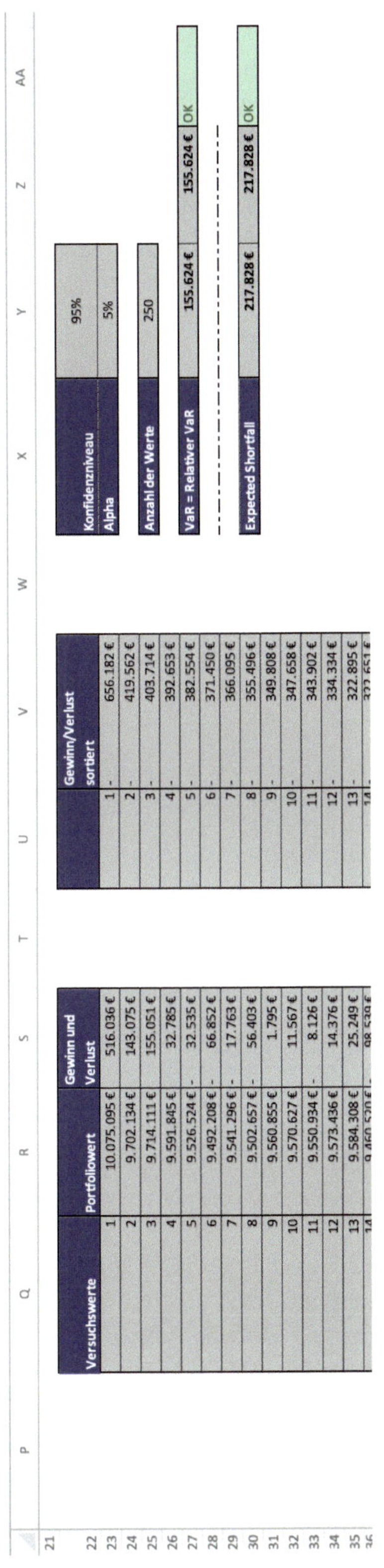

Versuchswerte	Portfoliowert	Gewinn und Verlust
1	10.075.095 €	516.036 €
2	9.702.134 €	143.075 €
3	9.714.111 €	155.051 €
4	9.591.845 €	32.785 €
5	9.526.524 €	- 32.535 €
6	9.492.208 €	- 66.852 €
7	9.541.296 €	- 17.763 €
8	9.502.657 €	- 56.403 €
9	9.560.855 €	1.795 €
10	9.570.627 €	11.567 €
11	9.550.934 €	- 8.126 €
12	9.573.436 €	14.376 €
13	9.584.308 €	25.249 €
14	9.460.520 €	- 98.539 €

	Gewinn/Verlust sortiert
1	- 656.182 €
2	- 419.562 €
3	- 403.714 €
4	- 392.653 €
5	- 382.554 €
6	- 371.450 €
7	- 366.095 €
8	- 355.496 €
9	- 349.808 €
10	- 347.658 €
11	- 343.902 €
12	- 334.334 €
13	- 322.895 €
14	- 322.651 €

Konfidenzniveau	95%		
Alpha	5%		
Anzahl der Werte	250		
VaR = Relativer VaR	155.624 €	155.624 €	OK
Expected Shortfall	217.828 €	217.828 €	OK

Abbildung 68: Berechnung des Value at Risk und des Conditional Value at Risk mit Hilfe der Monte-Carlo-Simulation basierend auf einer kalibrierten Verteilung

Literatur und Verweise auf das Excel-Tool

Diedrichs, M. (2018): Risikomanagement und Risikocontrolling, 4. Auflage, Vahlen, S. 160-162.

Gleißner, W. (2016): Grundlagen des Risikmanagements, 3. Auflage, Vahlen, S. 254-260.

Hull, J. C. (2014): Risikomanagement: Banken, Versicherungen und andere Finanzinsitutionen, 3. Auflage, Pearson, S. 389-391.

Romeike, F., Hasger, P. (2013): Erfolgsfaktor Risikomanagement 3.0, 3. Auflage, SpringerGabler, S. 339-351.

Viani, U. (2012): Risikomanagement, Schäffer-Poeschel, S. 189-200.

Wüst, K. (2014): Risikomanagement: Eine Einführung mit Anwendungen in Excel, UTB, S. 181-195.

Siehe Excel-Datei `Case Study Risikomanagement Teil 1`, Excel-Arbeitsblatt `MCS Risk-Kit (CD)`

Assignment 17: Monte-Carlo-Simulation basierend auf Copula-Funktionen

Aufgabe

- Erstellen Sie ein Tabellenblatt, in das Sie die folgenden Werte kopieren.
  - Erdölpreise ab dem 31.12.t(5) rückwirkend für die letzten 5 Jahre.
  - 3 Monate EURIBOR-USD ab dem 31.12.t(5) rückwirkend für die letzten 5 Jahre.
  - Den Wechselkurs EUR/USD (UDS-Preis für 1 EUR) vom 31.12.t(5) rückwirkend für die letzten 5 Jahre.
- Berechnen Sie die täglichen stetigen Renditen für die gegebenen Kursdaten der Portfolio-Assets.
- Kalibrieren Sie die stetigen Renditen mit einer Gaußschen Copula, um die Korrelationen und die relevanten Verteilungsfunktionen zu erhalten.
- Führen Sie die Monte-Carlo-Simulation mit 5.000 Ziehungen durch und ermitteln Sie die simulierten Portfoliowerte.
- Berechnen Sie die Gewinne/Verluste, die sich aus der Differenz zwischen den simulierten Portfoliowerten und dem aktuellen Portfoliowert ergeben.
- Berechnen Sie den Portfolio-Value-at-Risk für ein Konfidenzniveau von 95 % und für eine Laufzeit von einem Tag basierend auf dem Portfoliovolumen in EURO.
- Berechnen Sie den Conditional Portfolio-Value-at-Risk (Expected Portfolio Shortfall) für eine Laufzeit von einem Tag basierend auf dem Portfoliovolumen in EURO.

Inhalt

Copulas erfreuen sich in der Finanzwirtschaft wachsender Beliebtheit. Mit Copulas können Randverteilungen separat von ihrer Abhängigkeitsstruktur modelliert und geschätzt werden.

So bieten sie die Möglichkeit, verbesserte Schätzverfahren für Randverteilungen zu verwenden, da etwaige Annahmen über die Korrelation zwischen den Assets bereits über die Copula abgedeckt sind.

Eine Copula ist eine Funktion, die einen funktionalen Zusammenhang zwischen den Randverteilungsfunktionen verschiedener Zufallsvariablen und ihrer gemeinsamen Wahrscheinlichkeitsverteilung angeben kann. Mittels Copula-Funktionen können beliebig verteilte Zufallsvariablen mit beliebigen Abhängigkeitsstrukturen zu einer neuen gemeinsamen Verteilungsfunktion verknüpft werden. Es gibt unterschiedliche Copula-Funktionen. Die bekanntesten sind die Gauß-Copula (Normal-Copula), die Student-t-Copula oder die Clayton-Copula. Im Folgenden verwenden wir die Gauß-Copula.

Als Ausgangssituation stellen wir uns d Risiken vor, die jeweils als Zufallsvariable modelliert werden oder durch historische Daten repräsentiert werden. Durch Kalibrierung können wir für jedes Risiko die univariate Verteilungsfunktion ermitteln. Dieses Wissen allein reicht aber nicht aus, um die gemeinsame Verteilungsfunktion der Risiken zu bestimmen, da uns noch alle Informationen um die Abhängigkeit zwischen den Einzelgrößen fehlen. Wichtige Struktur für die Ermittlung der Abhängigkeit liefert uns das Theorem von Sklar. Dieses besagt, dass jede multivariate Verteilungsfunktion F

- in eine Copula C (eine Funktion, die selbst eine Verteilungsfunktion auf dem d-dimensionalen Einheitskubus mit uniformen Rändern ist) sowie
- die Randverteilungen aufgespalten werden kann.

Die Randverteilungen werden dabei als Argumente in die Copula eingesetzt und man erhält so die gemeinsame Verteilung.

Formal wird wie folgt vorgegangen:

- In einem ersten Schritt werden die Randverteilungen der d Risiken auf gleichverteilte $[0, 1]$-Verteilungen abgebildet. Typischerweise erfolgt dies über die entsprechenden Quantile der Randverteilungen (Quantil-Mapping).
- Diese werden nun in einem zweiten Schritt von unabhängigen Konfidenzniveaus auf korrelierte abgebildet. Die Transformationsvorschrift und die damit verbundene Abhängigkeitsmodellierung ist die eigentliche Copula-Funktion.
- Die Haupteigenschaft einer Copula ist die Bewahrung der Randverteilungen der Variablen, während eine Abhängigkeitsstruktur zwischen den Variablen definiert wird. Dies ist in vielen Situationen sehr angenehm, da es die oft sehr komplizierte Untersuchung der gemeinsamen Verteilungsfunktion in eine Untersuchung der Randverteilungen einerseits und der Copula andererseits separiert; in letzterer sind alle Informationen über die Abhängigkeit kodiert. Umgekehrt lässt sich aus beliebigen Randverteilungen und einer beliebigen Copula stets eine (mathematisch korrekte) multivariate Verteilungsfunktion konstruieren. Dieser Zusammenhang ist sehr beliebt in der Modellbildung und daher weit verbreitet, da er ein einfaches Baukastenprinzip zur Verknüpfung von Einzelrisiken darstellt. Auch lässt sich mittels dieses Baukastenprinzips leicht eine multivariate Verteilung simulieren. Dazu muss lediglich eine Stichprobe gemäß der Copula simuliert werden.
- Trotz der zahlreichen Möglichkeiten der Risikoaggregation mittels Copula-Funktionen möchten wir auf folgenden kritischen Sachverhalt hinweisen. Wenn die Copula-Funktion

unpassend zum entsprechenden Problem (und den typischerweise vorab spezifizierten Randverteilungen) ausgesucht wird, kann zwar eine mathematisch korrekte gemeinsame Verteilung generiert werden, diese muss aber nicht zwangsläufig ökonomisch sinnvoll oder problemadäquat sein. Oft werden schlichtweg die bekanntesten Copulas (z. B. die Gauß-Copula) herangezogen, ohne deren Eigenschaften und Auswirkungen für das aktuelle Problem genau zu hinterfragen. Ferner muss angemerkt werden, dass mit der Wahl der Copula-Funktion Eingriff auf das Ergebnis genommen wird.

Wichtige Formeln

Aufgrund der Vielschichtigkeit von Copula-Funktionen können wir dieses spannende Thema hier nicht umfassend behandeln. Wir wollen jedoch die Grundidee von Copulas und deren Bedeutung für das Risikomanagement vermitteln. Dazu wählen wir die Gauß-Copula.

Die Normal- oder auch Gauß-Copula wird mit Hilfe der Verteilungsfunktion der Normalverteilung $F(\cdot)$ definiert. So ist

$$C(u_1, u_2) = F_2(F^{-1}(u_1), F^{-1}(u_2), \rho)$$

(2.2.17.1)

eine Copula, wobei $F_2(\cdot, \cdot, \rho)$ die bivariate Verteilungsfunktion zweier standard-normalverteilter Zufallsvariablen mit dem Korrelationskoeffizienten ρ ist.

Erzeugt man Punkte, die gemäß der Normal-Copula mit Parameter $\rho = 0,5$ verteilt sind, ergibt sich bereits eine leichte Konzentration dieser entlang der Winkelhalbierenden.

Die Gauß-Copula kann mit Excel nicht ohne Weiteres modelliert werden. Die Funktionsweise einer Gauß-Copula bei einer bivariaten Verteilungsfunktion zeigt Hull in seinem Buch sehr schön auf. Aufgrund der Komplexität der Berechnung kommt hier ein Makro zur Anwendung, das John Hull für die Berechnung einer kumulativen bivariaten Normalverteilung zur Verfügung stellt (http://www-2.rotman.utoronto.ca/~hull/).

Die Berechnungen bei multivariaten Verteilungsfunktionen und von Copula-Funktionen, die über die Gauß-Copula hinausgehen, sind nochmals deutlich komplexer. Zur Lösung bedarf es hier spezieller Softwaretools. Für die folgenden Berechnungen verwenden wir Risk-Kit, das eine Kalibrierung bei multivariaten Verteilungsfunktionen unter Verwendung einer Gauß-Copula erlaubt.

Vorgehensweise

Arbeitsmappe: `Case Study Risikomanagement Teil 1` ➲ Arbeitsblatt: `Copulas`

Vorbemerkung: Wir führen die Berechnung mit Hilfe von Copulas beispielhaft mit dem Softwareprogramm Risk-Kit durch. Jede andere geeignete Software kann selbstverständlich auch verwendet werden, es muss jedoch eine Kalibrierungsfunktion enthalten sein. Es ist hier anzumerken, dass die Ergebnisse der Monte-Carlo-Simulation nur angezeigt werden, wenn die entsprechende Software auch auf dem Computer installiert ist.

- Ausgehend vom Erdölpreis (Spalte `C` – Zellen `C23:C1326`), dem Kupon der Anleihe (Spalte `D` – Zellen `D23:D1326`) und dem Wechselkurs EUR/USD (Spalte `E` – Zellen `E23:E1326`) werden zunächst die stetigen Renditen der einzelnen Positionen berechnet (Spalten `F:H` – Zellen `F23:H1326`).
- Wichtig für die weitere Bearbeitung ist, dass die stetigen Renditen der einzelnen Assets direkt nebeneinander in einem zusammenhängenden Zellbereich (hier `F23:H1325`) stehen.
- Im nächsten Schritt werden die Copula und die Randverteilungen geschätzt.
- Hierzu markieren Sie den Zellbereich (`F23:H1325`).
- Gehen Sie jetzt in Risk-Kit auf ➲ `Kalibrieren` ➲ `Normale Copula kalibrieren`

Abbildung 69: Normale Copula kalibrieren

- Bei `Verfügbare Verteilungen` wählen Sie `Alles auswählen`.

Abbildung 70: Kalibrierung

- Im nächsten Schritt erhält man das Ergebnis der Kalibrierung.

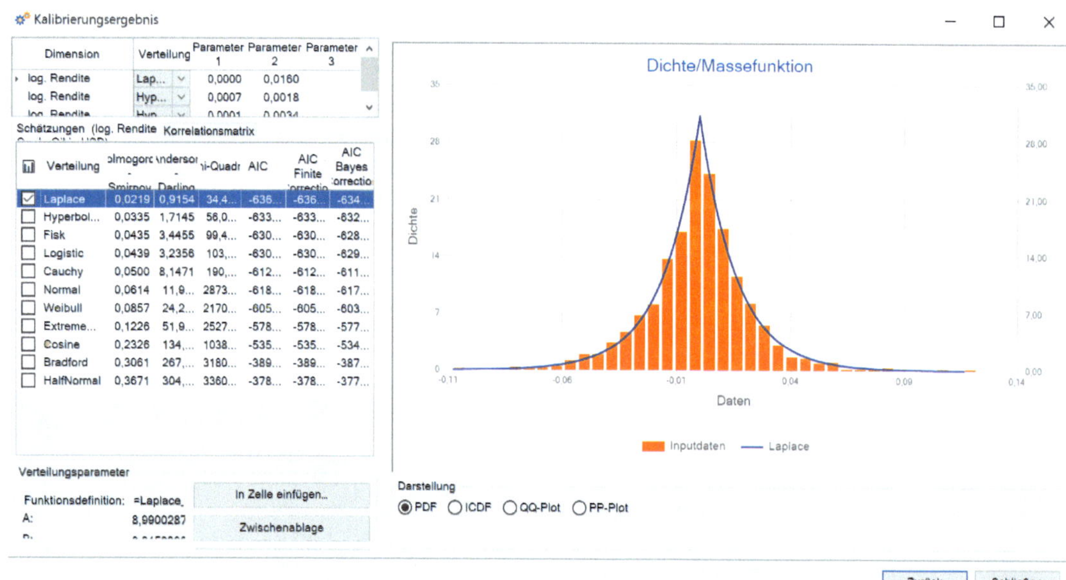

Abbildung 71: Kalibrierungsergebnisse

- Klicken Sie auf `Normale Copula einfügen` und geben Sie einen hinreichend großen Zellbereich für die Ausgabe an.

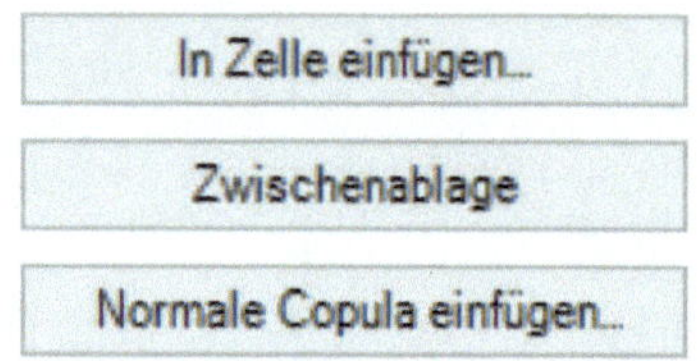

- Die von Risk-Kit übertragenen Informationen enthalten die Korrelationen (Zellen `G2:J5`) und die ermittelten Verteilungsfunktionen mit den Parametern (Zellen `G7:J11`), die die Verteilung beschreiben. Diese Werte dienen als Grundlage für die Schätzung der Zufallszahlen (Zellen `H14:J14`), mit denen die Monte-Carlo-Simulation erfolgt.

	F	G	H	I	J
1					
2		Korrelationen	log. Rendite Erdölpreis in USD	log. Rendite Kupon	log. Rendite EUR/USD
3		log. Rendite Erdölpreis in USD	1	-0,00445810	0,06982086
4		log. Rendite Kupon	-0,00445810	1	0,02655303
5		log. Rendite EUR/USD	0,06982086	0,02655303	1
6					
7			log. Rendite Erdölpreis in USD	log. Rendite Kupon	log. Rendite EUR/USD
8		Verteilung	Laplace	HyperbolicSecant	HyperbolicSecant
9		Parameter 1	0	0,00073676	-0,00012611
10		Parameter 2	0,01599904	0	0,00336752
11		Parameter 3			
12					
13			log. Rendite Erdölpreis in USD	log. Rendite Kupon	log. Rendite EUR/USD
14		Zufallszahlen	0,00671483	0,001729419	0,013347501

Abbildung 72: Korrelationen und die ermittelten Verteilungsfunktionen mit den Parametern

- Die Zufallszahlen der drei Assets (Zellen `H14:J14`) dienen als Input-Zellen für die Monte-Carlo-Simulation. Sie haben in Risk-Kit eine grüne Hintergrundfarbe.
- Nachdem die Input-Parameter für die Monte-Carlo-Simulation eingegeben wurden, kann im nächsten Schritt der Portfoliowert als Output-Parameter der Monte-Carlo-Simulation definiert werden `P18=F18+K18+O18`. Output-Zellen für die Monte-Carlo-Simulation haben in Risk-Kit eine dunkelgelbe Hintergrundfarbe.
- Führen Sie nun wie in den vorigen Assignments beschrieben eine Monte-Carlo-Simulation durch.
- In den Spalten `S` und `T` werden die Ergebnisse der Monte-Carlo-Simulation aufgeführt (Zellen `S23:T5022`). Spalte `S` zeigt die Portfoliowerte, Spalte `T` die Gewinne und Verluste.
- Basierend auf den Vorarbeiten kann nun der Gewinn und Verlust in aufsteigender Reihenfolge sortiert werden `W23=KKLEINSTE($T$23:$T$5022;V23)`.
- Auf Grundlage dieser Liste wird bei der Ermittlung des Value at Risk bei einer diskreten Wahrscheinlichkeitsverteilung die Anzahl der α-% kleinsten Werte ermittelt. In unserem Beispiel sind es die 5 % kleinsten Werte. Das sind bei 5.000 vorliegenden Renditen 250 Werte. Das 5 % -Quantil liegt nach statistischer Definition beim 250. niedrigsten Wert. Bei unserem VaR-Ansatz verwenden wir den 250-zigsten Wert der geordneten Liste in Spalte `X`. Dies wird mit der Funktion `Z25=ABRUNDEN(Z23*ANZAHL(W23:W5022);0)` berechnet.

- Darauffolgend wird der Verlust des 250-kleinsten Werts bestimmt. Dies erfolgt für das 5 %-Quantil mit der Funktion `Z27=ABS(MIN(SVERWEIS(Z25;V23:W5022;2;0);0))`. Der ermittelte Value at Risk beträgt 144.414 €.
- Abschließend kann der Conditional Value at Risk (Expected Shortfall) berechnet werden `Z30=ABS(MITTELWERT(W23:W272))`. Er beträgt 203.476 €.

Ergebnis

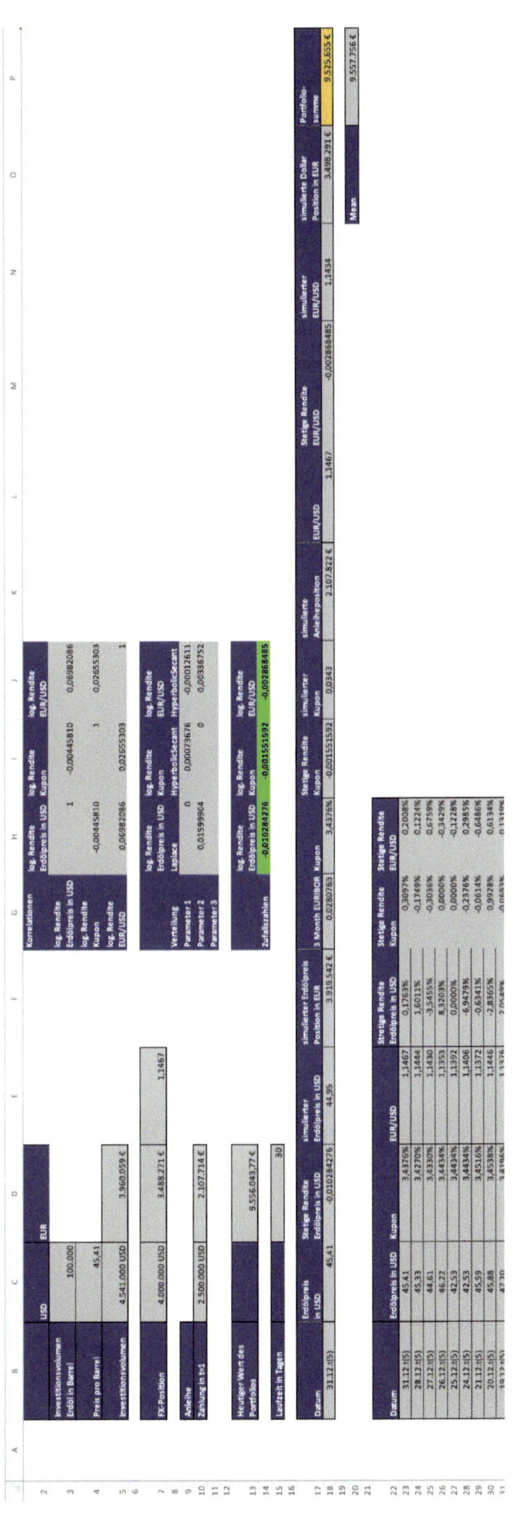

	USD	EUR	
Investitionsvolumen Erdöl in Barrel	100.000		
Preis pro Barrel	45,41		
Investitionsvolumen	4.541.000 USD	3.960.059 €	
FX-Position	4.000.000 USD	3.488.271 €	1,1467
Anleihe			
Zahlung in t=1	2.500.000 USD	2.107.714 €	
Heutiger Wert des Portfolios		9.556.043,77 €	
Laufzeit in Tagen		30	

Korrelationen	log. Rendite Erdölpreis in USD	log. Rendite Kupon	log. Rendite EUR/USD
log. Rendite Erdölpreis in USD	1	-0,00445810	0,06982086
log. Rendite Kupon	-0,00445810	1	0,02655303
log. Rendite EUR/USD	0,06982086	0,02655303	1

	log. Rendite Erdölpreis in USD	log. Rendite Kupon	log. Rendite EUR/USD
Verteilung	Laplace	HyperbolicSecant	HyperbolicSecant
Parameter 1	0	0,00073676	-0,00012611
Parameter 2	0,01599904	0	0,00336752
Parameter 3			

	log. Rendite Erdölpreis in USD	log. Rendite Kupon	log. Rendite EUR/USD
Zufallszahlen	-0,010284276	-0,001551592	-0,002868485

Datum	Erdölpreis in USD	Stetige Rendite Erdölpreis in USD	simulierter Erdölpreis in USD	simulierter Erdölpreis Position in EUR	3 Month EURIBOR	Kupon	Stetige Rendite Kupon	simulierter Kupon	simulierte Anleiheposition	EUR/USD	Stetige Rendite EUR/USD	simulierter EUR/USD	simulierte Dollar Position in EUR	Portfolio-summe
31.12.t(5)	45,41	-0,010284276	44,95	3.919.542 €	0,0280763	3,4376%	-0,001551592	0,0343	2.107.822 €	1,1467	-0,002868485	1,1434	3.498.291 €	9.525.655 €
													Mean	9.557.756 €

Datum	Erdölpreis in USD	Kupon	EUR/USD	Stretige Rendite Erdölpreis in USD	Stetige Rendite Kupon	Stetige Rendite EUR/USD
31.12.t(5)	45.41	3,4376%	1,1467	0,1763%	0,3097%	0,2008%
28.12.t(5)	45.33	3,4270%	1,1444	1,6011%	-0,1749%	0,1224%
27.12.t(5)	44.61	3,4330%	1,1430	-3,5455%	-0,3036%	0,6759%
26.12.t(5)	46.22	3,4434%	1,1353	8,3203%	0,0000%	-0,3429%
25.12.t(5)	42.53	3,4434%	1,1392	0,0000%	0,0000%	-0,1228%
24.12.t(5)	42.53	3,4434%	1,1406	-6,9479%	-0,2376%	0,2985%
21.12.t(5)	45.59	3,4516%	1,1372	-0,6341%	-0,0614%	-0,6486%
20.12.t(5)	45.88	3,4538%	1,1446	-2,8365%	0,9928%	0,6134%
19.12.t(5)	47.20	3,4196%	1,1376	2,0549%	-0,0693%	0,1319%

Abbildung 73: Modellkonzeption der Monte-Carlo-Simulation basierend auf einer Copula

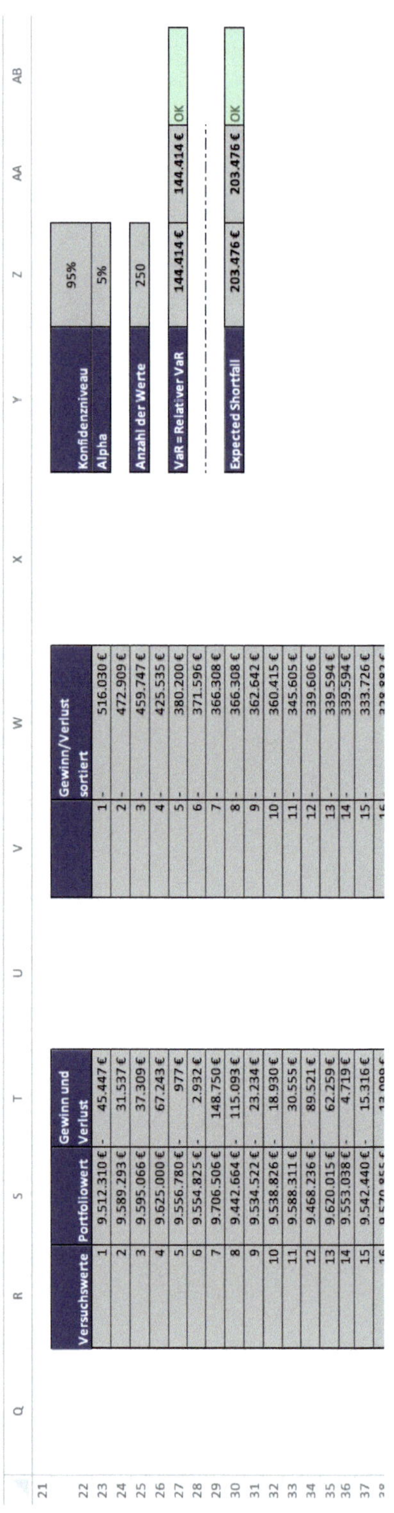

Versuchswerte	Portfoliowert	Gewinn und Verlust
1	9.512.310 €	- 45.447 €
2	9.589.293 €	31.537 €
3	9.595.066 €	37.309 €
4	9.625.000 €	67.243 €
5	9.556.780 €	- 977 €
6	9.554.825 €	- 2.932 €
7	9.706.506 €	148.750 €
8	9.442.664 €	- 115.093 €
9	9.534.522 €	- 23.234 €
10	9.538.826 €	- 18.930 €
11	9.588.311 €	30.555 €
12	9.468.236 €	- 89.521 €
13	9.620.015 €	62.259 €
14	9.553.038 €	- 4.719 €
15	9.542.440 €	- 15.316 €

	Gewinn/Verlust sortiert
1	- 516.030 €
2	- 472.909 €
3	- 459.747 €
4	- 425.535 €
5	- 380.200 €
6	- 371.596 €
7	- 366.308 €
8	- 366.308 €
9	- 362.642 €
10	- 360.415 €
11	- 345.605 €
12	- 339.606 €
13	- 339.594 €
14	- 339.594 €
15	- 333.726 €

Konfidenzniveau	95%		
Alpha	5%		
Anzahl der Werte	250		
VaR = Relativer VaR	144.414 €	144.414 €	OK
Expected Shortfall	203.476 €	203.476 €	OK

Abbildung 74: Berechnung des Value at Risk und des Conditional Value at Risk mit Hilfe der Monte-Carlo-Simulation basierend auf einer Copula

Literatur und Verweise auf das Excel-Tool

Hull, J. C. (2014): Risikomanagement: Banken, Versicherungen und andere Finanzinsitutionen, 3. Auflage, Pearson, S. 283-295.

See Excel file `Case Study Risikomanagement Teil 1`, Excel-Arbeitsblatt `Copula`

Course Unit 3: Hedging von absicherbaren Risiken und Modellierung nicht-abgesicherter Risiken

Inhalt

Die Absicherung von unternehmerischen Risiken ist eine der wichtigsten Aufgaben des Corporate Risk Managements. Ausgangspunkt der Risikoabsicherung ist eine systematische Bestandsaufnahme bestehender Risiken im Unternehmen. Folgende Risiken im Unternehmen können unterschieden werden:

- Strategische Risiken (Beispiel: Ein Produkt des Unternehmens wird durch eine technologische Innovation ersetzt)
- Marktrisiken (Beispiel: Markteintritt eines neuen Wettbewerbers, Preisschwankungen am Beschaffungs- oder Ansatzmarkts)
- Finanzmarktrisiken (Beispiel: Währungs- oder Zinsänderungsrisiken)
- Rechtliche und politische Risiken (Beispiel: Änderung der Steuergesetzgebung, Haftungsrisiken)
- Risiken der Personalwirtschaft (Beispiel: Mangelnde Mitarbeitermotivation, schlechtes Betriebsklima)
- Leistungserstellungsrisiken (Beispiel: technische Risiken in der Produktion oder IT)

Sind die Risikopositionen im Unternehmen bekannt, können geeignete Maßnahmen zu deren Absicherung getroffen werden. Maßnahmen hierzu sind:

- Risikovermeidung (Beispiel: Bestimmte Kunden oder Märkte nicht bedienen)
- Risikoreduzierung durch Minderung der Eintrittswahrscheinlichkeit oder Schadenshöhe (Beispiel: Diversifizierung des Abnehmer- und/oder Lieferantenportfolios)
- Übertragung von Risiken auf Dritte (Beispiel: Abschluss von Versicherungen, Hedging von Zinsänderungs-, Währungs- oder Rohstoffrisiken)
- Schaffung eines adäquaten Risikodeckungspotenzials: (Beispiel: Erhöhung der Eigenkapitalposition)

Im Folgenden unterscheiden wir für die folgende Risikoarten:

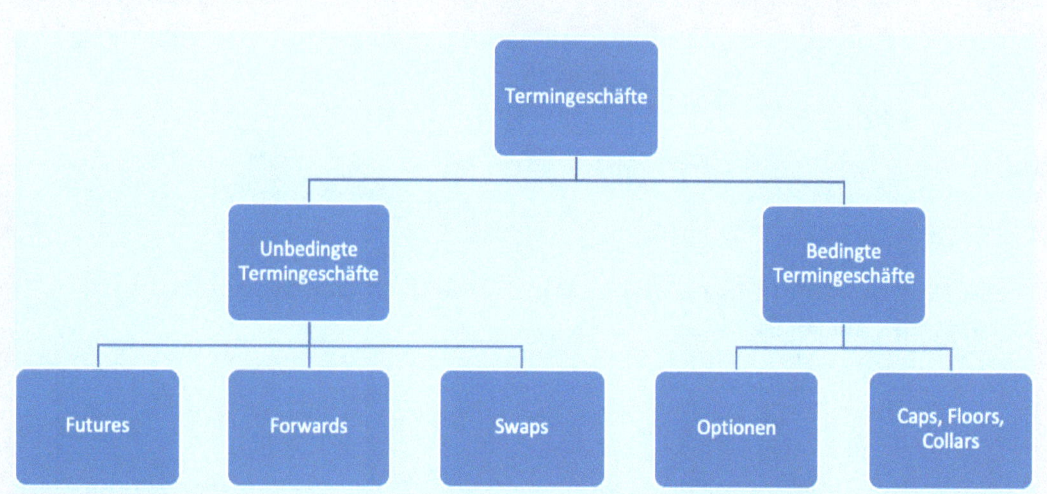

Abbildung 75: Termingeschäfte

Termingeschäfte werden im Risikomanagement zur Risikovermeidung und Risikominderung eingesetzt. Sie haben den Zweck, die Wertentwicklung eines ihnen zugrundeliegenden Basisobjekts, auch Underlying genannt, abzusichern. Das Basisobjekt kann ein Rohstoffpreis, ein Wechselkurs, ein Zinssatz oder auch ein Aktienpreis sein. Je nach ihren Handelsplattformen, lassen sich börsengehandelte und außerbörslich gehandelte Termingeschäfte unterscheiden. Außerbörslich gehandelte Termingeschäfte, im Angelsächsischen „Over-the-Counter (OTC)-Geschäft genannt, werden direkt zwischen Käufer und Verkäufer gehandelt. Bei börsennotierten Verträgen, auch Kontrakte genannt, findet der Handel über die Börse statt. An allen Termingeschäften sind mindestens zwei Vertragsparteien beteiligt. Dabei bezeichnet man die Position des Käufers, der auf einen Wertanstieg hofft, als Long-Position und die Position des Verkäufers, der auf einen Preisverfall spekuliert, als Short-Position.

Es gibt eine Vielzahl unterschiedlich strukturierter Termingeschäfte. Je nach Struktur, Laufzeit und dem zugrundeliegenden Basisobjekt können diese sehr komplex sein. Sie reichen von einfachen Derivaten, auch Plain-Vanilla-Derivaten bis hin zu komplexen exotischen Derivaten. Die flexible Ausgestaltung von Derivaten hat große Vorteile für die Absicherungsmaßnahmen der Unternehmen. Sie bergen jedoch auch große Risiken, insbesondere dann, wenn die Funktionsweise eines Absicherungsinstruments nicht verstanden wird. In solchen Fällen kann aus einem Absicherungsinstrument eine Spekulation werden, die bestandsgefährdende Risiken in sich trägt.

Wir verweisen daher an dieser Stelle explizit auf das Buch „Derivate: Optionen und Futures Schritt für Schritt", welches Strategien mit Derivaten ausführlich behandelt.

Im Corporate Risk Management sind insbesondere die einfachen Derivate von Bedeutung, die die Mehrzahl der täglich stattfindenden Absicherungsmaßnahmen ausmachen. Im Folgenden wollen wir beispielhaft Zinsänderungsrisiken mit

- einem Future/Forward,
- einem Swap und
- einem Cap absichern.

Assignment 18: Hedging von Zinsänderungsrisiken mit Hilfe von Geldmarktfutures und Forward Rate Agreements (FRA)

Aufgabe

Geldmarktfuture

- Eine Unternehmung hat in sechs Monaten einen Liquiditätsbedarf von 10 Mio. EUR.
- Das Unternehmen benötigt dann diese Liquidität für drei Monate.
  - Die relevante Kassaposition beträgt: EUR 10 Mio.
  - Die Kontraktgröße für den 3-M-EURIBOR-Future beträgt: 1 Mio. EUR
- Wie hoch ist die Hedge-Ratio bzw. die Anzahl der Kontrakte?

- Nehmen wir an, der 3-M-EURIBOR am Tag des Futurekaufes betrug 4,0%.
- Gehen wir nun davon aus, dass die Zinsen des 3-M-EURIBOR nach sechs Monaten um 200 bps gestiegen sind.
- Der 3-M-EURIBOR am Tag der Kreditaufnahme beträgt 6,0%.
- Berechnen Sie zunächst den Basispunktwert.
- Wie hoch ist der Gewinn/Verlust aus dem Geldmarktfuture?
- Wie hoch ist der Gewinn/Verlust aus der Kassaposition?
- Wie interpretieren Sie den Erfolg des Hedging?
- Was würde passieren, wenn sich die Unternehmung in ihrer Einschätzung geirrt hätte und die Dreimonatszinsen gegen die Erwartungen auf 3 % sinken würden?

Forward Rate Agreement (FRA)

- Eine Unternehmung hat in sechs Monaten einen Liquiditätsbedarf von 10 Mio. EUR.
- Das Unternehmen benötigt dann diese Liquidität für drei Monate.
- Aufgrund ihres Ratings müsste die Unternehmung derzeit für einen Dreimonats-Kredit den 3-M-EURIBOR plus einen Risikoaufschlag von einem Prozent bezahlen.
- Da die Unternehmung mit steigenden Zinsen rechnet, kauft sie ein FRA zum FRA-Zins von 4,0 %.
- Als Referenzzins wird der 3-M-EURIBOR + 1 % festgelegt.
- Zwei Tage vor Beginn der FRA-Periode beträgt der 3-M-EURIBOR 5,0 %. Damit wird der Referenzzinssatz bei 6,0 % fixiert.
- Wie hoch ist der Gewinn/Verlust aus dem FRA?
- Wie hoch ist der Gewinn/Verlust aus der Kassaposition bei Kreditaufnahme?
- Wie interpretieren Sie den Erfolg des Hedging?
- Wie hoch ist der tatsächliche Auszahlungsbetrag zu Beginn des Forwards?

- Sie möchten den Preis des FRA, d. h. den FRA-Zinssatz bestimmen.
- Folgende Ausgangswerte sind gegeben:
  - Gesamtlaufzeit in Tagen: 270
  - Laufzeit der Vorperiode in Tagen: 180
  - Laufzeit der FRA-Periode in Tagen: 90
  - r_{GL} (Zinsen für die Gesamtlaufzeit) 5,5%
  - r_{VL} (Zinsen für die Vorperiode) 5,0%
- Wie hoch ist der Preis des FRA, d. h. der FRA-Zinssatz r_{FRA}?

- Sie möchten den Preis des FRA, d. h. den FRA-Zinssatz bestimmen unter Berücksichtigung von Geld- und Briefkursen.
- Folgende Ausgangswerte sind gegeben:
  - T_{GL} (Gesamtlaufzeit): 1,00
  - T_{VP} (Laufzeit der Vorperiode): 0,67
  - T_{FRA} (Laufzeit der FRA-Periode): 0,33
  - r_{GL}^{G} (Geldkurs) 5,45%
  - r_{GL}^{B} (Briefkurs) 5,55%
  - r_{VL}^{G} (Geldkurs) 4,95%
  - r_{VL}^{B} (Briefkurs) 5,05%
- Wie hoch ist der Preis des FRA, d. h. der FRA-Zinssatz r_{FRA}?

Inhalt

Futures und Forwards

Das Hedging mit Futures und Forwards ist recht einfach. Futures und Forwards entsprechen einem einfachen Kaufgeschäft, bei dem das gehandelte Produkt zu einem späteren Zeitpunkt bezahlt und geliefert wird. Die Absicherung erfolgt dadurch, dass der zukünftige Preis bereits zum Handelszeitpunkt festgelegt wird. Futures und Forwards werden daher auch Termingeschäfte genannt. Futures und Forwards sind Termingeschäfte,

- welche die Verpflichtung beinhalten,
- einen bestimmten Gegenstand (auch Underlying oder Basiswert)
- zu einem im Voraus vereinbarten Preis (Future- oder Forwardpreis)
- zu einem bereits im Voraus festgelegten Termin,
- in einer festgelegten Qualität und Quantität (Kontrakt) zu übernehmen (Long) oder zu liefern (Short).

Dabei gibt es kein Wahlrecht. Das Termingeschäft muss erfüllt werden. Daher spricht man auch von einem unbedingten Termingeschäft. Die Zeitspanne zwischen dem Abschluss eines Futures und Forward und dem Liefertag wird Laufzeit genannt.

Worin unterscheiden sich ein Future und ein Forward?

Ein Future ist ein Vertrag, dessen Bestandteile standardisiert sind

- in Bezug auf die handelbaren Größeneinheiten (Kontraktgröße) und
- in Bezug auf die Zahlungs- und Lieferbedingungen.

Futures sind somit an den Börsen handelbar. Ein Future ist aufgrund dieser Eigenschaften jederzeit übertragbar und kann auch von einer dritten Partei akzeptiert werden.

Das Gegenstück dazu ist ein Forward. Ein Forward erlaubt eine individuelle Vertragslösung zwischen zwei Parteien. Dies gestattet den Handelspartnern ein weitaus größeres Maß an Flexibilität hinsichtlich der Kontraktgröße oder Lieferzeitpunkt. Diese Art von individualisierten Geschäften werden Over-the-Counter oder kurz OTC-Geschäfte genannt. Der Nachteil von Forwards ist, dass sie sich nicht ohne weiteres auf einen Dritten übertragen lassen. Während Futures täglich auf den Terminbörsen gehandelt werden und damit von den Vertragsparteien gekauft und verkauft werden können, können Forwards nur schwer gehandelt werden und bleiben als Vertrag zwischen beiden Vertragsparteien bis zu ihrer Erfüllung bestehen.

Aus Sicht des Risikomanagements gibt es ebenfalls Unterschiede zwischen Futures und Forwards. Bei Forwards gibt es ein Erfüllungsrisiko, da keine Börse als Mittler zwischen die Handelspartner geschaltet ist. Auch werden Sicherheiten bei Forwardgeschäften üblicherweise nicht gestellt.

Bei Zinstermingeschäften im Geldmarktbereich unterscheidet man

1. Geldmarktfutures, die börsengehandelt sind, und
2. Forwards, die OTC gehandelt werden.

Geldmarktfutures:

Geldmarktfutures weisen neben den genannten Merkmalen von Futures folgende Besonderheiten auf:

1. Basiswert: Der Basiswert ist ein vereinbarter Zinssatz für eine bestimmte Laufzeit. Beim EURIBOR-Future an der EUREX etwa ist es der EURIBOR-Zinssatz für das Dreimonats-Termingeld.
2. Notierung: Der Futurepreis gibt die Höhe des vereinbarten Zinssatzes wieder. Die Notierung erfolgt allerdings in der Form, dass der entsprechende Zinssatz von 100 % subtrahiert wird. Liegt der Zinssatz z. B. bei 1,5 %, beträgt der Futurepreis 98,5 % (= 100 % - 1,5 %). Wie bei Anleihen gilt auch bei Geldmarktfutures: Je geringer der Zinssatz, desto höher der Futurepreis. Dadurch profitiert der Käufer eines Geldmarktfutures von fallenden Zinsen, da damit der Preis des Geldmarktfutures steigt. Analog profitiert der Verkäufer eines Geldmarktfutures von steigenden Geldmarktzinsen, da in diesem Fall die Preise sinken.
3. Erfüllung: Da aufgrund des Basiswerts keine physische Lieferung möglich ist, erfolgt bei Zinstermingeschäften im Geldmarktbereich die Erfüllung immer durch einen Barausgleich.

Geldmarktfutures werden häufig eingesetzt, um ein bestehendes Zinsänderungsrisiko zu hedgen:

Geldmarktfutures aus Käufersicht: Aus Käufersicht stellen Geldmarktfutures eine Möglichkeit dar, ab dem Fälligkeitszeitpunkt eine Geldanlage zu einem vereinbarten Zinssatz mit vereinbarter Laufzeit vornehmen zu können. Der Kauf von Geldmarktfutures stellt eine Strategie dar, sich gegen einen erwarteten Zinsrückgang abzusichern. Der erwartete Gewinn in der Futureposition, der sich durch den Zinsrückgang ergibt, gleicht genau den finanziellen Nachteil aus, der später bei der Geldanlage durch die niedrigeren Zinsen entsteht. Dadurch entsteht eine Konstellation, in der die Unternehmung so gestellt wird, als würde sie die Geldanlage zum späteren Tag der Geldanlage tatsächlich zum heute vereinbarten Anlagezinssatz tätigen.

Geldmarktfutures aus Verkäufersicht: Aus Verkäufersicht hingegen stellen Geldmarktfutures eine Möglichkeit dar, ab dem Fälligkeitszeitpunkt einen Kredit zu einem vereinbarten Zinssatz mit vereinbarter Laufzeit aufnehmen zu können. Der Verkauf von Geldmarktfutures stellt eine Strategie dar, sich gegen einen erwarteten Zinsanstieg absichern. Der erwartete Gewinn in der Futureposition, der sich durch den Zinsanstieg ergibt, gleicht genau den finanziellen Nachteil aus, der sich später bei der Kreditaufnahme durch die höheren Zinsen entsteht. Dadurch entsteht eine Konstellation, in der die Unternehmung so gestellt wird, als würde sie den Kredit zum späteren Tag der Kreditaufnahme tatsächlich zum heute vereinbarten Kreditsatz erhalten.

Grundsätzlich kann bei Geldmarktfutures das Zinsänderungsrisiko exakt gehedged werden, da bei Geldmarktfutures der Basiswert einen Zinssatz darstellt. Ein exaktes Hedging setzt jedoch voraus, dass die von der Börse vorgegebenen Kontraktgrößen, die Laufzeit des Futures und die Laufzeiten des Kredits mit den Bedürfnissen des Hedgers übereinstimmen.

Forward Rate Agreement (FRA):

Geldmarktfutures weisen den Nachteil auf, dass diese nicht flexibel sind. Sie sind für das Hedging nur dann geeignet, wenn die von den Börsen vorgegebenen Kontraktgrößen, die Laufzeiten der Futures und die Laufzeiten der Kredite bzw. Geldeinlagen mit den Bedürfnissen des Hedgers übereinstimmen.

Dieser Nachteil kann durch individuell vereinbarte OTC-Geschäfte behoben werden. Sie werden als Forward Rate Agreement (FRA) bezeichnet. Ein FRA kann als „Vereinbarung über einen zukünftigen (Zins)Satz" übersetzt werden. Inhaltlich gleichen sie Geldmarktfutures, doch sind wegen der freien vertraglichen Vereinbarkeit manche Bezeichnungen unterschiedlich.

Bei einem Forward Rate Agreement wird vereinbart,

- zu einem bereits heute festgelegten Zeitpunkt, ab dem eine Zinssicherung beginnen soll, (Vorlaufperiode)
- für einen bestimmten zukünftigen Zeitraum (Zinssicherungsperiode = FRA-Periode)
- einen bestimmten Zinssatz (FRA-Zins = Forward-Zins)
- für einen bestimmten Nominalbetrag (Höhe des vereinbarten Geldbetrags)

zu bezahlen.

Ferner wird der Referenzzins festgelegt, über den der Barausgleich (Ausgleichszahlung) ermittelt wird. Im Euroraum ist es meistens der EURO-LIBOR bzw. der EURIBOR.

Dabei können die genannten Vertragsbestandteile (z. B. Anfangs- und Fälligkeitszeitpunkt, Zinssatz oder Volumen) zwischen den Vertragsparteien individuell vereinbart werden.

Forward aus Käufersicht: Der Käufer eines FRA sichert sich für die FRA-Periode einen festen Zinssatz zur Kreditaufnahme. Käufer eines FRA befürchten somit einen Anstieg der Zinsen.

Forward aus Verkäufersicht: Der Verkäufer eines FRA sichert sich einen Zinssatz zur Geldanlage, Verkäufer eines FRA befürchten somit einen Rückgang der Zinsen.

Forward Rate Agreements verwenden folgende Notation: Ein 3×9-FRA bezeichnet einen FRA, der in drei Monaten beginnt (Vorlaufperiode) und eine Gesamtlaufzeit von neun Monaten hat. Die FRA-Periode ist somit die Differenz zwischen der Gesamtlaufzeit und der Vorlaufperiode, d. h. sechs Monate.

Wichtige Formeln

Geldmarktfuture:

Für die Bestimmung der notwendigen Anzahl von Geldmarktfutures für Absicherungsmaßnahmen muss die Höhe der relevanten Kassaposition durch die Kontraktgröße des Geldmarktfutures (Kontraktwert) geteilt werden:

$$Hedge\text{-}Ratio = Anzahl\ der\ Kontrakte = \frac{Nominalwert\ Kassaposition}{Kontraktwert}$$

(2.3.18.1)

Zur Berechnung des Barausgleichs wird der Basispunktwert benötigt. Dieser berechnet sich mit folgender Formel:

$$Basispunktwert = Basispunkte \cdot \frac{Vorlaufperiode\ \ in\ \ Tagen}{FRA - Periode\ \ in\ \ Tagen} \cdot Nominalbetrag$$

(2.3.18.2)

Daraus kann dann der Gewinn/Verlust (Barwertausgleich) bei Geldmarktfutures berechnet werden:

$$Gewinn/Verlust = \pm Preisänderung\ \ in\ \ Basispunkten \cdot Basispunktwert \cdot Kontraktzahl$$

(2.3.18.3)

Forward Rate Agreement:

Die Berechnung des Gewinns/Verlusts (Barwertausgleich) bei einem FRA basiert auf der Zinsdifferenz, die auf die vereinbarte FRA-Periode und auf den vereinbarten Geldbetrag bezogen wird, d. h.

$$Gewinn/Verlust = \pm Nominalwert \cdot (Referenzzins - FRA\text{–}Zinssatz) \cdot T_{FRA}$$

(2.3.18.4)

T_{FRA} Laufzeit der FRA-Periode

Der unten berechnete Ausgleichsbetrag bezieht sich auf das Ende der Laufzeit. Da die Ausgleichszahlung bereits zu Beginn der FRA-Periode ausbezahlt wird und nicht wie bei Zinszahlungen üblich am Ende des Zinszeitraums, müssen wir diesen Betrag mit dem aktuellen Zinssatz diskontieren.

$$Ausgleichszahlung = \pm \frac{Nominalwert \cdot (Referenzzins - FRA\text{-}Zinssatz) \cdot T_{FRA}}{1 + Referenzzins \cdot T_{FRA}}$$

(2.3.18.5)

Der Preisberechnung von Forward Rate Agreements liegt folgende Überlegung zugrunde. Der Kauf eines FRA zur Absicherung eines Zinsanstiegs kann in zwei Geschäft unterteilt werden.

1. Wir nehmen zunächst einen Kredit über die Gesamtlaufzeit des FRA auf. Die Laufzeit des Kredits umfasst damit die Vorlaufperiode plus die FRA-Periode. Diese Kreditaufnahme stellt sicher, dass wir in der FRA-Periode über den gewünschten Kreditbetrag zu einem heute bereits vereinbarten Zins verfügen können.
2. Da wir allerdings den Kredit erst später für die FRA-Periode benötigen, werden wir das nicht benötigte Geld während der Vorlaufperiode am Geldmarkt anlegen.

Damit ist der Kauf eines FRA nichts anderes als eine Kreditaufnahme über die gesamte Laufzeit des FRA plus eine gleichzeitig vorgenommene Geldanlage für die Vorlaufperiode.

Daher muss sich der Zinssatz für die Gesamtlaufzeit stets aus den Zinssätzen der Vorlaufperiode und FRA-Periode ableiten lassen. Es gilt folgende Formel:

$$(1 + r_{GL})^{T_{GL}} = (1 + r_{VP})^{T_{VP}} \cdot (1 + r_{FRA})^{T_{FRA}} \quad bzw. \ (1 + r_{t+T})^{t+T} = (1 + r_t)^t \cdot (1 + r_{(t;T)})^T$$

(2.3.18.6)

$r_{GL} = r_{t+T}$	= Zinssatz für die Gesamtlaufzeit
$T_{GL} = t+T$	= Gesamtlaufzeit
$r_{VP} = r_t$	= Zinssatz für die Vorperiode
$T_{VP} = t$	= Vorperiode
$r_{FRA} = r_{(t;T)}$	= FRA-Zinssatz
$T_{FRA} = T$	= Laufzeit FRA

Lösen wir die Gleichung nach r_{FRA} auf, erhalten wir die Formel für den FRA-Zinssatz:

$$r_{FRA} = r_{(T_{VP}, T_{FRA})} = \sqrt[T_{FRA}]{\frac{(1 + r_{GL})^{T_{GL}}}{(1 + r_{VP})^{T_{VP}}}} - 1 = r_{(t;T)} = \sqrt[T]{\frac{(1 + r_{t+T})^{t+T}}{(1 + r_t)^t}} - 1$$

(2.3.18.7)

Unter Berücksichtigung der Geldkurse und Briefkurse lautet die Formel für den FRA-Zinssatz:

$$r_{FRA} = r_{(T_{VP}, T_{FRA})} = \sqrt[T_{FRA}]{\frac{\left(1 + r_{GL}^{B}\right)^{T_{GL}}}{\left(1 + r_{VP}^{G}\right)^{T_{VP}}}} - 1 = r_{(t,T)} = \sqrt[T]{\frac{\left(1 + r_{t+T}^{B}\right)^{t+T}}{\left(1 + r_{t}^{G}\right)^{t}}} - 1$$

(2.3.18.8)

Arbeitsmappe: `Case Study Risikomanagement_Teil 2` ➲ Arbeitsblatt: `Hedging m. Geldmarktfuture, FRA`

Geldmarktfuture:

Die Berechnung der Hedge-Ratio mit einem Geldmarkfuture in Excel lautet:

Excel-Beispiel: `C11=C5/C6`

Die Berechnung des Basispunktwerts in Excel lautet:

Excel-Beispiel: `C20 ='Annahmen Geldmarktfuture, FRA'!E9*C7/'Annahmen Geldmarktfuture, FRA'!C15*C5`

Die Berechnung des Gewinns/Verlusts (Barwertausgleich) bei Geldmarktfutures in Excel lautet:

Excel-Beispiel: `C30=C5*C7/'Annahmen Geldmarktfuture, FRA'!C15*C28*C11`

Forward Rate Agreement:

Die Berechnung des Gewinns/Verlusts (Barwertausgleich) bei einem FRA in Excel lautet:

Excel-Beispiel: `C55=C43*(C50-C49)*C44/'Annahmen Geldmarktfuture, FRA'!C15`

Die Berechnung des FRA-Zinssatzes in Excel lautet:

Excel-Beispiel: `C90=((1+C87)^C83/(1+C88)^C84)^(1/C85)-1`

Die Berechnung des Preises des FRA, d. h. des FRA-Zinssatzes unter Berücksichtigung des Geldkurses und Briefkurses in Excel lautet:

Excel-Beispiel: `C110=((1+C106)^C101/(1+C107)^C102)^(1/C103)-1`

Vorgehensweise

Hedging mit dem Geldmarktfuture

- Eine Unternehmung hat in sechs Monaten einen Liquiditätsbedarf von 10 Mio. EUR. Das Unternehmen benötigt dann diese Liquidität für drei Monate.
  - Die relevante Kassaposition beträgt: 10 Mio. EUR
  - Die Kontraktgröße für den 3-M-EURIBOR-Future beträgt: 1 Mio. EUR
- Das Unternehmen befürchtet einen Zinsanstieg und möchte das Zinsrisiko mit Geldmarktfutures hedgen.
- Zunächst soll das Hedge-Ratio berechnet werden. Übernehmen Sie dazu zunächst den Nominalwert der Kassaposition und die Kontraktgröße für den 3-M-EURIBOR-Future aus dem Arbeitsblatt `Annahmen Geldmarktfuture, FRA` in das Arbeitsblatt `Hedging m. Geldmarktfuture, FRA`.
- Zur Berechnung der Hedge-Ratio bzw. der Anzahl der Kontrakte wird die Höhe der relevanten Position durch die Kontraktgröße des Geldmarktfutures geteilt `C11=C5/C6`. Im Falle der gegebenen Unternehmung müssen demnach 10 Kontrakte des EURIBOR-Futures zum Fälligkeitstermin in sechs Monaten verkauft werden.
- Nehmen wir an, der 3-M-EURIBOR am Tag des Futurekaufes betrug 4,0%. Gehen wir nun davon aus, dass die Zinsen des 3-M-EURIBOR nach sechs Monaten um 200 bps auf 6,0% gestiegen sind.
- Im ersten Schritt wird der Basispunktwert berechnet `C20='Annahmen Geldmarktfuture, FRA'!E9*C7/'Annahmen Geldmarktfuture, FRA'!C15*C5`. Er beträgt 250.
- Darauf basierend kann der Gewinn aus dem Geldmarktfuture wie folgt berechnet werden `C21=C20*'Annahmen Geldmarktfuture, FRA'!C11`. Er beträgt EUR 50.000.
- Der Verlust aus der Kassaposition entspricht dem Gewinn aus dem Geldmarktfuture und wird wie folgt berechnet `C29=C5*C7/'Annahmen Geldmarktfuture, FRA'!C15*C28`. Der finanzielle Nachteil (Verlust) gegenüber dem 3-M-EURIBOR am Tag des Futurekaufes beträgt EUR 50.000.
- Damit kann die Unternehmung den finanziellen Nachteil bei der Kreditaufnahme in Folge der gestiegenen Kreditzinsen durch einen gleich hohen Gewinn in der Futureposition ausgleichen.
- Wenn sich die Unternehmung in ihrer Einschätzung geirrt hätte und die Dreimonatszinsen gegen die Erwartungen auf 3 % sinken würde, hätte dies zur Folge, dass der Verlust aus dem Geldmarktfuture `C35=C20*'Annahmen Geldmarktfuture, FRA'!C17` durch den finanziellen Vorteil aus der Kassaposition gegenüber dem 3-M-EURIBOR am Tag des Futurekaufs `C36=C5*C7/'Annahmen Geldmarktfuture, FRA'!C15*C34` ausgeglichen sein würde.

Hedging mit dem Forward Rate Agreement (FRA)

- Die Ausgangssituation für das Hedging mit dem Forward Rate Agreement (FRA) finden wir in der Aufgabenstellung. Da die Unternehmung mit steigenden Zinsen rechnet, kauft sie einen FRA zum FRA-Zins von 4,0 %. Als Referenzzins wird der 3-M-EURIBOR + 1 % festgelegt. Zwei Tage vor Beginn der FRA-Periode beträgt der 3-M-EURIBOR 5,0 %. Damit wird der Referenzzinssatz bei 6,0 % fixiert.

- Mit den gegebenen Daten kann der Gewinn oder Verlust aus dem Forward Rate Agreement (FRA) berechnet werden `C55=C43*(C50-C49)*C44/'Annahmen Geldmarktfuture, FRA'!C15`. Der Gewinn aus dem FRA beträgt EUR 25.000.
- Dem Gewinn aus dem FRA steht ein Verlust aus der Kassaposition in Höhe von EUR 25.000 gegenüber `C63=C43*C44/'Annahmen Geldmarktfuture, FRA'!C15*C62`.
- Damit kann die Unternehmung den finanziellen Nachteil bei der Kreditaufnahme in Folge der gestiegenen Kreditzinsen durch einen gleich hohen Gewinn in der FRA-Position ausgleichen.
- Die Ausgleichszahlung zu Beginn der FRA-Periode wird durch Diskontierung mit dem aktuellen Zinssatz berechnet `C76=C63*C75`. Der tatsächliche Auszahlungsbetrag zu Beginn des Forwards beträgt EUR 23.585.
- Der Preis des Forward Rate Agreement (FRA) kann mit Hilfe der Gesamtlaufzeit, der Vorperiode, der FRA-Periode sowie den Zinssätzen der Gesamtlaufzeit und der Vorperiode berechnet werden `C90=((1+C87)^C83/(1+C88)^C84)^(1/C85)-1`. Er beträgt 6,5% und liegt erwartungsgemäß über den Zinssätzen der Gesamtlaufzeit und der Vorperiode.
- Das Beispiel kann nun um den Geldkurs und Briefkurs erweitert werden. Dadurch ändert sich die Formel wie folgt: `C110=((1+C106)^C101/(1+C107)^C102)^(1/C103)-1`. Diese Vorgehensweise erhöht den Preis des Forward Rate Agreement (FRA) auf 6,8%.

Ergebnis

	A	B	C	D
1				
2		**Geldmarktfutures**		
3				
4		Eine Unternehmung hat einen Kapitalbedarf von EUR 10.000.000 (in EUR).		
5		Die relevante Kassaposition beträgt in EUR:	10.000.000	
6		Die Kontraktgröße für den 3-M-EURIBOR-Future beträgt:	1.000.000	
7		Das Unternehmen benötigt diese Liquidität für drei Monate (= 90 Tage).	90	
8				
9		**Berechnung des Hedge-Ratio**		
10				
11		Hedge-Ratio bzw. die Anzahl der Kontrakte:	10	
12				
13				
14		**Berechnung des Basispunktwerts und des Gewinn aus dem Geldmarktfuture**		
15				
16		Nehmen wir an, der 3-M-EURIBOR am Tag des Futurekaufes betrug:	4,0%	
17		Gehen wir nun davon aus, dass die Zinsen des 3-M-EURIBOR nach sechs Monaten um zwei Basispunkte gestiegen sind:	2,0%	
18		Der 3-M-EURIBOR am Tag der Kreditaufnahme beträgt:	6,0%	
19				
20		Basispunktwert:	250	
21		Gewinn aus dem Geldmarktfuture:	50.000	
22		Gewinn aus dem Geldmarktfuture unter Berücksichtigung der Anzahl der Kontrakte	500.000	
23				
24		**Berechnung des Gewinns/Verlusts aus der Kassaposition**		
25				
26		Kassaposition nach Ablauf des Futures, zu der das Unternehmen den gewünschten 3-M-EURIBOR aufnehmen möchte.		
27				
28		Zinsanstieg vom Ausgangspunkt zum Tag der Kreditaufnahme:	2,0%	
29		Finanzieller Nachteil (Verlust) gegenüber dem 3-M-EURIBOR am Tag des Futurekaufes:	50.000	
30		Verlust unter Berücksichtigung der Anzahl der Kontrakte	500.000	
31				
32		**Situation, wenn Dreimonatszinsen auf 3% sinken**		
33				
34		Zinsrückgang vom Ausgangspunkt zum Tag der Kreditaufnahme:	1,0%	
35		Verlust aus dem Geldmarktfuture:	25.000	
36		Finnzieller Vorteil (Gewinn) gegenüber dem 3-M-EURIBOR am Tag des Futurekaufes.	25.000	
37				

Abbildung 76: Geldmarktfutures

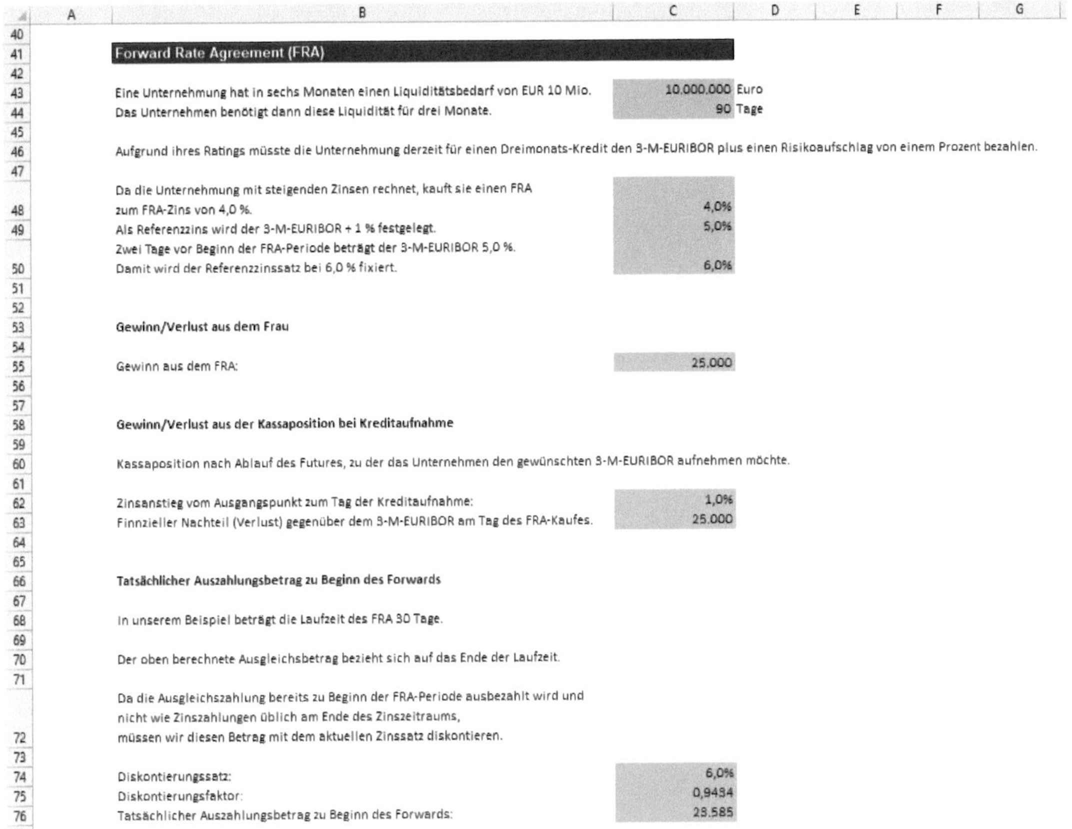

B	C	D
Forward Rate Agreement (FRA)		
Eine Unternehmung hat in sechs Monaten einen Liquiditätsbedarf von EUR 10 Mio.	10.000.000	Euro
Das Unternehmen benötigt dann diese Liquidität für drei Monate.	90	Tage
Aufgrund ihres Ratings müsste die Unternehmung derzeit für einen Dreimonats-Kredit den 3-M-EURIBOR plus einen Risikoaufschlag von einem Prozent bezahlen.		
Da die Unternehmung mit steigenden Zinsen rechnet, kauft sie einen FRA zum FRA-Zins von 4,0 %.	4,0%	
Als Referenzzins wird der 3-M-EURIBOR + 1 % festgelegt.	5,0%	
Zwei Tage vor Beginn der FRA-Periode beträgt der 3-M-EURIBOR 5,0 %. Damit wird der Referenzzinssatz bei 6,0 % fixiert.	6,0%	
Gewinn/Verlust aus dem Frau		
Gewinn aus dem FRA:	25.000	
Gewinn/Verlust aus der Kassaposition bei Kreditaufnahme		
Kassaposition nach Ablauf des Futures, zu der das Unternehmen den gewünschten 3-M-EURIBOR aufnehmen möchte.		
Zinsanstieg vom Ausgangspunkt zum Tag der Kreditaufnahme:	1,0%	
Finnzieller Nachteil (Verlust) gegenüber dem 3-M-EURIBOR am Tag des FRA-Kaufes.	25.000	
Tatsächlicher Auszahlungsbetrag zu Beginn des Forwards		
In unserem Beispiel beträgt die Laufzeit des FRA 30 Tage.		
Der oben berechnete Ausgleichsbetrag bezieht sich auf das Ende der Laufzeit.		
Da die Ausgleichszahlung bereits zu Beginn der FRA-Periode ausbezahlt wird und nicht wie Zinszahlungen üblich am Ende des Zinszeitraums, müssen wir diesen Betrag mit dem aktuellen Zinssatz diskontieren.		
Diskontierungssatz:	6,0%	
Diskontierungsfaktor:	0,9434	
Tatsächlicher Auszahlungsbetrag zu Beginn des Forwards:	23.585	

Abbildung 77: Forward Rate Agreement – Teil 1

	A	B	C	D	E	F	G
78							
79		**Berechnung des Preises des FRA, d.h. des FRA-Zinssatzes**					
80							
81		Folgende Ausgangswert sind gegeben:					
82							
83		T_{GL} die Gesamtlaufzeit:	0,75				
84		T_{VP} die Vorperiode:	0,50				
85		T_{FRA} die Laufzeit der FRA-Periode:	0,25				
86							
87		r_{GL}	5,5%				
88		r_{VL}	5,0%				
89							
90		Preis FRA	6,5%				
91							
92							
93		**Berechnung des Preises des FRA, d.h. des FRA-Zinssatzes unter Berücksichtigung des Geldkurses und Briefkurses**					
94							
95		Bei unserem Beispiel ießen wir unberücksichtigt, dass sich die Zinssätze für eine Geldanlage von den Zinssätzen für eine Kreditaufnahme unterscheiden.					
96		Hierzu werden auch die Begriffe Geldkurs und Briefkurs verwendet.					
97		Das gleiche gilt auch für einen FRA, bei dem der FRA-Zins im Kauf höher sein wird als der Verkaufszins.					
98							
99		Folgende Ausgangswert sind gegeben:					
100							
101		T_{GL} die Gesamtlaufzeit:	0,75				
102		T_{VP} die Vorperiode:	0,50				
103		T_{FRA} die Laufzeit der FRA-Periode:	0,25				
104							
105		$r_{GL}{}^{G}$ die Gesamtlaufzeit:	5,45%				
106		$r_{GL}{}^{B}$ die Gesamtlaufzeit:	5,55%				
107		$r_{VP}{}^{G}$ die Vorperiode:	4,95%				
108		r_{VP} die Vorperiode:	5,05%				
109							
110		Preis FRA	6,8%				
111							

Abbildung 78: Forward Rate Agreement – Teil 2

Literatur und Verweise auf das Excel-Tool

Bösch, M. (2020): Derivate: Verstehen, anwenden und bewerten, 4. Auflage, München, S. 215-224.

Hull, J. C. (2014): Risikomanagement: Banken, Versicherungen und andere Finanzinsitutionen, 3. Auflage, Pearson, S. 283-295.

See Excel file `Case Study Risikomanagement Teil 2`, Excel-Arbeitsblatt `Hedging m. Geldmarktfuture, FRA`

Assignment 19: Hedging von Zinsänderungsrisiken mit Hilfe von Zinsswaps

Aufgabe

Berechnung des Swapsatzes

- Eine Unternehmung möchte einen Betrag in Höhe von EUR 1.000.000 mit einem Zinsswap gegen ein Zinsänderungsrisiko absichern.
- Die Kassazinssätze betragen:
  t(0) = 1,6%; t(1) = 2,0%; t(3) = 2,5%; t(4) = 2,8% und t(5) = 3,1%
- Berechnen Sie den fairen Swapsatz.

Modellierung des Zinsswaps über den Verkauf einer Festzinsanleihe kombiniert mit dem Kauf eines Floaters

- Die variablen Zinssätze betragen:
  t(0) = 2,1%; t(1) = 3,0%; t(3) = 2,0%; t(4) = 2,2% und t(5) = 2,5%
- Modellieren Sie den Zinsswap aus der Payer-Sicht über den Verkauf einer Festzinsanleihe kombiniert mit dem Kauf eines Floaters.
- Wie hoch ist der Wert des Zinsswaps?

Modellierung des Zinsswaps als Summe von Forwardgeschäften

- Berechnen Sie die FRA-Zinssätze *r(t;1)* für die Jahre t(1) bis t(5).
- Modellieren Sie den Zinsswap als Summe von Forwardgeschäften.
- Wie hoch ist der Wert des Zinsswaps?

Inhalt

Ein Swap (Tausch) ist ein unbedingtes, typischerweise außerbörslich gehandeltes Termingeschäftt. Ein Swap ist eine Vereinbarung zwischen

- zwei Parteien
- zum Austausch von Zahlungsströmen
- in der Zukunft.

Bei Vertragsabschluss müssen die

- Laufzeit des Swaps,
- die Methode zur Berechnung der Zahlungsströme und
- die Zeitpunkte, wann diese Zahlungsströme zwischen den Vertragsparteien ausgetauscht werden sollen,

festgelegt werden.

Vorteile von Swaps sind z. B.

- die Beschaffung günstiger Finanzmittel,
- die Verbilligung von Exportkrediten,
- die Finanzierung von Auslandsniederlassungen sowie
- die Erleichterung der Kapitalbeschaffung.

Im Rahmen des Risikomanagements möchten die Swap-Halter mithilfe des Swaps eine unerwünschte Risikoposition mit einer gewünschten tauschen.

Ein Swap ist, rein formal betrachtet, ein bilateraler Finanzvertrag, der einen Zahlungsstrom zwischen zwei Parteien darstellt. Es wird somit ein Austausch von Zahlungsströmen vereinbart, dem ein Nominalbetrag sowie bei Abschluss festgelegte Konditionen vorausgehen.

Zinsswaps gehören aufgrund ihrer Ausgestaltung zu den unbedingten Termingeschäften. Sie gelten als etablierte Instrumente des Terminmarktes und werden im Rahmen des betrieblichen Zinsrisikomanagements eingesetzt. Obwohl es sich bei Zinsswaps um außerbörsliche Instrumente handelt, sind die gehandelten Volumina so hoch, dass der Markt als recht liquide gilt. Häufig sind Banken als Marktpartner zu finden. Sie agieren entweder als Arranger oder Intermediary.

Man spricht von einem Zinsswap, wenn zwei Parteien für eine festgelegte Laufzeit den Austausch von Zinszahlungsverpflichtungen in einer Währung vereinbaren. Die Zinszahlungsverpflichtungen basieren dabei auf einem gleich hohen Kapitalbetrag. Da die eingesetzten Kapitalbeträge gleich hoch sind, werden sie nicht mitgetauscht. Lediglich die Art der Zinsberechnung unterscheidet sich. So wird beispielsweise ein Festzinssatz in Euro gegen einen variablen Euro-Zinssatz getauscht.

- Der Festzinsempfänger bezeichnet den Swap entsprechend als Festzinsempfängerswap oder Receiver-Swap.
- Der Festzinszahler spricht vom einem Festzinszahlerswap- oder Payer-Swap.

Die Bewertung eines Zinsswaps erfolgt dadurch, dass man den Zinsswap mit Hilfe anderer Finanzinstrumente nachbildet (repliziert).

- Bewertung mit Anleihen: Vereinfacht dargestellt, könnte man sagen, dass ein Zinsswap analog zum Tausch einer Anleihe mit festem Zins gegen eine Anleihe mit variablem Zins (Floater) zu sehen ist. Bei einem Zinsswap werden lediglich die Zinsströme „genettet". Der Payer geht entweder davon aus, dass die Zinssätze schneller steigen, als der Markt erwartet, oder dass sie langsamer als erwartet fallen. Aus dieser Überlegung heraus bezahlt er den Festzins. Sein Antagonist ist der Receiver. Sollte die Markterwartung des Payers eintreten, macht er einen Gewinn; umgekehrt realisiert er einen Verlust und der Receiver einen Gewinn. Somit ist der Swap (wie andere Derivate auch) ein klassisches Nullsummenspiel.
- Bewertung durch Forwards: Vereinfacht dargestellt könnte man aber auch sagen, dass bei einem Swap zukünftige Zahlungen an vorab festgelegten Terminen zu ebenfalls vereinbarten Zahlungsmodalitäten getauscht werden. Diese Vorgehensweise entspricht einem Forward. Ein Swap kann daher auch als Summe von Forwardgeschäften interpretiert werden.

Wichtige Formeln

Die Formel zur Ermittlung des fairen Swapsatzes lautet

$$s_T = \frac{1 - \frac{1}{(1 + r(0;T))^T}}{\frac{1}{(1 + r(0;1))^1} + \frac{1}{(1 + r(0;2))^2} + \ldots + \frac{1}{(1 + r(0;T))^T}}$$

(2.3.19.1)

s_T = fairer Swapsatz
$r(0;T)$ = FRA-Zinssatz zum Zeitpunkt t für die Laufzeit T

Die Formel zur Ermittlung des FRA-Zinssatzes haben wir bereits kennen gelernt. Sie lautet

$$r_{FRA} = r(T_{VP}, T_{FRA}) = \sqrt[T_{FRA}]{\frac{(1 + r_{GL})^{T_{GL}}}{(1 + r_{VP})^{T_{VP}}}} - 1$$

(2.3.19.2)

Arbeitsmappe: `Case Study Risikomanagement_Teil 2` ➲ Arbeitsblatt: `Hedging mit Zinsswaps`

Die Berechnung des fairen Swapsatzes in Excel lautet:

Excel-Beispiel: `C9=(1-1/(1+H8)^H7)/(1/(1+D8)^D7+1/(1+E8)^E7+1/(1+F8)^F7+1/(1+G8)^G7+1/(1+H8)^H7)`

Die Berechnung des FRA-Zinssatzes in Excel lautet:

Excel-Beispiel: `E49=((1+E48)^E47/(1+D48)^D47)^(1/(E47-D47))-1`

Vorgehensweise

<u>Payer-Zinsswap</u>: Verkauf Festzinsanleihe plus Kauf Floater

- Wir wissen, dass sich aus Payer-Sicht der Wert eines Zinsswaps durch den Verkauf einer Festzinsanleihe und dem gleichzeitigen Kauf eines Floaters replizieren lässt. Der Payer verkauft an den Receiver eine Festzinsanleihe. Er erhält einen festen Zinssatz und bezahlt an den Receiver dafür einen variablen Zinssatz.
- Der Kupon der Festzinsanleihe entspricht dabei dem vereinbarten Swapsatz s_T. Ferner ist uns bekannt, dass der faire Wert eines Zinsswaps bei Vertragsabschluss null ist.
- Der Swapbetrag beläuft sich 1.000.000 Euro (Zelle `C4`).

- Als nächstes übernehmen wir die Kassazinssätze für die Jahre t(1) bis t(5) aus den `Annahmen Zinsswaps`, die im Anschluss zur Berechnung der Diskontierungsfaktoren herangezogen werden.
- In Zelle `C9` berechnen wir den Swapsatz, zu dem bei Vertragsabschluss der Swap „fair" bewertet ist:
  `C9=(1-1/(1+H8)^H7)/(1/(1+D8)^D7+1/(1+E8)^E7+1/(1+F8)^F7+1/(1+G8)^G7+1/(1+H8)^H7).`
  In unserem Beispiel beträgt der Swapsatz 3,0590%. Das bedeutet, dass der Swap keiner Seite einen Vorteil bringt und einen Wert von null annimmt.
- Durch den Verkauf der Festzinsanleihe hat das Unternehmen in t(0) einen Geldzufluss von 1.000.000 Euro (Zelle `C10`), der im Jahr t(5) (Zelle `H10`) wieder zurückbezahlt werden muss.
- Die vom Unternehmen zu bezahlenden Zinsen basieren auf dem Swapsatz und Swapbetrag `D11=-$C$9*$C$10`.
- Mit dem Diskontierungsfaktoren `D13=1/(1+D8)^D7` werden die Zahlungen der Festzinsseite diskontiert `D14=D12*D13`.
- Die Summe der Barwerte der Auszahlungen (Zelle `C14`) entspricht genau dem Wert der Einzahlung (Zelle `C10`).
- Betrachten wir nun die Receiver-Sichtweise. Der Receiver kauft eine Anleihe mit variablem Zins (Floater) und tauscht eine variable Verzinsung gegen Gewährung einer festen Verzinsung.
- Am besten stellen wir uns vor, dass jedes Jahr ein Floater in Höhe von 1.000.000 Euro gekauft wird (Zellen `C19:G19`) und im Jahr danach inklusive Zinsen zurückgezahlt wird (Zellen `D22:H22`).
- Die Zellen `D18:H18` zeigen die Zinssätze für die variablen Zinszahlungen des Floaters. Bei Vertragsabschluss ist lediglich der erste Zinssatz von 1,6 % bekannt.
- Aus dem Kauf des Floaters im Jahre 0 resultiert deshalb eine Zahlung von 1.016.000 Euro (Zelle `D22`). Da der variable Zinssatz mit dem Diskontierungszins übereinstimmt, beträgt der Barwert 1.000.000 Euro (Zelle `D23`).
- Am Ende des Jahres t(1) wird der variable Zins für das Jahr t(2) fixiert. Er beträgt 3,00% (Zelle `E18`). Daraus resultiert eine Einzahlung von 1.030.000 Euro in Form von Zinsen und Tilgung. Da der Diskontierungszins ebenfalls 3,00 % beträgt, ergibt sich wieder ein Barwert von 1.000.000. Wir sehen, dass es keine Rolle spielt, wie hoch der variable Zinssatz ist. Der Barwert des Floaters beträgt an den Zinsterminen stets 1.000.000 Euro. In gleicher Weise verfahren wir in den Jahren t(3) bis t(5).
- Wenn wir die Summe der Barwerte der Festzinsanleihe (-1.000.000 Euro) und den Wert des Floaters (1.000.000 Euro) addieren, erhalten wir einen Wert von null. Bei Vertragsabschluss entsprechen sich die Werte und der Zinsswap hat einen Wert von null.
- Als Kontrollrechnung können wir das gleiche Ergebnis alternativ ermitteln, indem wir die Barwerte der Zahlungen der Festzinsseite und des Floaters addieren (Zellen `C27:H27`). Bei Vertragsabschluss, d. h. in t(0), heben sich die beiden Zahlungen auf. Für die Jahre t(1) bis t(4) sind nur die Werte der Festzinsseite relevant, da der Barwert des Floaters stets mit der Auszahlung für den Floater für das neue Jahr übereinstimmt. Im fünften Jahr wird kein Floater mehr gekauft. Daher steht der Barwert der Festzinsseite von -884.693 Euro dem Barwert des Floaters in Höhe von 1.000.000 Euro gegenüber. Die Differenz der Barwerte beträgt 115.307 Euro. Addiert man die ermittelten Werte über die fünf Jahre, ergibt die Summe der Barwerte wiederum einen Wert von null.

Payer-Zinsswap: Verkauf Festzinsanleihe plus Kauf Forward Rate Agreement

- Der bislang dargestellte Bewertungsansatz interpretiert einen Zinsswap als Differenz zwischen dem Wert eines Floaters und einer Festzinsanleihe. Wir können einen Swap aber auch wie folgt auffassen: Bei einem Swap werden die zukünftigen Zahlungen an festgelegten Terminen getauscht. Dabei werden die Berechnungs- und Zahlungsmodalitäten bereits vorab festgelegt. Damit kommt der Swap einem Forwardgeschäft gleich. Einen Swap können wir somit als Summe von Forwardgeschäften interpretieren. Bei diesem Ansatz erfolgt die Swapbewertung in folgenden Schritten:
- Die variablen Zahlungen werden in den Zellen (`D49:H49`) durch die entsprechenden FRA-Zinssätze ersetzt. Der FRA-Zinssatz in t(1) in Zelle `D49` entspricht dem Kassazinssatz in Zelle `D48`, da dieser Zinssatz durch das Forwardgeschäft nicht berührt wird. Die FRA-Sätze in t(2) bis t(5) werden mit der Formel zur Bewertung von FRA berechnet: `E49=((1+E48)^E47/(1+D48)^D47)^(1/(E47-D47))-1.`
- Die Diskontierungsfaktoren in den Zellen (`D54:H54`) werden mit den FRA-Sätzen berechnet.
- Der Kapitalwert kann nun berechnet werden und beträgt 1.000.000 Euro.
- Der Kapitalwert der Festzinsanleihe wurde bereits berechnet und beträgt -1.000.000 Euro.
- Die Summe der beiden Kapitalwerte stellt den Wert des Swaps dar. Beide Verfahren führen zum selben Ergebnis. Der Zinsswap hat einen Wert von null.

Payer-Zinsswap: Verkauf Festzinsanleihe plus Kauf Floater bei Veränderung der Zinsstrukturkurve

- Wie wir gesehen haben, hat der Swap bei einem fairen Swapsatz einen Wert von null.
- Wie ändert sich die Situation, wenn sich nach Vertragsabschluss die Kassazinssätze ändern? Wer von den beiden Parteien profitiert, wer verliert?
- Da der Swapsatz fix vereinbart wurde, hat der Swap-Receiver diesen an den Payer zu bezahlen. Im Austausch dazu bekommt er eine variable Verzinsung, die sich durch den Zinsanstieg erhöht hat.
- Für den Payer ändert sich durch den Zinsanstieg nichts, da an den Zinsterminen der Wert des Floaters stets mit dem Nominalwert übereinstimmt.
- Änderungen der Kassazinssätze wirken sich jedoch auf den Receiver und den Wert der Festzinsanleihe aus, da der Swapsatz fest vereinbart wurde und sich durch die Veränderung der Kassazinssätze eine Diskrepanz zur Ausgangssituation ergibt.
- Steigen die Kassazinssätze, sinkt der Kapitalwert der Festzinsanleihe und umgekehrt.
- Aus Receiver-Sicht ergibt sich ein Verlust, da er vom Payer den niedrigeren Swapsatz erhält, während der Marktzins gestiegen ist.
- Aus Payer-Sicht erhöht sich dagegen der Wert des Swaps, wenn die Zinssätze steigen, da er vom Receiver den Kredit zu günstigeren Konditionen als am Markt erhältlich bekommt.
- In unserem Beispiel ersetzen wir lediglich beim Verkauf der Festzinsanleihe durch den Receiver in den Zellen `E72:H72` die bisherigen Kassazinssätze durch um 0,5% gestiegene Kassazinssätze.
- Die Zinszahlung an den Receiver (Zellen `E75:H75`) basieren jedoch auf dem vereinbarten Swapsatz (Zelle `D73`), der auf Basis der alten Kassazinssätze berechnet wurde.
- Diese Zinszahlungen werden mit den Diskontierungsfaktoren (Zellen `E77:H77`) basierend auf den neuen Kassazinssätzen diskontiert.

- Es ergeben sich im Vergleich zur Ausgangssituation niedrigere Barwerte (Zellen `E78:H78`) und auch ein niedrigerer Kapitalwert (Zelle `D78`). Der Kapitalwert der Festzinsseite beträgt -992.146 Euro.
- Da der Kapitalwert des Floaters mit 1.000.000 Euro gleichgeblieben ist, ergibt sich aus Receiver-Sicht ein Verlust in Höhe von 7.854 Euro (Zelle `D89`). Aus Payer-Sicht ist die Entwicklung positiv. Er macht einen Gewinn von 7.854 Euro.

Ergebnis

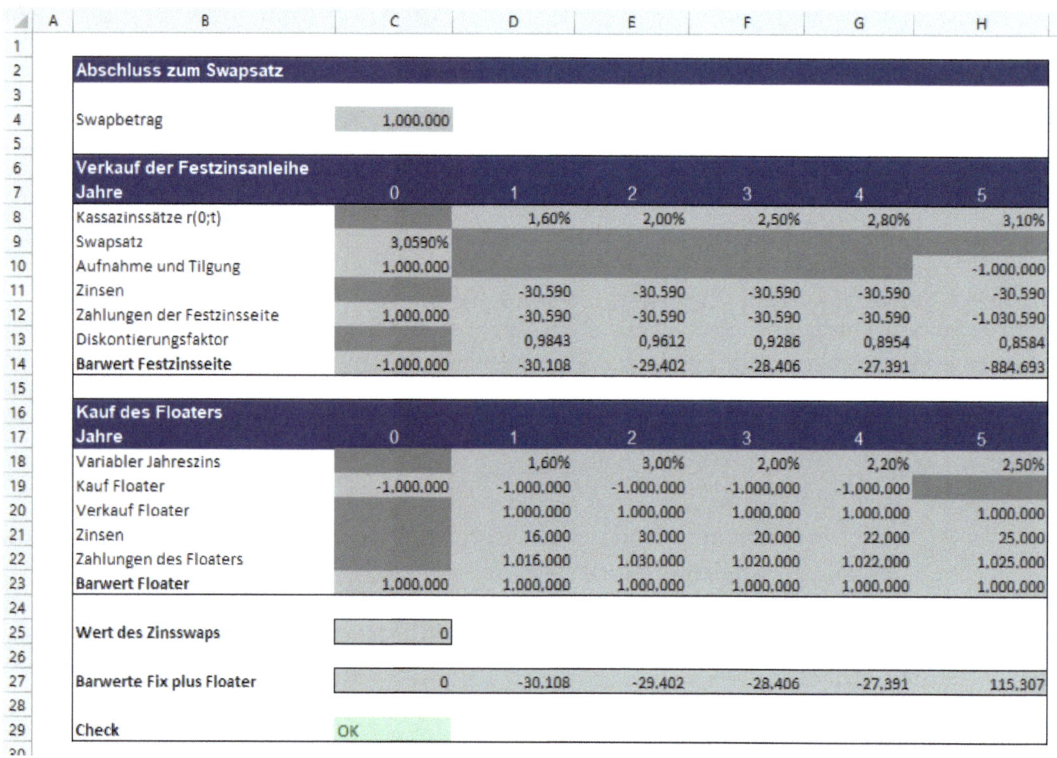

	B	C	D	E	F	G	H
2	**Abschluss zum Swapsatz**						
4	Swapbetrag	1.000.000					
6	**Verkauf der Festzinsanleihe**						
7	**Jahre**	0	1	2	3	4	5
8	Kassazinssätze r(0;t)		1,60%	2,00%	2,50%	2,80%	3,10%
9	Swapsatz	3,0590%					
10	Aufnahme und Tilgung	1.000.000					-1.000.000
11	Zinsen		-30.590	-30.590	-30.590	-30.590	-30.590
12	Zahlungen der Festzinsseite	1.000.000	-30.590	-30.590	-30.590	-30.590	-1.030.590
13	Diskontierungsfaktor		0,9843	0,9612	0,9286	0,8954	0,8584
14	**Barwert Festzinsseite**	-1.000.000	-30.108	-29.402	-28.406	-27.391	-884.693
16	**Kauf des Floaters**						
17	**Jahre**	0	1	2	3	4	5
18	Variabler Jahreszins		1,60%	3,00%	2,00%	2,20%	2,50%
19	Kauf Floater	-1.000.000	-1.000.000	-1.000.000	-1.000.000	-1.000.000	
20	Verkauf Floater		1.000.000	1.000.000	1.000.000	1.000.000	1.000.000
21	Zinsen		16.000	30.000	20.000	22.000	25.000
22	Zahlungen des Floaters		1.016.000	1.030.000	1.020.000	1.022.000	1.025.000
23	**Barwert Floater**	1.000.000	1.000.000	1.000.000	1.000.000	1.000.000	1.000.000
25	**Wert des Zinsswaps**	0					
27	**Barwerte Fix plus Floater**	0	-30.108	-29.402	-28.406	-27.391	115.307
29	**Check**	OK					

Abbildung 79: Payer-Zinsswap: Verkauf Festzinsanleihe plus Kauf Floater

	B	C	D	E	F	G	H
31							
32	**Abschluss zum Swapsatz**						
33							
34	Swapbetrag	1.000.000					
35							
36	**Verkauf der Festzinsanleihe**						
37	**Jahre**	0	1	2	3	4	5
38	Kassazinssätze r(0;T)		1,60%	2,00%	2,50%	2,80%	3,10%
39	Swapsatz	3,0590%					
40	Aufnahme und Tilgung	1.000.000					-1.000.000
41	Zinsen		-30.590	-30.590	-30.590	-30.590	-30.590
42	Zahlungen der Festzinsseite	1.000.000	-30.590	-30.590	-30.590	-30.590	-1.030.590
43	Diskontierungsfaktor		0,9843	0,9612	0,9286	0,8954	0,8584
44	**Barwert Festzinsseite**	-1.000.000	-30.108	-29.402	-28.406	-27.391	-884.693
45							
46	**Modellierung über Forward Rate Agreement**						
47	**Jahre**	0	1	2	3	4	5
48	Kassazinssätze r(0;T)		1,60%	2,00%	2,50%	2,80%	3,10%
49	FRA-Zinssätze r(t;1)		1,60%	2,40%	3,51%	3,71%	4,31%
50	Kauf FRA(t;1)	-1.000.000	-1.000.000	-1.000.000	-1.000.000	-1.000.000	
51	Verkauf FRA(t;1)		1.000.000	1.000.000	1.000.000	1.000.000	1.000.000
52	Zinsen		16.000	24.016	35.074	37.053	43.088
53	Zahlungen aus dem FRA(t;1)		1.016.000	1.024.016	1.035.074	1.037.053	1.043.088
54	Diskontierungsfaktor		0,9843	0,9765	0,9661	0,9643	0,9587
55	**Barwert Forward Rate Agreement**	1.000.000	1.000.000	1.000.000	1.000.000	1.000.000	1.000.000
56							
57	**Wert des Zinsswaps**	0					
58							
59	**Barwerte FRA plus Floater**	0	-30.108	-29.402	-28.406	-27.391	115.307
60							
61	**Check**	OK					

Abbildung 80: Payer-Zinsswap: Verkauf Festzinsanleihe plus Kauf Forward Rate Agreement

1 Jahr nach Abschluss verschiebt sich die Zinsstrukturkurve um 50 Basispunkte						
Swapbetrag	1.000.000					
Verkauf der Festzinsanleihe						
Jahre		0	1	2	3	4
Kassazinssätze r(0;t)			2,10%	2,50%	3,00%	3,30%
Swapsatz		3,0590%				
Aufnahme und Tilgung		1.000.000				-1.000.000
Zinsen			-30.590	-30.590	-30.590	-30.590
Zahlungen der Festzinsseite		1.000.000	-30.590	-30.590	-30.590	-1.030.590
Diskontierungsfaktor			0,9794	0,9518	0,9151	0,8782
Barwert Festzinsseite		-992.146	-29.961	-29.116	-27.994	-905.075
Kauf des Floaters						
Jahre		0	1	2	3	4
Variabler Jahreszins			2,10%	2,50%	3,00%	3,30%
Kauf Floater		-1.000.000	-1.000.000	-1.000.000	-1.000.000	
Verkauf Floater			1.000.000	1.000.000	1.000.000	1.000.000
Zinsen			21.000	25.000	30.000	33.000
Zahlungen des Floaters			1.021.000	1.025.000	1.030.000	1.033.000
Barwert Floater		1.000.000	1.000.000	1.000.000	1.000.000	1.000.000
Wert des Zinsswaps		7.854				
Barwerte Fix plus Floater		7.854	-29.961	-29.116	-27.994	94.925
Check		OK				

Abbildung 81: Payer-Zinsswap: Verkauf Festzinsanleihe plus Kauf Floater bei Veränderung der Zinsstrukturkurve

Literatur und Verweise auf das Excel-Tool

Bösch, M. (2020): Derivate: Verstehen, anwenden und bewerten, 4. Auflage, München, S. 251-268.

Hull, J. C. (2014): Risikomanagement: Banken, Versicherungen und andere Finanzinsitutionen, 3. Auflage, Pearson, S. 283-295.

See Excel file `Case Study Risikomanagement Teil 2`, Excel-Arbeitsblatt `Hedging mit Zinsswaps`

Assignment 20: Hedging von Zinsänderungsrisiken mit Hilfe von Optionen (Caplet)

Aufgabe

Wir gehen von der gleichen Ausgangssituation und den gleichen Ausgangsdaten wie in Assignment 19 aus. Das Unternehmen möchte nun jedoch die Absicherung mit Optionen (Caplet) gestalten.

<u>Ausgangssituation</u>

- Eine Unternehmung hat einen Kredit in Höhe von EUR 1.000.000 mit einer Laufzeit von fünf Jahren aufgenommen. Der Kredit wird variabel verzinst auf Basis des 12-Monats-EURIBOR. Um sich gegen zwischenzeitlich eintretende Zinssteigerungen abzusichern, möchte das Unternehmen mit einer Bank eine Cap-Vereinbarung mit einem Ausübungspreis (Zinsobergrenze) von 2,6% (= Basiszins) abschließen. Das bedeutet, dass die Unternehmung sich gegen alle Zinsänderungsrisiken größer als 2,6% absichern möchte.
- Die Kassazinssätze des 12-Monats-EURIBOR (= Referenzzins) betragen: t(0) = 1,6%; t(1) = 2,0%; t(3) = 2,5%; t(4) = 2,8% und t(5) = 3,1%

<u>Berechnung der Zerobond-Abzinsungsfaktoren, der Zerobond-Zinssätze und der FRA-Sätze</u>

- Berechnen Sie die Zerobond-Abzinsungsfaktoren.
- Berechnen Sie die Zerobond-Zinssätze.
- Berechnen Sie die FRA-Sätze.

<u>Ausgleichszahlungen des Cap</u>

- Berechnen Sie die Ausgleichszahlungen des Cap basierend auf den Referenzzinssätzen und dem Basiszinssatz.

<u>Innerer Wert des Cap</u>

- Berechnen Sie den inneren Wert des Cap.

<u>Cap-Preis</u>

- Berechnen Sie den Preis des Cap.

Inhalt

<u>Zinsoptionen</u> stellen Vereinbarungen dar, mit denen das Zinsänderungsrisiko durch Festschreiben einer Zinsobergrenze (Cap) oder Zinsuntergrenze (Floor) abgesichert wird. Sie werden daher auch als Zinsbegrenzungsverträge bezeichnet. Anlass für die Anwendung solcher Absicherungsstrategien sind variabel verzinsliche Kredite oder Kapitalanlagen, deren Zinssätze über die Laufzeit schwanken können. Damit ist ein Zinsänderungsrisiko gegeben. Es werden Caps, Floors und Collars unterschieden.

<u>Cap:</u> Der Käufer einer Zinsoption sichert sich beim Cap durch die Zahlung der Optionsprämie an den Verkäufer gegen steigende Zinsen ab. Aus Sicht eines Kreditnehmers ist bei variabler Verzinsung die Zinsbegrenzung nach oben (Cap) wirtschaftlich relevant. Der Optionsverkäufer, auch Stillhalter genannt, zahlt dem Optionskäufer bei Überschreitung des Basiszinssatzes eine Ausgleichszahlung in Höhe der Differenz zwischen Referenzzinssatz (z. B. LIBOR oder EURIBOR) und Basiszinssatz für den zugrunde gelegten Kreditbetrag.

<u>Floor:</u> Der Käufer einer Zinsoption sichert sich beim Floor durch die Zahlung der Optionsprämie an den Verkäufer gegen sinkende Zinsen ab. Ein Anleger ist an einer Zinsbegrenzung nach unten (Floor) bei einer variabel verzinslichen Anlage interessiert. Der Optionsverkäufer zahlt dem Optionskäufer bei Unterschreitung des Basiszinssatzes eine Ausgleichszahlung in

Höhe der Differenz zwischen Referenzzinssatz (z. B. LIBOR oder EURIBOR) und Basiszinssatz für den zugrunde gelegten Anlagebetrag.

Collar: Kombiniert der Käufer beide Kontraktformen (Zinsoption mit Cap und Floor), entsteht eine Zinsspannenweite, die Collar genannt wird. Ein Zinscollar wird durch den Kauf von Zinscaps und dem Verkauf von Zinsfloors generiert. Dabei gilt, dass

- sich Laufzeit, Nominal- und Basiswert von Cap und Floor entsprechen,
- der Ausübungspreis des Caps über dem des Floors liegt,
- der Kauf des Caps das Unternehmen gegenüber steigenden Zinsen schützt und
- der Verkauf des Floors das Unternehmen nicht von Zinssenkungen über den vereinbarten Grenzwert hinaus profitieren lässt, sondern erzeugt Prämieneinnahmen, die zu einer Minderung oder zum Ausgleich der zu zahlenden Prämie führen.

Wir beschäftigen uns im Rahmen dieses Assignments mit einem Zinscap. Beim Zinscap handelt es sich nicht um eine einzelne Zinsoption, sondern um eine Serie aufeinander folgender europäischer Zinsoptionen. Die Optionen für die einzelnen Zinsperioden werden als Caplets bezeichnet.

Bei der Berechnung von Caps nutzen wir Modelle mit stetigen Variablen, da insbesondere bei der Berechnung des Preises ein stetiges Modell verwendet wird. Ferner erfordern die Modelle, dass wir mit Forward Rate Agreements (FRA)-Zinssätzen arbeiten, die auf Nullkuponzinssätzen (Zerobond-Zinssätzen) und Zerobond-Abzinsungsfaktoren (Nullkuponzins-Abzinsungsfaktoren) basieren.

Nullkuponzinssätze (Zero Rates) sind Zinssätze, die den Zinseszinseffekt bei mehrperiodigen Anlagen integrieren und die Auszahlung von zwischenzeitlichen Zinsen ausschließen. Die Nullkuponzinssätze für unterschiedliche Zeitpunkte bilden die Zinsstrukturkurve. Aus den Nullkuponzinssätzen lassen sich die Nullkuponzins-Abzinsungsfaktoren ableiten und umgekehrt. Mit den Nullkuponzins-Abzinsungsfaktoren können wiederum die Forward Rate Agreements (FRA)-Zinssätze berechnet werden.

Die Ausgleichszahlung für die jeweilige Zinsperiode des Caplet entspricht der Differenz zwischen dem Referenzzins am Tag des Fixings (zu Beginn der Zinsperiode) und dem Basiszins, bezogen auf das Kontraktvolumen und die Länge der Zinsperiode.

Der innere Wert des Cap kann wie bei allen anderen Optionen auch ohne Optionspreismodell berechnet werden. Hierzu werden die aus heutiger Sicht noch unbekannten Referenzzinssätze durch die aus der aktuellen Zinsstrukturkurve ermittelten Forward Rate Agreements (FRA)-Zinssätze ersetzt.

Die Bewertung eines Cap erfolgt mit Hilfe des Black-Modells für Caps (bitte nicht mit dem Black-Scholes-Modell verwechseln). Das Black-Modell wurde 1976 von Fischer Black für Optionen auf Futures entwickelt. Zur Verwendung des Black-Modells wird der Cap zunächst in seine Caplets zerlegt. Der Wert der einzelnen Caplets wird dann analytisch durch das Black-Modell ermittelt. Der Gesamtwert des Cap ergibt sich als Summe der Werte der einzelnen Caplets.

Wichtige Formeln

Die Formel der Zerobond-Abzinsungsfaktoren in t(0) (d. h. mit der Vorlaufperiode T_{VP} =0) lautet:

$$ZBAF_{0,\,T_{FRA}} = \frac{1 - r_{0,\,T_{FRA}} \cdot \sum_{j=1}^{T_{GL}-1} ZBAF_{0,\,j}}{1 + r_{0,\,T_{FRA}}} = \frac{1 - r_{0,\,T} \cdot \sum_{j=1}^{t+T-1} ZBAF_{0,\,j}}{1 + r_T}$$

(2.3.20.1)

ZB-AF	= Zerobond-Abzinsungsfaktor bzw. Nullkupon-Abzinsungsfaktor
$T_{\mathrm{GL}} = t+T$	= Gesamtlaufzeit
$T_{\mathrm{VP}} = t$	= Vorperiode
$T_{\mathrm{FRA}} = T$	= Laufzeit FRA

Mit diesen Zerobond-Abzinsungsfaktoren können dann die Zerobond-Abzinsungsfaktoren für eine Vorlaufperiode > 0 auf Basis der Zerobond-Abzinsungsfaktoren mit Bewertungszeitpunkt T_{VP} =0 mit folgender Formel berechnet werden:

$$ZB\text{–}AF_{T_{VP},\,T_{FRA}} = \frac{ZB\text{–}AF_{(0,\,T_{GL})}}{ZB\text{–}AF_{(0,\,T_{VP})}} = \frac{ZB\text{–}AF_{(0,\,t+T)}}{ZB\text{–}AF_{(0,\,T)}}$$

(2.3.20.2)

Nun können basierend auf den Zerobond-Abzinsungsfaktoren die Zerobond-Zinssätze berechnet werden:

$$r_{ZB} = \frac{e^{ZB\text{–}AF(0,\,T_{GL})}}{-T_{GL}} = \frac{e^{ZB\text{–}AF(0,\,t+T)}}{-(t+T)}$$

(2.3.20.3)

Ferner können ebenfalls basierend auf den Zerobond-Abzinsungsfaktoren die FRA-Zinssätze berechnet werden:

$$r_{FRA} = r_{(T_{VP},\,T_{FRA})} = \frac{1 - ZB\text{–}AF_{(T_{VP},\,T_{GL})}}{\Sigma_{n=1}^{GL} ZB\text{–}AF_{(T_{VP},\,n)}} = \frac{1 - ZB\text{–}AF_{(t,\,t+T)}}{\Sigma_{n=1}^{t+T} ZB\text{–}AF_{(t,\,n)}}$$

(2.3.20.4)

Die Formel der Ausgleichszahlung für die jeweilige Zinsperiode des Caplet lautet:

$$Ausgleichszahlung = Nominalwert \cdot (Referenzzinssatz - Basiszinssatz) \cdot Absicherungszeitraum = NW \cdot (RZ - X) \cdot LZ$$

(2.3.20.5)

NW	= Nominalwert, Kontraktvolumen
RZ	= Referenzzinssatz
X	= Basiszinssatz
LZ	= Absicherungszeitraum= Laufzeit

Der innere Wert der Caplets wird über folgende Formel berechnet:

$$Innerer\ Wert\ eines\ Caplets = \\ = Nominalwert \cdot Absicherungszeitraum \cdot (Forward\ Rate - Basiszinssatz) \cdot e^{-r \cdot Gesamtlaufzeit} \\ = NW \cdot LZ \cdot (FR - X) \cdot e^{-r \cdot GL} = NW \cdot LZ \cdot (FR - X) \cdot ZB\text{–}AF$$

(2.3.20.6)

FR	= Forward Rate
X	= Basiszinssatz
r	= Zerobond-Zinssatz bzw. Nullkupon-Zinssatz
GL	= Gesamtlaufzeit
ZB-AF	= Zerobond-Abzinsungsfaktor bzw. Nullkupon-Abzinsungsfaktor

Die Formel des Black-Modells lautet:

$$Caplet = NW \cdot LZ \cdot e^{-r \cdot GL} \cdot (FR \cdot N(d_1) - X \cdot N(d_2))$$

(2.3.20.7)

Dabei sind d_1 und d_2 definiert als

$$d_1 = \frac{ln\left(\frac{FR}{X}\right) + \sigma^2 \cdot \frac{VZ}{2}}{\sigma \cdot \sqrt{VZ}}$$

(2.3.20.8)

$$d_2 = \frac{ln\left(\frac{FR}{X}\right) - \sigma^2 \cdot \frac{VZ}{2}}{\sigma \cdot \sqrt{VZ}} = 1 - \sigma \cdot \sqrt{VZ}$$

(2.3.20.9)

$N(d)$	= Verteilungsfunktion der Standardnormalverteilung
VZ	= Vorlaufzeit

Arbeitsmappe: `Case Study Risikomanagement_Teil 2` ➲ Arbeitsblatt: `Hedging mit Caps`

Die Berechnung des Zerobond-Abzinsungsfaktors in t(0) in Excel lautet:

Excel-Beispiel: `F14=(1-F32*(D14+E14))/(1+F32)`

Die Berechnung des Zerobond-Abzinsungsfaktors für eine Vorlaufperiode > 0 und einer Laufzeit von 3 Jahren auf Basis der Zerobond-Abzinsungsfaktoren in Excel lautet:

Excel-Beispiel: `F15=G14/D14`

Die Berechnung der Zerobond-Zinssätze basierend auf den Zerobond-Abzinsungsfaktoren in Excel lautet:

Excel-Beispiel: `F25=LN(F14)/-F13`

Die Berechnung der FRA-Zinssätze basierend auf den Zerobond-Abzinsungsfaktoren in Excel lautet:

Excel-Beispiel: `F33=(1-F15)/(D15+E15+F15)`

Die Berechnung der Ausgleichszahlung in Excel lautet:

Excel-Beispiel: `F43=E43*'Annahmen Hedging mit Caps'!$D$14`

Die Berechnung des inneren Werts in t(0) in Excel lautet:

Excel-Beispiel: `G55=F55*G14`

Die Berechnung der Preise der Caplets in Excel lautet:

Excel-Beispiel: `N65=WENN(C65=0;O65;WENN(D65<>-1;'Annahmen Hedging mit Caps'!D14*G14*(E65*I65-F65*J65);0))`

Vorgehensweise

Berechnung der Zerobond-Abzinsungsfaktoren

- Im ersten Schritt werden die Kassazinssätze aus den `Annahmen Hedging mit Caps` übernommen (Zellen `D7:H7`).
- Daraufhin werden die Zerobond-Abzinsungsfaktoren des Jahres t(0) berechnet (Zellen `D14:H14`). Bitte beachten Sie, dass jede der Zellen einen unterschiedlichen Formeltyp enthält.
- Mit Hilfe der berechneten Zerobond-Abzinsungsfaktoren können nun die Zerobond-Abzinsungsfaktoren für die kommenden 4 Jahre mit ihren unterschiedlichen Laufzeiten berechnet werden (Zellen `D15:H18`).

Berechnung der Zerobond-Zinssätze

- Basierend auf den Zerobond-Abzinsungsfaktoren des Jahres t(0) können nun die Zerobond-Zinssätze berechnet werden (Zellen `D25:H25`). Für die Laufzeit von drei Jahren lautet die Excel-Formel `F25=LN(F14)/-F13`.

Berechnung der FRA-Zinssätze

- Basierend auf den Zerobond-Abzinsungsfaktoren des Jahres t(0) können nun auch die FRA-Zinssätze berechnet werden (Zellen `D32:H36`). Bitte beachten Sie, dass jede der Zellen einen unterschiedlichen Formeltyp enthält.

Berechnung der Ausgleichszahlung

- Zur Berechnung der Ausgleichszahlung wird zunächst der Basiszinssatz aus den `Annahmen Hedging mit Caps` übernommen (Zellen `C43:C46`). Der Referenzzins sind die Kassazinssätze im Jahr t(0) mit den Laufzeiten 2 bis 5 Jahre (Zellen `D43:D46`). Übersteigt der Referenzzinssatz den Basiszinssatz, wird die Option ausgeübt `E45=WENN(D45>C45;D45-C45;0)`. Die Ausgleichszahlung wird durch die berechnete Zinsdifferenz und das Kontraktvolumen bestimmt `F45=E45*'Annahmen Hedging mit Caps'!$D$14`.

Berechnung des inneren Werts der Caplets

- Zur Berechnung des inneren Werts der Caplets werden die bereits berechneten FRA-Zinssätze FRA(t,1) übernommen (Zellen `C53:C56`), ebenso der Basiszinssatz (Zellen `D53:D56`). Darauf basierend wird die Zinsdifferenz zwischen den FRA-Zinssätzen und dem Basiszinssatz berechnet `E55=WENN(C55<D55;0;C55-D55)`. Der innere Wert des Caplets am Ende der Gesamtlaufzeit wird durch Multiplikation der ermittelten Zinsdifferenz mit dem Kontraktvolumen berechnet `F55=E55*'Annahmen Hedging mit Caps'!$D$14`. Der innere Wert des Caplets in t(0) ergibt sich, indem der bereits ermittelte innere Wert des Caplets am Ende der Gesamtlaufzeit mit dem Zerobond-Abzinsungsfaktor multipliziert wird `G55=F55*G14`.

Berechnung des Optionspreises

- Zunächst werden die Caplet-Nummer, die Vorlaufzeit und die Gesamtlaufzeit aus den `Annahmen Hedging mit Caps` übernommen (Zellen `B63:D66`). Des Weiteren werden die bereits berechneten FRA-Zinssätze FRA(t,1) (Zellen `E63:E66`) und der Basiszinssatz (Zellen `F63:F66`) übernommen. Wiederum wird die Zinsdifferenz zwischen den FRA-Zinssätzen und dem Basiszinssatz berechnet `G65=WENN(E65<F65;0;E65-F65)`. Ferner wird die Volatilität (Zellen `K63:K66`) übernommen. In den Zellen `I63:J66` werden *N(d1)* und *N(d2)* berechnet. *N(d1)* ist das Delta der Option und *N(d2)* ist die Wahrscheinlichkeit, dass die Option ausgeübt wird; das heißt, *N(d2)* ist die Wahrscheinlichkeit, dass *FRA* größer als *X* sein wird. Der Preis der einzelnen Caplets wird unter Verwendung der oben aufgeführten Optionspreisformel berechnet `N65=WENN(C65=0;O65;WENN(D65<>-1;'Annahmen Hedging mit Caps'!D14*G14*(E65*I65-F65*J65);0)))`. Der Gesamtpreis des Caps entspricht der Summe der Preise der Caplets `N68=SUMME(N63:N66)`. Er beträgt EUR 37.674. In den (Zellen `O63:P66`) werden die Preise der Caplets in deren inneren Wert und deren Zeitwert aufgeteilt.

Ergebnis

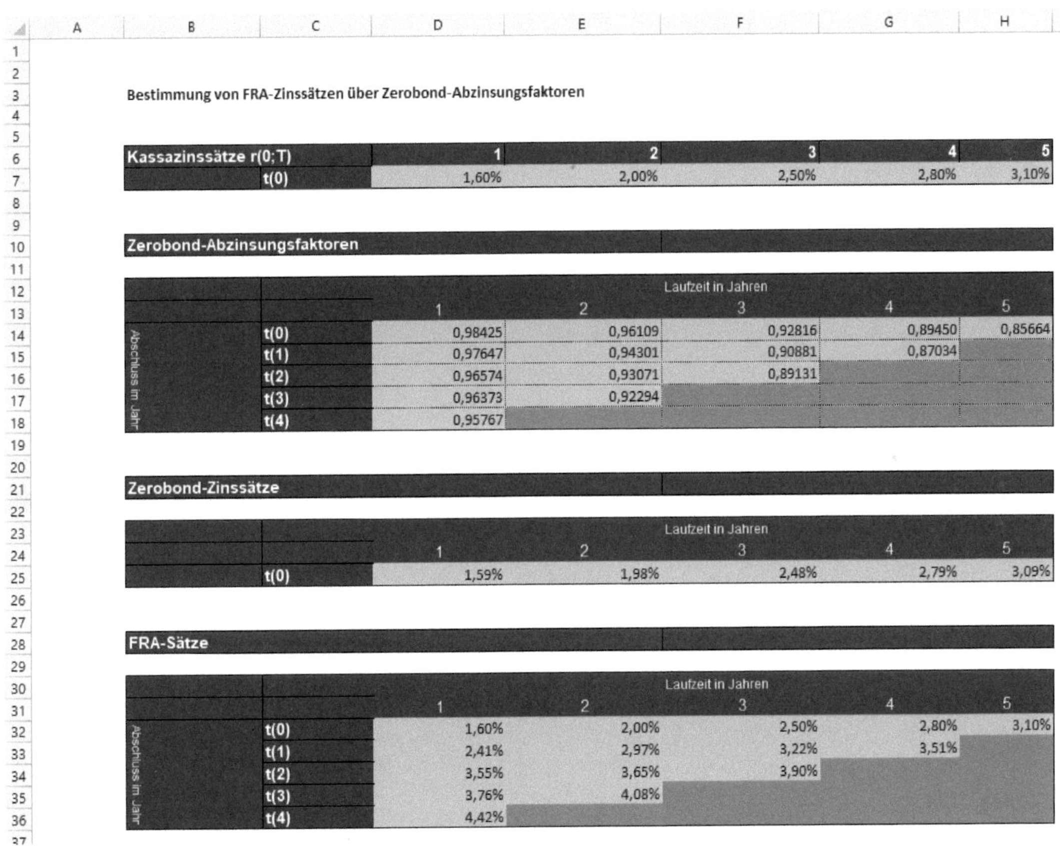

Bestimmung von FRA-Zinssätzen über Zerobond-Abzinsungsfaktoren

Kassazinssätze r(0;T)	1	2	3	4	5
t(0)	1,60%	2,00%	2,50%	2,80%	3,10%

Zerobond-Abzinsungsfaktoren

Abschluss im Jahr	Laufzeit in Jahren 1	2	3	4	5
t(0)	0,98425	0,96109	0,92816	0,89450	0,85664
t(1)	0,97647	0,94301	0,90881	0,87034	
t(2)	0,96574	0,93071	0,89131		
t(3)	0,96373	0,92294			
t(4)	0,95767				

Zerobond-Zinssätze

	Laufzeit in Jahren 1	2	3	4	5
t(0)	1,59%	1,98%	2,48%	2,79%	3,09%

FRA-Sätze

Abschluss im Jahr	Laufzeit in Jahren 1	2	3	4	5
t(0)	1,60%	2,00%	2,50%	2,80%	3,10%
t(1)	2,41%	2,97%	3,22%	3,51%	
t(2)	3,55%	3,65%	3,90%		
t(3)	3,76%	4,08%			
t(4)	4,42%				

Abbildung 82: Bestimmung von FRA-Zinssätzen über Zerobond-Abzinsungsfaktoren

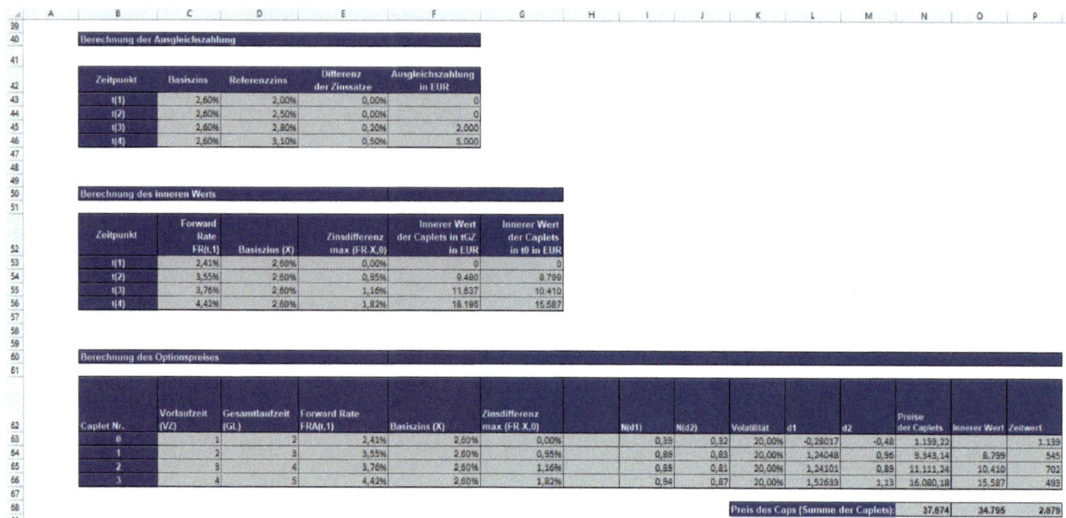

Berechnung der Ausgleichszahlung

Zeitpunkt	Basiszins	Referenzzins	Differenz der Zinssatze	Ausgleichszahlung in EUR
t(1)	2,60%	2,00%	0,00%	0
t(2)	2,60%	2,50%	0,00%	0
t(3)	2,60%	2,80%	0,20%	2.000
t(4)	2,60%	3,10%	0,50%	5.000

Berechnung des inneren Werts

Zeitpunkt	Forward Rate FR(t,1)	Basiszins (X)	Zinsdifferenz max (FR-X,0)	Innerer Wert der Caplets in tGZ in EUR	Innerer Wert der Caplets in t0 in EUR
t(1)	2,41%	2,60%	0,00%	0	0
t(2)	3,55%	2,60%	0,95%	9.480	8.799
t(3)	3,76%	2,60%	1,16%	11.837	10.410
t(4)	4,42%	2,60%	1,82%	18.196	15.587

Berechnung des Optionspreises

Caplet Nr.	Vorlaufzeit (VZ)	Gesamtlaufzeit (GL)	Forward Rate FRA(t,1)	Basiszins (X)	Zinsdifferenz max (FR-X,0)		N(d1)	N(d2)	Volatilität	d1	d2	Preise der Caplets	Innerer Wert	Zeitwert
0	1	2	2,41%	2,60%	0,00%		0,39	0,32	20,00%	-0,28017	-0,48	1.139,22		1.139
1	2	3	3,55%	2,60%	0,95%		0,89	0,83	20,00%	1,24048	0,96	9.343,14	8.799	545
2	3	4	3,76%	2,60%	1,16%		0,89	0,81	20,00%	1,24101	0,89	11.111,24	10.410	702
3	4	5	4,42%	2,60%	1,82%		0,94	0,87	20,00%	1,52633	1,13	16.080,18	15.587	493
									Preis des Caps (Summe der Caplets):			37.874	34.796	2.879

Abbildung 83: Berechnung des Ausgleichsbetrags, des inneren Wertes und des Optionspreises

Literatur und Verweise auf das Excel-Tool

Bösch, M. (2020): Derivate: Verstehen, anwenden und bewerten, 4. Auflage, München, S. 251-268.

Hull, J. C. (2014): Risikomanagement: Banken, Versicherungen und andere Finanzinsitutionen, 3. Auflage, Pearson, S. 283-295.

See Excel file `Case Study Risikomanagement Teil 2`, Excel-Arbeitsblatt `Hedging mit Caps`

Assignment 21: Simulationsbasierte Unternehmensplanung: Festlegung der Risikoparameter für die Monte-Carlo-Simulation eines Business Plans

Inhalt

Das Risikomanagement eines Unternehmens hat die Aufgabe, kontinuierlich Risiken zu identifizieren, zu quantifizieren, zu aggregieren und zu überwachen. Die im Kontroll- und Transparenzgesetz (KonTraG) geforderte Herstellung von Transparenz über die Risikosituation des Unternehmens soll gewährleisten,

- dass bestandsbedrohende Unternehmenskrisen vermieden und
- dass bei wesentlichen unternehmerischen Entscheidungen die erwarteten Chancen und Risiken gegeneinander abgewogen werden (Business Judgement Rule).

Risiken werden im Rahmen der Unternehmensplanung als mögliche Planabweichungen verstanden. Dieses Risikoverständnis umfasst sowohl

- Chancen (mögliche positive Abweichungen) als auch
- Gefahren (mögliche negative Abweichungen).

Die Grundsätze ordnungsgemäßer Planung (GoP) tragen der engen Verknüpfung von Planung und Risiko Rechnung, indem Transparenz über diejenigen Risiken herzustellen ist, die Planabweichungen auslösen können. Analog zum IDW PS 340 n.F. zur Prüfung des Risikofrüherkennungssystems, der auf dem KonTraG basiert, fordern die GoP die Bestimmung des aggregierten Gesamtrisikoumfangs, da nur auf diese Weise der Umfang möglicher Planabweichungen (Planungsunsicherheit) und die damit verbundene Bestandsgefährdung des Unternehmens beurteilt werden können.

Eine unter Beachtung dieser Anforderungen der GoP konzipierte Unternehmensplanung ist damit die adäquate Grundlage, um Risikomanagement und Planung zu verbinden. Dadurch werden die formalen Anforderungen an ein Risikomanagementsystem erfüllt und persönliche Haftungsrisiken für Geschäftsführung bzw. Vorstand oder Aufsichtsrat vermieden.

Die Berücksichtigung von Chancen und Gefahren (Risiken) ermöglicht es überhaupt, aussagefähige und entscheidungsrelevante Planwerte im Sinne von Erwartungswerten zu erhalten. Es ist eine wesentliche Anforderung der GoP, Planwerte zu ermitteln, die „im Mittel" richtig sind, also Planwerte, bei denen mögliche positive und negative Planabweichungen adäquat berücksichtigt werden. Diese Planwerte werden erwartungstreue Planwerte genannt. Nur erwartungstreue Planwerte können die Grundlage für unternehmerische Entscheidungen (z. B. Investitionsentscheidungen oder Entscheidungen über Unternehmenskäufe) sein.

Was versteht man unter einer erwartungstreuen Planung und erwartungstreuen Planwerten? Der Begriff „Erwartungstreue" (oft auch Unverzerrtheit, englisch unbiasedness genannt) bezeichnet in der mathematischen Statistik eine Eigenschaft einer Schätzfunktion (kurz: eines Schätzers). Ein Schätzer heißt erwartungstreu, wenn sein Erwartungswert gleich dem wahren Wert des zu schätzenden Parameters ist. Ist eine Schätzfunktion nicht erwartungstreu, spricht man davon, dass der Schätzer verzerrt ist. Das Ausmaß der Abweichung seines Erwartungswerts vom wahren Wert nennt man Verzerrung oder Bias. Die Verzerrung drückt den systematischen Fehler des Schätzers aus.

In der Unternehmensplanung bedeutet erwartungstreu, dass mit Hilfe geeigneter Planungs- und Prognoseverfahren bestmögliche und unverzerrte Vorhersagen getroffen werden, die im Mittel bei vielen Planungsfällen und Planungsperioden eintreten und sich als richtig herausstellen. Eine Risikoanalyse ist die notwendige Voraussetzung für die Ableitung erwartungstreuer Planwerte und die Beurteilung der Planungs(un)sicherheit als Umfang möglicher Planabweichungen.

Planwerte ohne Informationen über die Planungsunsicherheit (z. B. Standardabweichung von Planabweichungen) sind ohne Aussagefähigkeit, da theoretisch beliebig große Planabweichungen mit relevanter Wahrscheinlichkeit möglich sind.

In der Praxis zeigt sich jedoch, dass Planwerte vielfach rein als pseudodeterministische Planwerte vorgegeben werden. Mit diesen wird versucht, die Komplexität der Unsicherheit „in den Griff" zu bekommen und Werte vorzugeben, von denen man annimmt (oder besser gesagt hofft), dass diese als „wahrscheinlichste Werte" (Modus) auch eintreten werden.

Wir sehen, dass es einen erheblichen Unterschied gibt zwischen

- erwartungstreuen Planwerten, die die zu erwartende Entwicklung eines Unternehmens abbilden und
- den (oftmals auch als Planwerten bezeichneten) pseudodeterministischen Planwerten, die als grob vereinfachte Planungshilfsgrößen dienen.

Wenn in Unternehmen mit Zielwerten als Steuerungsgrößen gearbeitet wird, sollten diese auf Basis erwartungstreuer Planwerte abgeleitet und festgelegt werden. Nur so können in einer vorab durchgeführten Risikoanalyse Chancen und Gefahren (Risiken) identifiziert und quantifiziert werden, die in Zukunft zu einer Planabweichung führen können.

In den folgenden drei Assignments lernen Sie kennen, wie eine erwartungstreue und simulationsbasierte Planung erstellt wird. Dabei gehen wir in folgenden Schritten vor:

- Festlegung der Risikoparameter für die Monte-Carlo-Simulation eines Business Plans
- Übernahme der Risikoparameter für die Monte-Carlo-Simulation in den Business Plan
- Risikoaggregation mit Hilfe der Monte-Carlo-Simulation und Risikoanalyse

Aufgabe

- Öffnen Sie die Excel-Datei `Case Study Risikomanagement Teil 3`.
- Erstellen Sie ein neues Arbeitsblatt `Monte Carlo Parameter` und fügen Sie diese nach dem Arbeitsblatt `Annahmen` ein.
- Verwenden Sie die folgenden Parameter als Risiko-Input-Variablen:
- Umsatzwachstum: Das Umsatzwachstum weist eine Dreiecksverteilung mit den folgenden Eingabewerten auf:
  - Jahr t(1): Minimum = 1,0% Wahrscheinl. Wert = 3,0% Maximum = 3,5%
  - Jahr t(2): Minimum = 1,0% Wahrscheinl. Wert = 3,0% Maximum = 3,5%
  - Jahr t(3): Minimum = 1,0% Wahrscheinl. Wert = 3,0% Maximum = 3,5%
  - Jahr t(4): Minimum = 0,5% Wahrscheinl. Wert = 2,5% Maximum = 3,0%
  - Jahr t(5): Minimum = 0,5% Wahrscheinl. Wert = 2,0% Maximum = 2,5%
- Herstellungskosten: Die Herstellungskosten weisen für die Jahre t(1) bis t(5) eine Normalverteilung mit einem Erwartungswert von 0 % und einer Standardabweichung von 5 % auf.
- Vertriebskosten: Die Vertriebskosten weisen für die Jahre t(1) bis t(5) eine Normalverteilung mit einem Erwartungswert von 0 % und einer Standardabweichung von 3 % auf.
- Allgemeine Verwaltungskosten: Die allgemeinen Verwaltungskosten weisen eine Normalverteilung mit einem Erwartungswert von 0 % und einer Standardabweichung von 2 % auf.
- Sonstige betriebliche Aufwendungen: Die sonstigen betrieblichen Aufwendungen sind umsatzabhängig, können aber durch Ausfälle von Forderungen oder Verluste von Großkunden beeinflusst werden.
- Ausfall von Forderungen: Dabei wird zwischen kleinen Ausfällen, mittleren Ausfällen und großen Ausfällen unterschieden.

- Alle Schäden weisen eine Gleichverteilung auf mit folgenden Parametern:
  - Kleiner Ausfall: Hat eine Eintrittswahrscheinlichkeit von 30 % und führt zu einer Schadenshöhe von 0,5% des Umsatzes.
  - Mittlerer Ausfall: Hat eine Eintrittswahrscheinlichkeit von 5 % und führt zu einer Verlusthöhe von 1 % des Umsatzes.
  - Großer Ausfall: Hat eine Eintrittswahrscheinlichkeit von 1 % und führt zu einer Schadenshöhe von 3 % des Umsatzes.
- Verlust von Großkunden: Besitzt ebenfalls eine Gleichverteilung, hat eine Eintrittswahrscheinlichkeit von 5 % und führt zu einer Verlusthöhe von 2 % des Umsatzes.

Inhalt

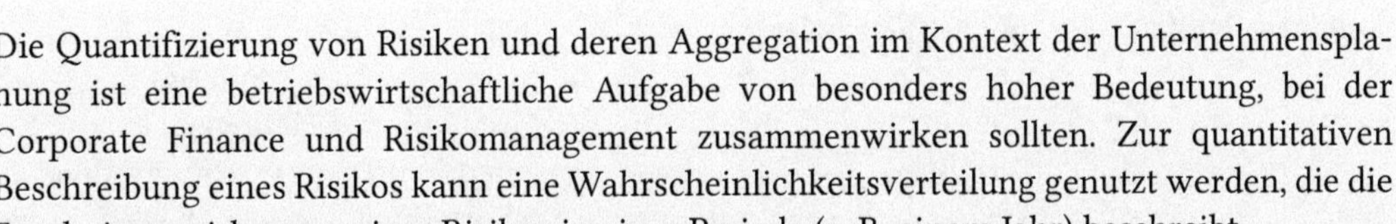

Die Quantifizierung von Risiken und deren Aggregation im Kontext der Unternehmensplanung ist eine betriebswirtschaftliche Aufgabe von besonders hoher Bedeutung, bei der Corporate Finance und Risikomanagement zusammenwirken sollten. Zur quantitativen Beschreibung eines Risikos kann eine Wahrscheinlichkeitsverteilung genutzt werden, die die Ergebnisauswirkungen eines Risikos in einer Periode (z. B. einem Jahr) beschreibt.

Die wichtigsten Verteilungsfunktionen im Rahmen des Risikomanagements sind Binomialverteilung, Normalverteilung und Dreiecksverteilung. Diese Verteilungen beschreiben die monetären Auswirkungen des Risikos in einem Jahr. Sie integrieren damit die Häufigkeit des Eintretens und die Höhe der Auswirkungen des Risikos.

Die Binomialverteilung findet in der Praxis häufig Verwendung. Sie beschreibt ein Risiko nur durch Schadenshöhe und Eintrittswahrscheinlichkeit. Diese Verteilung ist angemessen, wenn man „ereignisorientierte Risiken“ mit sicherer Wirkung betrachtet. Bei diesen kann man näherungsweise davon ausgehen, dass das entsprechende Risiko genau einmal in einem Jahr mit der Wahrscheinlichkeit p eintritt und dann einen Schaden zur Konsequenz hat. Typische Anwendungsfälle sind der Verlust eines Schlüsselkunden, der Brand in einer Fabrik oder der Ausfall einer kritischen Maschine. Ereignisorientierte Risiken sind damit entweder „Chance" oder „Gefahr“ – aber nicht beides zugleich. Kann ein Ereignis mehr als einmal innerhalb eines Jahres eintreten, benötigt man dagegen die Poisson-Verteilung oder eine allgemeine Binomialverteilung ($n > 1$).

Risiken, die Chance und Gefahr zugleich darstellen, kann man z. B. durch die Normalverteilung beschreiben. Für ihre Spezifikation benötigt man den Erwartungswert, der als Lageparameter aussagt, was „im Mittel“ passiert und die Standardabweichung, die den Umfang „üblicher“ positiver oder negativer Abweichungen spezifiziert. Die Normalverteilung findet insbesondere zur Beschreibung von Risiken Anwendung, die man als Verdichtung vieler einzelner kleiner (und unabhängiger) Einzelereignisse auffassen kann, wie z. B. für Nachfrageschwankungen, Umsatzschwankungen, Zinsänderungs- und Währungsrisiken sowie Rohstoffpreisänderungen (speziell also für „marktbezogene“ Risiken).

Für die Beschreibung von asymmetrischen Risiken, die entweder einen Chancen- oder einen Gefahrenüberhang aufweisen, kann man im einfachsten Fall die sogenannte Dreiecksverteilung verwenden. Bei dieser wird eine betrachtete risikobehaftete Größe (z. B. die Kosten eines Projektes) beschrieben durch (a) Mindestwert, (b) wahrscheinlichsten Wert und (c) Maximalwert. Beispiele: risikobedingt mögliche Bandbreite der Investitionshöhe.

Eine Alternative zur Dreiecksverteilung ist die PERT-Verteilung (PERT = Program Evaluation and Review Technique), bei der ebenfalls drei Werte angegeben werden (minimaler Wert, wahrscheinlichster Wert (Modus), maximaler Wert). Im Gegensatz zur Dreiecksverteilung betont die PERT-Verteilung weniger stark die Ränder, sondern weist eine Verdichtung um den wahrscheinlichsten Wert auf. Das bedeutet, dass wir bei Anwendung der PERT-Verteilung dem wahrscheinlichsten Wert „trauen", und wir davon ausgehen, dass der zukünftige Wert nahe dem wahrscheinlichsten Wert sein wird. Wenn man davon ausgeht, dass viele Phänomene normalverteilt sind, besteht die Attraktivität der PERT-Verteilung darin, dass sie eine ähnliche Kurve wie die Normalverteilung generiert, ohne dass die genauen statistischen Parameter der Normalverteilung (Erwartungswert und der Standardabweichung) bekannt sein müssen.

Dieser kleine Überblick über Wahrscheinlichkeitsverteilungen ist natürlich nicht abschließend. In der Literatur findet man Erläuterungen zu einer Vielzahl weiterer in der Praxis wichtiger Wahrscheinlichkeitsverteilungen, wie z. B. der Lognormalverteilung, der Exponential-Verteilung, der Poisson-Verteilung (für die Beschreibung der Häufigkeit eines Risikoeintritts), der Gleichverteilung (für Situationen, in denen keine Informationen über die Eintrittswahrscheinlichkeiten vorliegen) und der Pareto-Verteilung, die geeignet ist, Extremereignisse (wie Naturkatastrophen oder Börsencrashs) zu modellieren.

Wichtige Formeln

Für die vorbereitenden Maßnahmen bedarf es keines speziellen Formelwissens. Relevant sind die Eingaben in Excel und die gewählten Monte-Carlo-Simulations-Software.

Vorbemerkung: Wir führen hier die Monte-Carlo-Simulation beispielhaft mit dem Softwareprogramm Risk-Kit durch. Jede andere, geeignete Software kann selbstverständlich auch verwendet werden. Es ist hier wiederum anzumerken, dass die Ergebnisse der Monte-Carlo-Simulation nur angezeigt werden, wenn die entsprechende Software auch auf dem Computer installiert ist.

- Ihnen liegt ein Business Plan der PHARMA GROUP in Excel vor. Dieser besteht aus folgenden Arbeitsblättern:
  - Annahmen
  - GuV
  - Bilanz Aktiva
  - Bilanz Passiva
- Im ersten Schritt erstellen Sie die Annahmen für die Monte-Carlo-Simulation in einem neuen Arbeitsblatt und benennen es `Monte Carlo Parameter`.
- Die erste Gruppe von Risikoparametern betrifft den Umsatz und die damit verbundenen Kosten (Zellen `B7:J21`).
- Der erste relevante Risikoparameter ist das Umsatzwachstum (Zellen `B8:J11`).
- Das Umsatzwachstum weist eine Dreiecksverteilung mit den folgenden Eingabewerten auf:
  - Jahr t(1): Minimum = 1,0% Wahrscheinl. Wert = 3,0% Maximum = 3,5%
  - Jahr t(2): Minimum = 1,0% Wahrscheinl. Wert = 3,0% Maximum = 3,5%
  - Jahr t(3): Minimum = 1,0% Wahrscheinl. Wert = 3,0% Maximum = 3,5%
  - Jahr t(4): Minimum = 0,5% Wahrscheinl. Wert = 2,5% Maximum = 3,0%
  - Jahr t(5): Minimum = 0,5% Wahrscheinl. Wert = 2,0% Maximum = 2,5%

- Wählen Sie in Risk-Kit unter `Eindimensionale Verteilungen` ➲ `Triangular` ➲ `Einzelne Zufallszahl` die Dreiecksverteilung aus und geben Sie für die Dreiecksverteilung die Eingabewerte für das Umsatzwachstum folgende Werte pro Jahr ein:
  - □ `A`: minimale Wachstumsrate
  - □ `B`: wahrscheinlichste Wachstumsrate
  - □ `C`: maximale Wachstumsrate des Umsatzes ein.
- Markieren Sie das Umsatzwachstum für alle Jahre (Zellen `F8:J8`) als Input-Zellen für die Monte-Carlo-Simulation. Gehen Sie dazu in Risk-Kit auf `Eingabe`. Die Input-Zellen erhalten eine grüne Hintergrundfarbe.

- Der zweite relevante Risikoparameter sind die Herstellungskosten (Zellen `B13:J15`). Die Herstellungskosten weisen für die Jahre t(1) bis t(5) eine Normalverteilung mit einem Erwartungswert von 0 % und einer Standardabweichung von 5 % auf.
- Der dritte relevante Risikoparameter sind die Vertriebskosten (Zellen `B16:J18`). Die Vertriebskosten weisen für die Jahre t(1) bis t(5) eine Normalverteilung mit einem Erwartungswert von 0 % und einer Standardabweichung von 3 % auf.
- Der vierte relevante Risikoparameter sind die allgemeinen Verwaltungskosten (Zellen `B19:J21`). Die allgemeinen Verwaltungskosten weisen eine Normalverteilung mit einem Erwartungswert von 0 % und einer Standardabweichung von 2 % auf.
- Wählen Sie in Risk-Kit unter `Eindimensionale Verteilungen` ➲ `NormalD` ➲ `Einzelne Zufallszahl` die Normalverteilung aus und geben Sie für die Normalverteilung die folgenden Eingabewerte pro Jahr ein:
  - □ `Mu`: den Erwartungswert
  - □ `Sigma`: die Standardabweichung
- Markieren Sie die Herstellungskosten, Vertriebskosten und allgemeinen Verwaltungskosten für alle Jahre als Input-Zellen für die Monte-Carlo-Simulation. Gehen Sie dazu in Risk-Kit auf `Eingabe`. Die Input-Zellen erhalten eine grüne Hintergrundfarbe.

- Die zweite Gruppe von Risikoparametern betrifft die sonstigen betrieblichen Aufwendungen (Zellen `B23:J47`): Die sonstigen betrieblichen Aufwendungen sind umsatzabhängig, können aber auch durch Ausfälle von Forderungen oder Verluste von Großkunden beeinflusst werden.
- Der erste Risikoparameter in dieser Gruppe betrifft den Ausfall von Forderungen (Zellen `B24:J41`). Dabei wird zwischen kleinen Ausfällen, mittleren Ausfällen und großen Ausfällen unterschieden.
- Alle Schäden weisen eine Gleichverteilung auf mit folgenden Parametern:
  - □ Kleiner Ausfall: Hat eine Schadenswahrscheinlichkeit von 30 %. Wenn die bei der Monte-Carlo-Simulation gezogene Zufallszahl kleiner gleich 30 % ist, führt dies zu einer Schadenshöhe von 0,5% des Umsatzes `F29=WENN(F24<=F27;F28;0)`.
  - □ Mittlerer Ausfall: Hat eine Schadenswahrscheinlichkeit von 5 %. Wenn die bei der Monte-Carlo-Simulation gezogene Zufallszahl kleiner gleich 5 % ist, führt dies zu einer Verlusthöhe von 1 % des Umsatzes `F35=WENN(F30<=F33;F34;0)`.
  - □ Großer Ausfall: Hat eine Schadenswahrscheinlichkeit von 1 %. Wenn die bei der Monte-Carlo-Simulation gezogene Zufallszahl kleiner gleich 1 % ist, führt dies zu einer Schadenshöhe von 3 % des Umsatzes `F41=WENN(F36<=F39;F40;0)`.
- Der zweite Risikoparameter in dieser Gruppe betrifft den Verlust von Großkunden (Zellen `B42:J47`). Er besitzt ebenfalls eine Gleichverteilung. Wenn die bei der Monte-Carlo-Simu-

lation gezogene Zufallszahl kleiner gleich 5 % ist, führt dies zu einer Verlusthöhe von 2 % des Umsatzes `F47=WENN(F42<=F45;F46;0)`.

- Markieren Sie die kleinen, mittleren, großen Ausfälle und den Verlust von Großkunden für alle Jahre als Input-Zellen für die Monte-Carlo-Simulation. Gehen Sie dazu in Risk-Kit auf `Eingabe`. Die Input-Zellen erhalten eine grüne Hintergrundfarbe.

Ergebnis

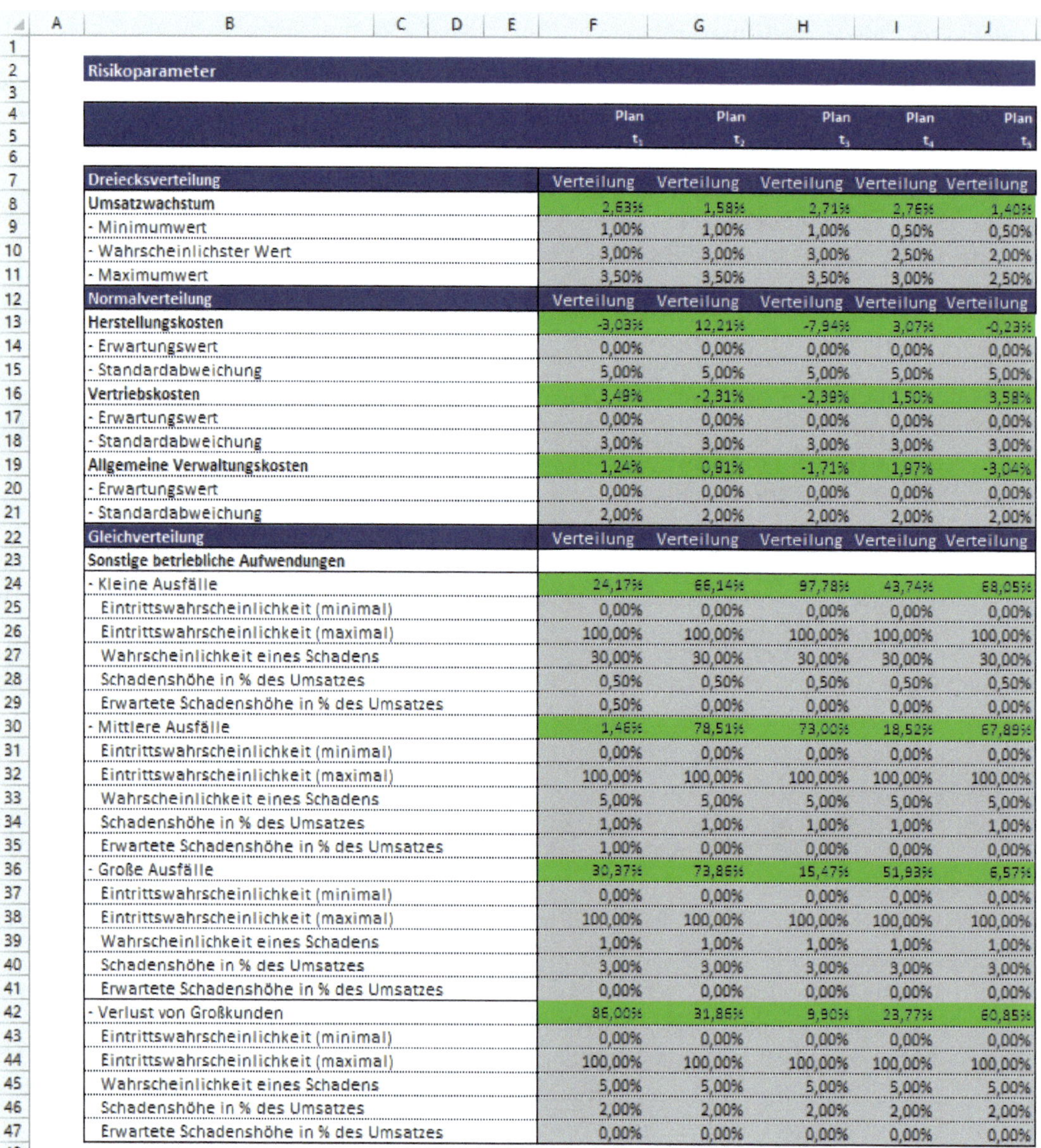

	B	F	G	H	I	J
1						
2	Risikoparameter					
3						
4		Plan	Plan	Plan	Plan	Plan
5		t_1	t_2	t_3	t_4	t_5
6						
7	**Dreiecksverteilung**	Verteilung	Verteilung	Verteilung	Verteilung	Verteilung
8	**Umsatzwachstum**	2,63%	1,58%	2,71%	2,76%	1,40%
9	- Minimumwert	1,00%	1,00%	1,00%	0,50%	0,50%
10	- Wahrscheinlichster Wert	3,00%	3,00%	3,00%	2,50%	2,00%
11	- Maximumwert	3,50%	3,50%	3,50%	3,00%	2,50%
12	**Normalverteilung**	Verteilung	Verteilung	Verteilung	Verteilung	Verteilung
13	**Herstellungskosten**	-3,03%	12,21%	-7,94%	3,07%	-0,23%
14	- Erwartungswert	0,00%	0,00%	0,00%	0,00%	0,00%
15	- Standardabweichung	5,00%	5,00%	5,00%	5,00%	5,00%
16	**Vertriebskosten**	3,49%	-2,31%	-2,39%	1,50%	3,58%
17	- Erwartungswert	0,00%	0,00%	0,00%	0,00%	0,00%
18	- Standardabweichung	3,00%	3,00%	3,00%	3,00%	3,00%
19	**Allgemeine Verwaltungskosten**	1,24%	0,91%	-1,71%	1,97%	-3,04%
20	- Erwartungswert	0,00%	0,00%	0,00%	0,00%	0,00%
21	- Standardabweichung	2,00%	2,00%	2,00%	2,00%	2,00%
22	**Gleichverteilung**	Verteilung	Verteilung	Verteilung	Verteilung	Verteilung
23	**Sonstige betriebliche Aufwendungen**					
24	- Kleine Ausfälle	24,17%	66,14%	97,78%	43,74%	68,05%
25	Eintrittswahrscheinlichkeit (minimal)	0,00%	0,00%	0,00%	0,00%	0,00%
26	Eintrittswahrscheinlichkeit (maximal)	100,00%	100,00%	100,00%	100,00%	100,00%
27	Wahrscheinlichkeit eines Schadens	30,00%	30,00%	30,00%	30,00%	30,00%
28	Schadenshöhe in % des Umsatzes	0,50%	0,50%	0,50%	0,50%	0,50%
29	Erwartete Schadenshöhe in % des Umsatzes	0,50%	0,00%	0,00%	0,00%	0,00%
30	- Mittlere Ausfälle	1,46%	78,51%	73,00%	18,52%	67,89%
31	Eintrittswahrscheinlichkeit (minimal)	0,00%	0,00%	0,00%	0,00%	0,00%
32	Eintrittswahrscheinlichkeit (maximal)	100,00%	100,00%	100,00%	100,00%	100,00%
33	Wahrscheinlichkeit eines Schadens	5,00%	5,00%	5,00%	5,00%	5,00%
34	Schadenshöhe in % des Umsatzes	1,00%	1,00%	1,00%	1,00%	1,00%
35	Erwartete Schadenshöhe in % des Umsatzes	1,00%	0,00%	0,00%	0,00%	0,00%
36	- Große Ausfälle	30,37%	73,86%	15,47%	51,93%	6,57%
37	Eintrittswahrscheinlichkeit (minimal)	0,00%	0,00%	0,00%	0,00%	0,00%
38	Eintrittswahrscheinlichkeit (maximal)	100,00%	100,00%	100,00%	100,00%	100,00%
39	Wahrscheinlichkeit eines Schadens	1,00%	1,00%	1,00%	1,00%	1,00%
40	Schadenshöhe in % des Umsatzes	3,00%	3,00%	3,00%	3,00%	3,00%
41	Erwartete Schadenshöhe in % des Umsatzes	0,00%	0,00%	0,00%	0,00%	0,00%
42	- Verlust von Großkunden	86,00%	31,86%	9,90%	23,77%	60,85%
43	Eintrittswahrscheinlichkeit (minimal)	0,00%	0,00%	0,00%	0,00%	0,00%
44	Eintrittswahrscheinlichkeit (maximal)	100,00%	100,00%	100,00%	100,00%	100,00%
45	Wahrscheinlichkeit eines Schadens	5,00%	5,00%	5,00%	5,00%	5,00%
46	Schadenshöhe in % des Umsatzes	2,00%	2,00%	2,00%	2,00%	2,00%
47	Erwartete Schadenshöhe in % des Umsatzes	0,00%	0,00%	0,00%	0,00%	0,00%

Abbildung 84: Monte-Carlo-Risikoparameter

Literatur und Verweise auf das Excel-Tool

Siehe Excel-Datei `Case Study Risikomanagement Teil 3`, Excel-Arbeitsblatt `Monte Carlo Parameter`

Assignment 22: Generierung von Verteilungsfunktionen durch Expertenbefragungen

Aufgabe

- Erstellen Sie basierend auf den Angaben von vier Experten eine aggregierte Wahrscheinlichkeitsverteilung für das Umsatzwachstum des Unternehmens.
- Öffnen Sie die dazu Excel-Datei Case Study Risikomanagement Teil 3.
- Verwenden Sie die folgenden Parameter als Risiko-Input-Variablen:
- **Experte 1:** Das Umsatzwachstum weist eine Dreiecksverteilung mit den folgenden Eingabewerten auf:
  - Jahr t(1): Minimum = 1,25% Wahrscheinl. Wert = 3,0%
    Maximum = 3,5%
  - Jahr t(2): Minimum = 0,75% Wahrscheinl. Wert = 2,5%
    Maximum = 3,0%
  - Jahr t(3): Minimum = 0,50% Wahrscheinl. Wert = 2,0%
    Maximum = 2,5%
  - Jahr t(4): Minimum = 0,25% Wahrscheinl. Wert = 1,5%
    Maximum = 2,0%
  - Jahr t(5): Minimum = 0,25% Wahrscheinl. Wert = 1,0%
    Maximum = 1,5%
- **Experte 2:** Das Umsatzwachstum weist eine Dreiecksverteilung mit den folgenden Eingabewerten auf:
  - Jahr t(1): Minimum = 2,00% Wahrscheinl. Wert = 2,5%
    Maximum = 2,75%
  - Jahr t(2): Minimum = 1,50% Wahrscheinl. Wert = 2,0%
    Maximum = 2,25%
  - Jahr t(3): Minimum = 0,50% Wahrscheinl. Wert = 1,5%
    Maximum = 1,75%
  - Jahr t(4): Minimum = 0,50% Wahrscheinl. Wert = 1,0%
    Maximum = 1,25%
  - Jahr t(5): Minimum = 0,25% Wahrscheinl. Wert = 1,0%
    Maximum = 1,25%
- **Experte 3:** Das Umsatzwachstum weist eine PERT-Verteilung mit den folgenden Eingabewerten auf:
  - Jahr t(1): Minimum = 2,0% Wahrscheinl. Wert = 2,75%
    Maximum = 3,0%
  - Jahr t(2): Minimum = 1,5% Wahrscheinl. Wert = 2,25%
    Maximum = 2,5%
  - Jahr t(3): Minimum = 0,5% Wahrscheinl. Wert = 1,75%
    Maximum = 2,0%

  - Jahr t(4): Minimum = 0,5% Wahrscheinl. Wert = 1,25%
    Maximum = 1,5%
  - Jahr t(5): Minimum = 0,5% Wahrscheinl. Wert = 1,25%
    Maximum = 1,5%
- **Experte 4:** Das Umsatzwachstum weist eine Normalverteilung mit den folgenden Eingabewerten auf:
  - Jahr t(1): Erwartungswert = 2,5% Standardabweichung = 1,5%
  - Jahr t(2): Erwartungswert = 2,0% Standardabweichung = 1,5%
  - Jahr t(3): Erwartungswert = 1,5% Standardabweichung = 1,5%
  - Jahr t(4): Erwartungswert = 1,0% Standardabweichung = 1,5%
  - Jahr t(5): Erwartungswert = 1,0% Standardabweichung = 1,5%
- Den Einschätzungen der Experten werden folgende Gewichte zugeordnet:
  - Experte 1: 45%
  - Experte 2: 25%
  - Experte 3: 20%
  - Experte 4: 10%
- Berechnen Sie das aggregierte Umsatzwachstum als gewichteten Durchschnitt der Experteneinschätzungen.
- Führen Sie eine Monte-Carlo-Simulation durch und berechnen Sie den Mittelwert aus den Simulationsergebnissen.
- Kalibrieren Sie die Ergebnisse der Monte-Carlo-Simulation und leiten Sie eine stetige Verteilungsfunktion ab.

Inhalt

Entscheidend für den Erfolg einer Monte-Carlo-Simulation sind aussagekräftige Monte-Carlo-Parameter. Wir müssen die Situation "Garbage in, Garbarge out" vermeiden, da die Monte-Carlo-Simulation dazu helfen soll, bessere Entscheidungen zu treffen. Dazu bedarf es valider Ausgangsdaten über die Risikoparameter. Unternehmen fehlt es häufig an einer empirischen Datengrundlage. Gründe hierfür sind, dass

- das Unternehmen neu ist (z. B. Startup-Unternehmen) bzw. ein schwer vergleichbares Geschäftsmodell besitzt (Unternehmen in einer Nische),
- die für die Simulation benötigten internen Daten in der Vergangenheit vom Unternehmen nicht erhoben wurden,
- die vorliegenden Daten unzureichend oder nur von qualitativer Natur sind,
- die in der Vergangenheit erfassten Daten für die Zukunft nicht mehr aussagekräftig und prognoserelevant sind (bspw. durch Veränderung des Geschäftsmodells, technischer Wandel, Veränderung der Nachfrage etc.),
- die Kosten für die Datenbeschaffung in keinem angemessenen Kosten-Nutzenverhältnis zueinanderstehen,
- die für die Datenbeschaffung und Auswertung benötigten Kompetenzen im Unternehmen nicht vorhanden sind.

Als einziger Ausweg zur Generierung aussagekräftiger Daten im Sinne von Verteilungsfunktionen für Risikoparameter bleiben nur Expertenbefragungen. Expertenbefragung ermitteln durch strukturierte Interviews mit Fachleuten Wissen, das anderweitig nicht generierbar ist. Diese Expertenbefragungen basieren auf der persönlichen Erfahrung und der Intuition der Experten. Dies bedeutet aber nicht, dass diese Informationen eine geringere Aussagekraft haben als historische Daten. Häufig ist das Gegenteil der Fall, da die Experten das Unternehmen und seine Entwicklung besser einschätzen können als es durch historische Daten zum Ausdruck kommt. Des Weiteren ist es auch möglich, vergangenheitsorientierte, empirische Datensample mit zukunftsgerichteten Expertenmeinungen zu kombinieren.

Im Rahmen der Experteninterviews empfiehlt es sich, zur Ermittlung der Risikobandbreiten ausschließlich auf leicht interpretierbare Wahrscheinlichkeits- und Dichtefunktionen zurückzugreifen. Diese sollten flexibel und leicht durch den jeweiligen Experten anzupassen sein. Damit scheiden jene Verteilungstypen aus, deren Parameter keine unmittelbare Verbindung zu der Verteilungsform besitzen.

Die von den Experten erstellten Wahrscheinlichkeitsverteilungen werden durch eine Monte-Carlo-Simulation aggregiert und zu einer Gesamtwahrscheinlichkeitsverteilung zusammengefasst. Somit können die verschiedenen Expertenschätzungen zusammengefasst genutzt werden. Dabei werden mögliche Expertenschätzungen zufällig ausgewählt und kombiniert. Anschließend wird mit der so gewählten Verteilung eine Ausprägung der Zufallsvariable, also ein mögliches Umsatzwachstum, berechnet. Die unsichere Variable Umsatz kann nun durch eine vorgegebene Verteilung beschrieben werden, deren Parameter selbst unsicher sind (Wahrscheinlichkeitsverteilung 2. Ordnung). Die so bestimmte Wahrscheinlichkeitsverteilung erfasst die Unsicherheit der Schätzung des Umsatzwachstums der einzelnen Experten, aber auch die Divergenz der Schätzung verschiedener Experten. Abschließend kann durch eine Kalibrierung aus dem Histogramm des Umsatzwachstums eine stetige Verteilung des Umsatzwachstums ermittelt werden.

Wichtige Formeln

Für die folgenden Berechnungen bedarf es keines speziellen Formelwissens. Relevant sind die Eingaben in Excel und die gewählten Monte-Carlo-Simulations-Software.

Vorgehensweise

Vorbemerkung: Wir führen hier die Monte-Carlo-Simulation beispielhaft mit dem Softwareprogramm Risk-Kit durch. Jede andere, geeignete Software kann selbstverständlich auch verwendet werden. Es ist hier wiederum anzumerken, dass die Ergebnisse der Monte-Carlo-Simulation nur angezeigt werden, wenn die entsprechende Software auch auf dem Computer installiert ist.

- Erstellen Sie für Experte 1 und Experte 2 mit den im Assignment gegebenen Daten eine Dreiecksverteilung (Zellen `F59:J59` und Zellen `F64:J64`), für Experte 3 eine PERT-Verteilung (Zellen `F69:J69`) sowie für Experte 4 eine Normalverteilung (Zellen `F74:J74`).
- Markieren Sie die Expertenschätzungen für das Umsatzwachstum für alle Jahre (Zellen `F59:J59`, `F64:J64`, `F69:J69`, `F74:J74`) als Input-Zellen für die Monte-Carlo-Simulation. Gehen Sie dazu in Risk-Kit auf `Eingabe`. Die Input-Zellen erhalten eine grüne Hintergrundfarbe.

- Fügen Sie die Gewichte für die Aussagen der Experten ein (Zellen `E59`, `E64`, `E69`, `E74`).
- Berechnen Sie das aggregierte Umsatzwachstum aus den Expertenmeinungen `F78=$E$59*F59+$E$64*F64+$E$69*F69+$E$74*F74)`. Output-Zellen für die Monte-Carlo-Simulation werden in Risk Kit über `Ausgabe` aktiviert und haben in Risk-Kit eine dunkelgelbe Hintergrundfarbe.
- In den Zellen `F78:J78` wird der Mittelwert des Umsatzwachstums aus der Simulation berechnet. Dieser Annahmewert ist ein erwartungstreuer Wert, da er alle Szenarien aus der Monte-Carlo-Simulation und damit alle möglichen positiven und negativen Abweichungen vom Mittelwert berücksichtigt. Dieser erwartungstreue Annahmewert kann daher „im Mittel" als richtig angesehen werden.
- Starten Sie die Monte-Carlo-Simulation, indem Sie auf das Symbol

drücken.
- WICHTIG: Nach Durchführung der Monte-Carlo-Simulation wird bei den Berechnungsoptionen die Arbeitsmappenberechnung automatisch wieder auf Manuell zurückgesetzt. Bitte stellen Sie dies wieder auf `Automatisch` um.
- In den Zellen Zellen `F89:J5088` werden die Ergebnisse der Monte-Carlo-Simulation aufgeführt. Die Werte stammen aus dem Arbeitsblatt `Output` und werden aus diesem kopiert.
- Abbildung 85 zeigt beispielhaft die Häufigkeitsverteilung der Simulationsergebnisse für das Jahr t(1).

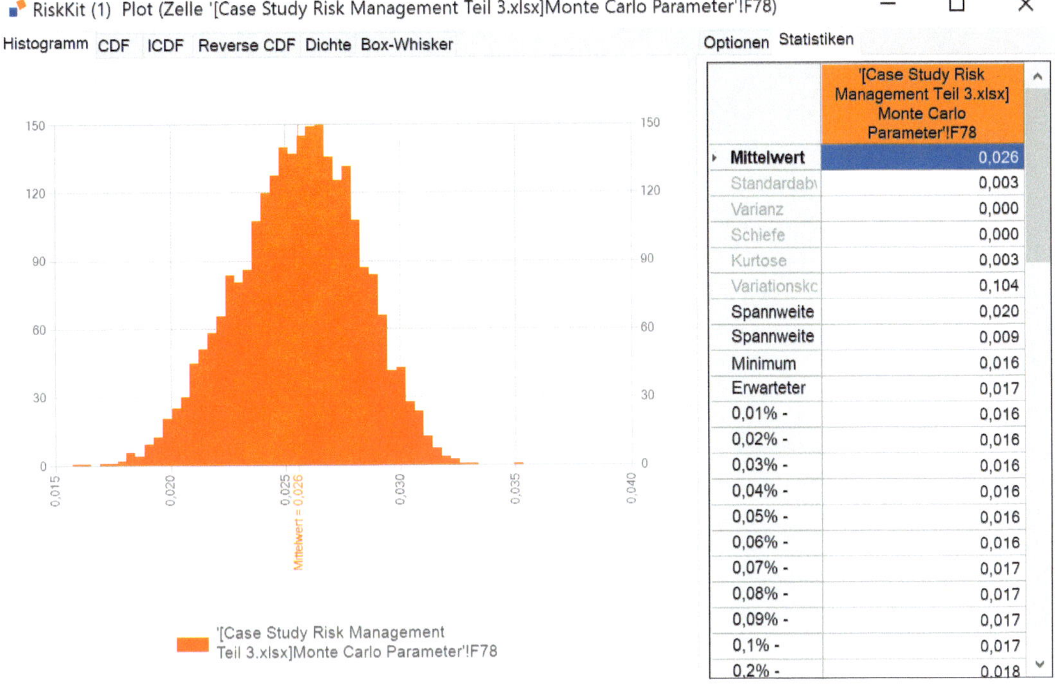

Abbildung 85: Histogramm der Simulationsergebnisse

- Durch Kalibrierung kann aus den Simulationsergebnissen auch eine stetige Verteilungsfunktion abgeleitet werden.
- Hierzu drücken wir das Symbol

und wählen Eindimensionale Verteilungen kalibrieren.

Eindimensionale Verteilungen kalibrieren

Normale Copula kalibrieren

- Daraufhin öffnet sich ein Fenster, in welchem wir folgende Einstellungen vornehmen. Danach wird die Kalibrierung durchgeführt.

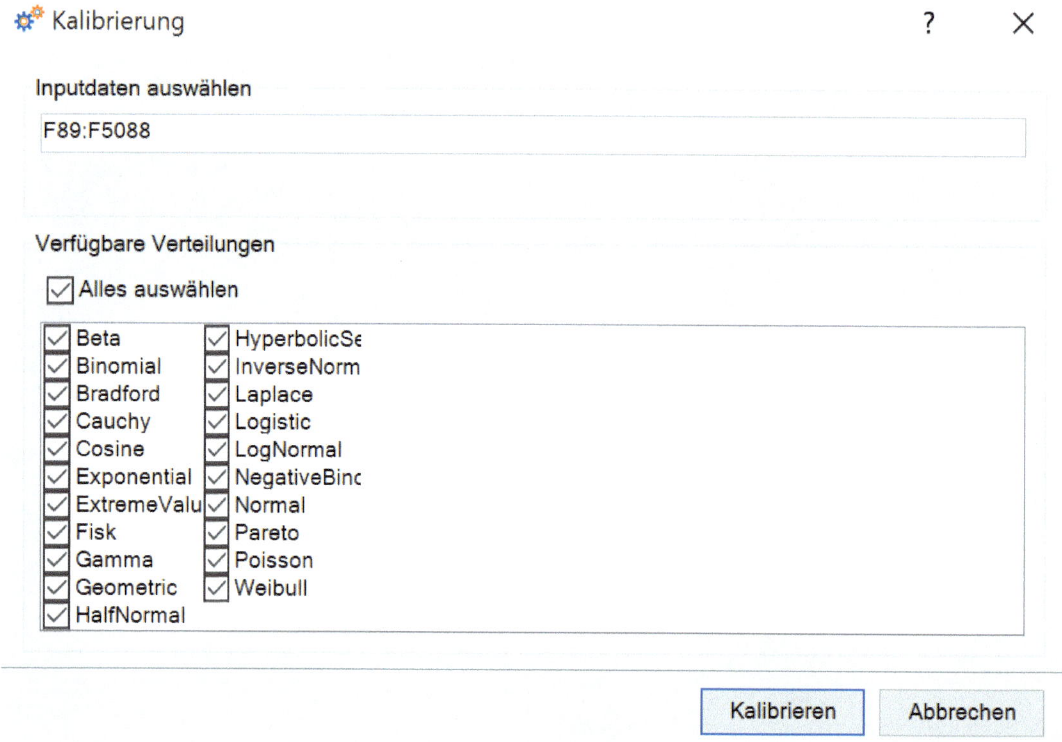

Abbildung 86: Kalibrierung

- Es erscheint nun folgendes Fenster, in dem Sie auf `OK` drücken.

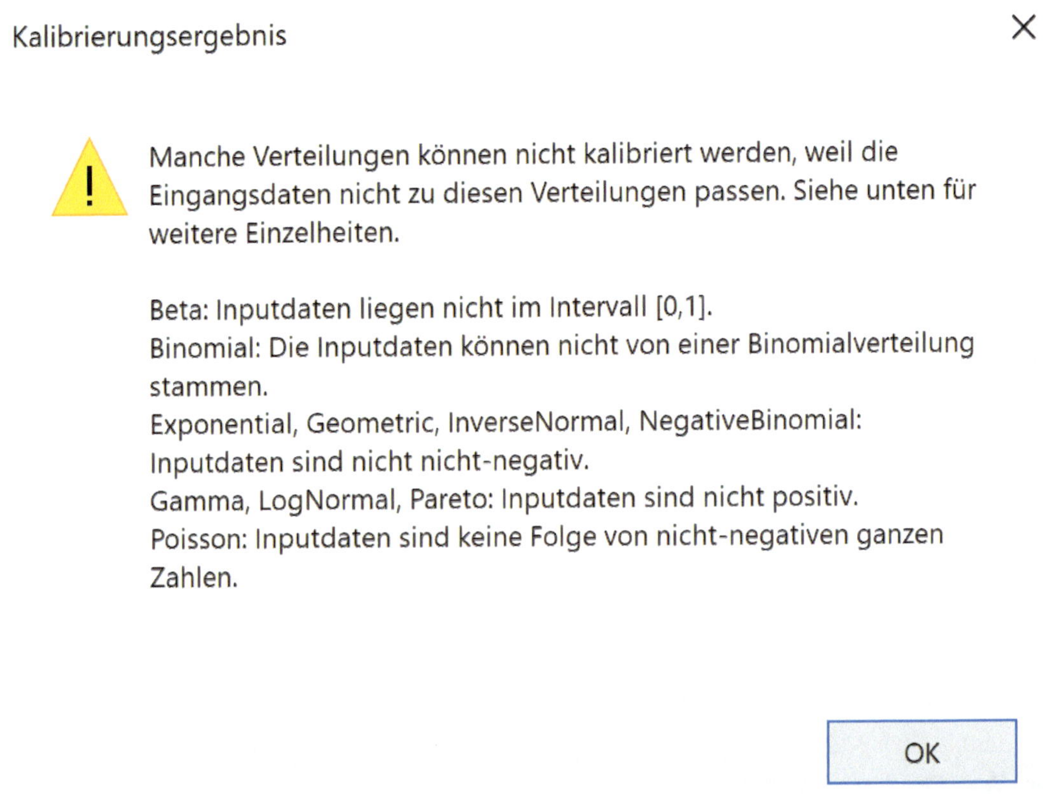

Kalibrierungsergebnis

Manche Verteilungen können nicht kalibriert werden, weil die Eingangsdaten nicht zu diesen Verteilungen passen. Siehe unten für weitere Einzelheiten.

Beta: Inputdaten liegen nicht im Intervall [0,1].
Binomial: Die Inputdaten können nicht von einer Binomialverteilung stammen.
Exponential, Geometric, InverseNormal, NegativeBinomial: Inputdaten sind nicht nicht-negativ.
Gamma, LogNormal, Pareto: Inputdaten sind nicht positiv.
Poisson: Inputdaten sind keine Folge von nicht-negativen ganzen Zahlen.

OK

Abbildung 87: Hinweis zum Kalibrierungsergebnis

- Das Ergebnis der Kalibrierung zeigt, dass die Weibull-Verteilung die Verteilung der aggregierten Umsatzwachstumsraten am besten wiedergibt.

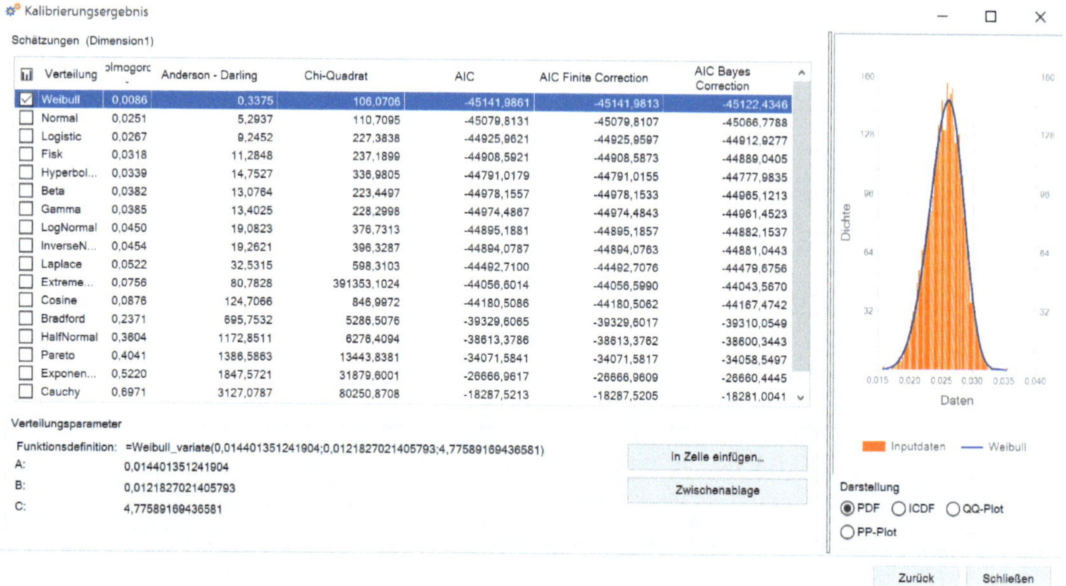

Verteilung	olmogorc -	Anderson - Darling	Chi-Quadrat	AIC	AIC Finite Correction	AIC Bayes Correction
Weibull	0,0086	0,3375	106,0706	-45141,9861	-45141,9813	-45122,4346
Normal	0,0251	5,2937	110,7095	-45079,8131	-45079,8107	-45066,7788
Logistic	0,0267	9,2452	227,3838	-44925,9621	-44925,9597	-44912,9277
Fisk	0,0318	11,2848	237,1899	-44908,5921	-44908,5873	-44889,0405
Hyperbol...	0,0339	14,7527	336,9805	-44791,0179	-44791,0155	-44777,9835
Beta	0,0382	13,0764	223,4497	-44978,1557	-44978,1533	-44965,1213
Gamma	0,0385	13,4025	228,2998	-44974,4867	-44974,4843	-44961,4523
LogNormal	0,0450	19,0823	376,7313	-44895,1881	-44895,1857	-44882,1537
InverseN...	0,0454	19,2621	396,3287	-44894,0787	-44894,0763	-44881,0443
Laplace	0,0522	32,5315	598,3103	-44492,7100	-44492,7076	-44479,6756
Extreme...	0,0756	80,7828	391353,1024	-44056,6014	-44056,5990	-44043,5670
Cosine	0,0876	124,7066	846,9972	-44180,5086	-44180,5062	-44167,4742
Bradford	0,2371	695,7532	5286,5076	-39329,6065	-39329,6017	-39310,0549
HalfNormal	0,3604	1172,8511	6276,4094	-38613,3786	-38613,3762	-38600,3443
Pareto	0,4041	1386,5863	13443,8381	-34071,5841	-34071,5817	-34058,5497
Exponen...	0,5220	1847,5721	31879,6001	-26666,9617	-26666,9609	-26660,4445
Cauchy	0,6971	3127,0787	80250,8708	-18287,5213	-18287,5205	-18281,0041

Abbildung 88: Kalibrierungsergebnis

- Wählen Sie nun das Feld In Zelle einfügen... und geben Sie danach die Zelle F82 ein.

- In den Zellen `F82:J82` befinden sich nun aggregierten Schätzungen der Experten für das Umsatzwachstum. Diese können nun für die folgenden Assignments verwendet werden. Aus Vereinfachungsgründen arbeiten wird aber mit der Dreiecksverteilung in den Zellen `F8:J8` weiter. Wie gesagt, können Sie aber auch die Zellen `F82:J82` verwenden.

Ergebnis

	A	B	C	D	E	F	G	H	I	J
54										
55–56						Plan t1	Plan t2	Plan t3	Plan t4	Plan t5
57										
58		**Experte 1: Dreiecksverteilung**			Gewicht	Verteilung	Verteilung	Verteilung	Verteilung	Verteilung
59		**Umsatzwachstum**			**45%**	2,44%	2,43%	2,08%	1,17%	1,15%
60		- Minimumwert				1,25%	0,75%	0,50%	0,25%	0,25%
61		- Wahrscheinlichster Wert				3,00%	2,50%	2,00%	1,50%	1,00%
62		- Maximumwert				3,50%	3,00%	2,50%	2,00%	1,50%
63		**Experte 2: Dreiecksverteilung**			Gewicht	Verteilung	Verteilung	Verteilung	Verteilung	Verteilung
64		**Umsatzwachstum**			**25%**	2,52%	2,20%	1,03%	0,75%	0,46%
65		- Minimumwert				2,00%	1,50%	0,50%	0,50%	0,25%
66		- Wahrscheinlichster Wert				2,50%	2,00%	1,50%	1,00%	1,00%
67		- Maximumwert				2,75%	2,25%	1,75%	1,25%	1,25%
68		**Experte 3: PERT Verteilung**			Gewicht	Verteilung	Verteilung	Verteilung	Verteilung	Verteilung
69		**Umsatzwachstum**			**20%**	2,64%	1,92%	1,22%	1,02%	1,19%
70		- Minimumwert				2,00%	1,50%	0,50%	0,50%	0,50%
71		- Wahrscheinlichster Wert				2,75%	2,25%	1,75%	1,25%	1,25%
72		- Maximumwert				3,00%	2,50%	2,00%	1,50%	1,50%
73		**Experte 4: Normalverteilung**			Gewicht	Verteilung	Verteilung	Verteilung	Verteilung	Verteilung
74		**Umsatzwachstum**			**10%**	1,76%	-0,04%	-0,80%	1,96%	2,58%
75		- Erwartungswert				2,50%	2,00%	1,50%	1,00%	1,00%
76		- Standardabweichung				1,50%	1,50%	1,50%	1,50%	1,50%
77										
78		Aggregiertes Umsatzwachstum				2,43%	2,02%	1,36%	1,11%	1,13%
79										
80		Umsatzwachstum (Mittelwert)				2,56%	2,05%	1,53%	1,13%	0,95%
81										
82		Kalibrierte Verteilungsfunktion				2,78%	2,46%	2,57%	2,32%	2,34%
83										
84		**Simulationsergebnisse**								
85										
86–87						Plan t1	Plan t2	Plan t3	Plan t4	Plan t5
88										
89						2,37%	2,01%	1,51%	0,89%	0,79%
90						2,61%	1,95%	1,26%	0,85%	0,55%
91						2,55%	2,14%	1,71%	0,76%	1,03%
92						2,31%	1,80%	0,65%	1,46%	1,12%
93						2,00%	1,80%	1,53%	1,00%	1,29%

Abbildung 89: Ergebnis der Aggregation von Expertenmeinungen

Literatur und Verweise auf das Excel-Tool

Gleißner, W. (2008): Erwartungstreue Planung und Planungssicherheit – Mit einem Anwendungsbeispiel zur risikoorientierten Budgetierung, in: Controlling, Heft 02/2008, S. 81-87.

Klein, Martin (2010): Monte-Carlo Simulation und Due Diligence: Ein methodischer Ansatz zur computergestützten Aggregierung von Wahrscheinlichkeitsverteilungen aus Expertenbefragungen, Working Papers in Accounting Valuation Auditing 2010-5, Friedrich-Alexander University Erlangen-Nuremberg, Chair of Accounting and Auditing.

Siehe Excel-Datei `Case Study Risikomanagement Teil 3`, Excel-Arbeitsblatt `Monte Carlo Parameter`

Assignment 23: Simulationsbasierte Planung: Übernahme der Risikoparameter für die Monte-Carlo-Simulation in den Business Plan

Aufgabe

Definieren Sie im Arbeitsblatt GuV folgende Risiko-Input-Variablen:

- Umsatzerlöse
- Herstellungskosten
- Vertriebskosten
- Allgemeine Verwaltungskosten
- Sonstige betriebliche Aufwendungen

Fügen Sie für jede Risiko-Input-Variable Zeilen mit folgenden Bezeichnungen ein:

- Planzufallswert
- Erwartungstreuer Planwert
- Zielwert
- Risikowert

Verbindung der Monte-Carlo-Parameter mit der Planungsrechnung:

- Verbinden Sie die Parameter der Monte-Carlo-Simulation mit der GuV-Planung.
- Für jede Risiko-Input-Variable wird der Planzufallswert, der erwartungstreue Planwert, der Zielwert und der Risikowert berechnet.
- Passen Sie die gesamte Planung (GuV und Bilanz) so an, dass mit Planzufallswerten und nicht mit Zielwerten gerechnet wird.

Inhalt

Im Rahmen einer simulationsbasierten und erwartungstreuen Planung werden die Wahrscheinlichkeitsverteilungen, die wir für die relevanten, nicht-abgesicherten Risiko-Input-Variablen festgelegt haben, in den Businessplan integriert. Hierzu werden die Wahrscheinlichkeitsverteilungen mit den Positionen der GuV-Planung verbunden. Als Ergebnis erhalten wir eine erwartungstreue Planung mit zwei Ausprägungen für die risikounterlegten GuV-Positionen.

Für jede Risiko-Input-Variable werden folgende Werte berechnet:

- Planzufallswert: Der Zufallswert ist gewissermaßen das Ergebnis eines einzigen Durchlaufs der Monte-Carlo-Simulation
- Erwartungstreuer Planwert: Der erwartungstreue Planwert ist der Wert, der im Mittel über alle risikobedingten, möglichen Zukunftsszenarien eintritt. Er wird als Mittelwert der Planzufallswerte berechnet.

Danach werden die Zielwerte aufgeführt:

- Zielwert: Der Zielwert ist derjenige Wert, der vom Controlling im Rahmen der Unternehmenssteuerung vorgegeben wird und erreicht werden soll.

Danach werden erwartungstreue Planwerte und Zielwerte gegenübergestellt und die Risikowerte ermittelt:

- Risikowert: Das Risiko ist die Abweichung des erwartungstreuen Planwerts vom Zielwert.

Wichtige Formeln

Für die Berechnung der Planzufallswerte, erwartungstreuen Planwerte, Zielwerte und Risikowerte bedarf es keines speziellen Formelwissens.

Vorgehensweise

Fügen Sie für folgende Zeilen ein:

- Umsatzerlöse (Planzufallswert) (Zeile 7)
- Umsatzerlöse (erwartungstreuer Planwert) (Zeile 8)
- Umsatzerlöse (Zielwert) (Zeile 9)
- Umsatzerlöse (Risikowert) (Zeile 10)

- Herstellungskosten (Planzufallswert) (Zeile 12)
- Herstellungskosten (erwartungstreuer Planwert) (Zeile 13)
- Herstellungskosten (Zielwert) (Zeile 14)
- Herstellungskosten (Risikowert) (Zeile 15)

- Bruttoergebnis vom Umsatz (Planzufallswert) (Zeile 17)
- Bruttoergebnis vom Umsatz (erwartungstreuer Planwert) (Zeile 18)
- Bruttoergebnis vom Umsatz (Zielwert) (Zeile 19)
- Bruttoergebnis vom Umsatz (Risikowert) (Zeile 20)

- Vertriebskosten (Planzufallswert) (Zeile 22)
- Vertriebskosten (erwartungstreuer Planwert) (Zeile 23)
- Vertriebskosten (Zielwert) (Zeile 24)
- Vertriebskosten (Risikowert) (Zeile 25)

- Allgemeine Verwaltungskosten (Planzufallswert) (Zeile 29)
- Allgemeine Verwaltungskosten (erwartungstreuer Planwert) (Zeile 30)
- Allgemeine Verwaltungskosten (Zielwert) (Zeile 31)
- Allgemeine Verwaltungskosten (Risikowert) (Zeile 32)

- Sonst. betriebliche Aufwendungen (Planzufallswert) (Zeile 36)
- Sonst. betriebliche Aufwendungen (erwartungstreuer Planwert) (Zeile 37)
- Sonst. betriebliche Aufwendungen (Zielwert) (Zeile 38)
- Sonst. betriebliche Aufwendungen (Risikowert) (Zeile 39)

- EBIT (Planzufallswert) (Zeile 42)
- EBIT (erwartungstreuer Planwert) (Zeile 43)
- EBIT (Zielwert) (Zeile 44)
- EBIT (Risikowert) (Zeile 45)

- Ergebnis vor Steuern (EBT) (Planzufallswert) (Zeile 51)
- Jahresergebnis (Planzufallswert) (Zeile 55)
- Konzernergebnis (Planzufallswert) (Zeile 59)
- Thesaurierte Gewinne (Planzufallswert) (Zeile 63)
- Die Umsatzerlöse (Planzufallswert) (Zellen `F7 : J7`) werden mit den Monte Carlo Parametern „Umsatzwachstum" (Zellen `F8 : J8`) verlinkt. Die Umsatzerlöse (Planzufallswert) in t_1 (Zelle `F7`) werden mit den Umsatzerlösen aus den dem Jahr t_0 verlinkt `F7=E9*(1+'Monte Carlo Parameter'!F8)`. Ab dem Jahr t_2 werden die Umsatzerlöse mit den Umsatzerlösen (Planzufallswert) aus dem Vorjahr verbunden `G7=F7*(1+'Monte Carlo Parameter'!G8)`, was dazu führt, dass die Entwicklung der Umsatzerlöse sowohl von der Zufallsvariablen „Wachstumsrate" als auch von der Zufallsvariablen „Umsatzerlöse (Planzufallswert)" abhängig sind. Dadurch entsteht eine höhere Volatilität gegenüber der Situation, bei der die Umsatzerlöse (Planzufallswert) von dem Zielwert der Umsatzerlöse abhängig sind. Die Umsatzerlöse (erwartungstreue Planwerte) ergeben sich als Mittelwert über die Planzufallswerte `F8=Mean(F7)`. In Zeile 9 finden sich die Zielwerte aus der Unternehmensplanung, die auf keiner stochastischen Planung beruhen. Die Abweichungen zwischen erwartungstreuen Planwerten und Zielwerten ergeben die Risikowerte, die sich für die Umsatzerlöse in Zeile 10 befinden. Die Aufteilung in Planzufallswerte, erwartungstreue Planwerte, Zielwerte und Risikowerte wird auch für die folgenden GuV-Positionen angewendet.
- Die Herstellungskosten (Planzufallswert), die Vertriebskosten (Planzufallswert) und die allgemeinen Verwaltungskosten (Planzufallswert) werden jeweils in einer ähnlichen Weise modelliert. Die Herstellungskosten in t_1 (Zelle `F12`) werden beispielsweise modelliert, indem die Umsatzerlöse (Planzufallswert) mit der Herstellungskostenquote (Herstellungskosten in % Umsatzerlöse) und dem Zufallsparameter aus den Monte Carlo Parametern multipliziert werden `F12=F7*Annahmen!F126*(1+'Monte Carlo Parameter'!F13)`.
- Die Formel für sonstige betriebliche Aufwendungen ist komplexer und beinhaltet die Schäden durch kleine Ausfälle, mittlere Ausfälle und große Ausfälle sowie Verluste durch den Ausfall eines Großkunden. Für t_1 lautet die Formel: `F36=F7*Annahmen!F136+F7*'Monte Carlo Parameter'!F29+F7*'Monte Carlo Parameter'!F35+F7*'Monte Carlo Parameter'!F41+F7*'Monte Carlo Parameter'!F47`.
- Die Formel besteht aus folgenden Faktoren:
  - Sonstige betriebliche Aufwendungen ohne außergewöhnliche Schadensfälle: `F7*Annahmen!F136`
  - Schäden aus kleinen Ausfällen: `F7*'Monte Carlo Parameter'!F29`
  - Schäden aus mittleren Ausfällen: `F7*'Monte Carlo Parameter'!F35`
  - Schäden aus großen Ausfällen: `F7*'Monte Carlo Parameter'!F41`,
  - Verluste durch Ausfall eines Großkunden: `F7*'Monte Carlo Parameter'!F47`

Ergebnis

Gewinn- und Verlustrechnung

(Absolute Zahlen in Mio. €)	Ist t-2	Ist t-1	Ist t0	Plan t1	Plan t2	Plan t3	Plan t4	Plan t5
Umsatzerlöse (Planzufallswert)				40.549	41.752	42.764	43.098	44.005
Umsatzerlöse (erwartungstreuer Planwert)				40.576	41.592	42.632	43.484	44.208
Umsatzerlöse (Zielwert)	34.943	35.015	39.586	40.774	41.997	43.257	44.338	45.225
Umsatzerlöse (Risikowert)				-198	-405	-625	-854	-1.017
- Herstellungskosten (Planzufallswert)				14.890	15.534	15.951	15.904	14.991
- Herstellungskosten (erwartungstreuer Planwert)				14.753	15.141	15.497	15.854	16.096
- Herstellungskosten (Zielwert)	11.756	11.382	17.010	14.831	15.276	15.734	16.127	16.450
- Herstellungskosten (Risikowert)				-78	-134	-237	-273	-353
Bruttoergebnis vom Umsatz (Planzufallswert)				25.659	26.219	26.813	27.193	29.014
Bruttoergebnis vom Umsatz (erwartungstreuer Planwert)				25.823	26.450	27.135	27.631	28.112
Bruttoergebnis vom Umsatz (Zielwert)	23.187	23.633	22.576	25.943	26.721	27.523	28.211	28.775
Bruttoergebnis vom Umsatz (Risikowert)				-120	-271	-388	-580	-663
- Vertriebskosten (Planzufallswert)				13.371	12.861	13.443	13.694	15.011
- Vertriebskosten (erwartungstreuer Planwert)				12.973	13.291	13.629	13.898	14.127
- Vertriebskosten (Zielwert)	11.148	11.116	12.751	13.029	13.419	13.822	14.168	14.451
- Vertriebskosten (Risikowert)				-56	-128	-193	-269	-324
- F&E-Kosten	4.405	4.504	5.246	5.263	5.421	5.583	5.723	5.837
- Allgemeine Verwaltungskosten (Planzufallswert)				2.424	2.489	2.488	2.583	2.635
- Allgemeine Verwaltungskosten (erwartungstreuer Planwert)				2.414	2.474	2.534	2.587	2.628
- Allgemeine Verwaltungskosten (Zielwert)	1.804	2.026	2.728	2.425	2.497	2.572	2.637	2.689
- Allgemeine Verwaltungskosten (Risikowert)				-11	-23	-39	-50	-61
+ sonstige betriebliche Erträge	787	864	5.057	2.378	2.449	2.523	2.586	2.637
- sonstige betriebliche Aufwendungen (Planzufallswert)				1.728	1.988	1.823	2.052	2.096
- sonstige betriebliche Aufwendungen (erwartungstreuer Planwert)				1.860	1.909	1.951	1.994	2.029
- sonstige betriebliche Aufwendungen (Zielwert)	879	948	2.994	1.738	1.790	1.844	1.890	1.928
- sonstige betriebliche Aufwendungen (Risikowert)				122	119	107	105	101
EBIT (Planzufallswert)				5.251	5.909	5.999	5.726	6.072
EBIT (erwartungstreuer Planwert)				5.692	5.804	5.960	6.014	6.127
EBIT (Zielwert)	5.738	5.903	3.914	5.867	6.043	6.224	6.380	6.507
EBIT (Risikowert)				-175	-239	-264	-366	-380
+ Beteiligungsergebnis	-6	20	68	0	0	0	0	0
+ Zinsertrag	149	289	910	122	122	122	165	239
- Zinsaufwand	1.108	1.635	2.574	2.022	2.139	2.133	2.171	2.235
Ergebnis vor Steuern (EBT) (Planzufallswert)				3.791	3.787	3.949	4.008	4.131
- Steuern auf Einkommen und Ertrag	1.017	1.329	607	1.490	1.520	1.561	1.575	1.605
Jahresergebnis (Planzufallswert)				2.301	2.267	2.389	2.434	2.527
- davon entfällt auf andere Gesellschafter	13	-1	16	10	9	10	10	11
Konzernergebnis (Planzufallswert)				2.291	2.258	2.379	2.423	2.516
Dividende				1.375	1.355	1.427	1.454	1.510
Thesaurierte Gewinne (Planzufallswert)				916	903	951	969	1.006

Abbildung 90: GuV mit Planzufallswerten, erwartungstreuen Planwerten, Zielwerten und Risikowerten

Literatur und Verweise auf das Excel-Tool

Gleißner, W. (2008): Erwartungstreue Planung und Planungssicherheit – Mit einem Anwendungsbeispiel zur risikoorientierten Budgetierung, in: Controlling, Heft 02/2008, S. 81-87.

Siehe Excel-Datei `Case Study Risikomanagement Teil 3`, Excel-Arbeitsblatt `GuV`

Assignment 24: Simulationsbasierte Planung: Risikoaggregation mit Hilfe der Monte-Carlo-Simulation und Risikoanalyse

Aufgabe

- Führen Sie die Monte-Carlo-Simulation mit 5.000 Ziehungen durch.
- Verarbeiten Sie die Ausgabewerte der Monte-Carlo-Simulation für das EBIT der Jahre t(1) bis t(5), indem Sie diese in das Arbeitsblatt `Risikoanalyse (1)` übertragen.
- Berechnen Sie die Abweichungen, die sich im Planungszeitraum aus der Differenz zwischen dem simulierten EBIT und dem geplanten EBIT ergeben.
- Berechnen Sie den Value-at-Risk (= Relativen Value-at-Risk) als Abweichung des EBIT vom Zielwert für ein Konfidenzniveau von 95 % und für eine Laufzeit von einem Jahr basierend auf den EBIT-Werten im Planungszeitraum.
- Berechnen Sie den Conditional Value-at-Risk (Expected Shortfall) für eine Laufzeit von einem Jahr basierend auf den EBIT-Werten im Planungszeitraum.

Inhalt

Aus den identifizierten und in den Business Plan integrierten Risikoparametern kann nur abgeleitet werden, welche Risiken für sich alleine den Bestand eines Unternehmens gefährden. Es sind meist aber gerade die Kombinationseffekte mehrerer Einzelrisiken, die Krisen oder sogar eine Insolvenz auslösen. Um zu beurteilen, wie groß der Gesamtrisikoumfang ist (und damit die Wahrscheinlichkeit der Insolvenz durch die Menge aller Risiken), wird eine sogenannte Risikoaggregation erforderlich. Die Risikoaggregation ist die einzige Möglichkeit, das Gesamtrisiko zu berechnen. Risikoaggregation wird in den Grundsätzen ordnungsgemäßer Planung (GoP) und allen relevanten Standards zum Risikomanagement zwingend gefordert. Eine Alternative dazu gibt es nicht.

Zielsetzung der Risikoaggregation ist die Bestimmung der Gesamtrisikoposition eines Unternehmens sowie die Ermittlung der relativen Bedeutung der Einzelrisiken unter Berücksichtigung von Wechselwirkungen (Korrelationen) zwischen diesen. Gefordert wird also die Aggregation aller (wesentlichen) Risiken über alle Risikoarten und auch über die Zeit. Da nur quantifizierte Risiken auch aggregiert werden können, ist das Gebot der Quantifizierung sämtlicher Risiken nur konsequent. Durch eine Aggregation der quantifizierten Risiken im Kontext der Planung – Chancen und Gefahren als Ursache möglicher Planabweichungen – muss untersucht werden, welche Auswirkungen diese auf den zukünftigen Ertrag, die wesentlichen Finanzkennzahlen, Kreditvereinbarungen (Covenants) und das Rating haben. So ist beispielsweise zu untersuchen, mit welcher Wahrscheinlichkeit durch den Eintritt bestehender Risiken (z. B. Konjunktureinbruch in Verbindung mit einem gescheiterten Investitionsprojekt) das durch Finanzkennzahlen abschätzbare zukünftige Rating des Unternehmens unter ein für die Kapitaldienstfähigkeit notwendiges Niveau (BRating) abfallen könnte.

Bei einem integrierten unternehmensweiten Risikomanagement müssen Risikoaggregationsverfahren gewählt werden, die durch beliebige Wahrscheinlichkeitsverteilungen beschriebene Risiken erfassen können, dabei auch nicht additive (z. B. multiplikative) Verknüpfungen der Risiken berücksichtigen können und den Kontext zur Unternehmensplanung und zum zukünftigen Rating herstellen.

Dadurch können im Risikomanagement die Planungssicherheit sowie der Liquiditäts- und Eigenkapitalbedarf eines Unternehmens konsistent zur Planung aufzeigt werden. Hintergrund ist, dass Illiquidität meist dann eintritt, wenn durch die kombinierte Wirkung mehrerer Risiken Covenants reißen oder ein MindestRating von „B" nicht mehr erreicht wird.

Die genannten Anforderungen erfüllt nur die Risikosimulation (Monte Carlo Simulation), weil Risiken – anders als Kosten und Umsätze – nicht addierbar sind. Diese Simulationsverfahren sind die Weiterentwicklung bekannter Szenarioanalyse-Techniken. Mittels Computersimulation wird bei der Risikoaggregation eine große repräsentative Anzahl risikobedingter möglicher Zukunftsszenarien (Planungsszenarien) berechnet und analysiert. Auf diese Weise wird eine realistische Bandbreite der zukünftigen Erträge und der Liquiditätsentwicklung aufgezeigt, also die Planungssicherheit bzw. Umfang möglicher negativer Planabweichungen dargestellt. Unmittelbar ableiten kann man die Wahrscheinlichkeit, dass Covenants verletzt werden oder ein notwendiges Ziel-Rating zukünftig nicht mehr erreicht wird.

Wichtige Formeln

Analog zu den bereits durchgeführten Monte-Carlo-Simulationen beziehen sich die hier notwendigen Formeln bei Anwendung der Monte-Carlo-Simulation ebenfalls nicht auf die Generierung der Wahrscheinlichkeitsverteilung der Zielgröße, sondern auf die Berechnung des Value at Risk bzw. Conditional Value at Risk. Das Ergebnis der Monte-Carlo-Simulation ist wiederum eine diskrete Wahrscheinlichkeitsverteilung für das EBIT im Planungszeitraum. Von den Simulationswerten wird der Planwert des EBIT des jeweiligen Planjahrs abgezogen. An diesen Werten, die das Risiko einer Abweichung vom Planwert darstellen, werden die bereits bekannten Formeln für den Value at Risk und Conditional Value at Risk bei einer diskreten Wahrscheinlichkeitsverteilung angewendet.

Formal gesehen ist der Value at Risk der Randwert des Quantils einer Verteilung zum Konfidenzniveau p. Die Formel für die Berechnung des Value at Risk als Rendite bei einer diskreten Wahrscheinlichkeitsverteilung lautet.

$$VaR_\alpha(R) = RVaR_\alpha(R) = Q_\alpha(R)$$

(2.3.24.1)

R	= Risikowert = Erwartungstreuer Planwert minus Zielwert
$VaR_\alpha(R)$	= Value at Risk zum Konfidenzniveau p für den Risikowert
$RVaR_\alpha$	= Relativer Value at Risk zum Konfidenzniveau p für den Risikowert
$Q_\alpha(R)$	= Quantil der Verteilung zum Konfidenzniveau p für den Risikowert

Die Formel für die Berechnung des Conditional Value at Risk als Rendite bei einer diskreten Wahrscheinlichkeitsverteilung lautet:

$$CVaR_{\alpha}(R) = |E(R|R < Q_{\alpha}(R))|$$

(2.3.24.2)

$CVaR_{\alpha}(R)$ = Conditional Value at Risk zum Konfidenzniveau p für den Risikowert

Arbeitsmappe: `Case Study Risikomanagement Teil 3` ? Arbeitsblatt: `Risikoanalyse (2)`

Berechnung des Value at Risk (= Relativer Value at Risk) der Abweichung des erwartungstreuen Planwerts vom Risikowert in Excel:

Excel-Beispiel: `C10=ABS(MIN(SVERWEIS(C8;'Risikoanalyse (1)'!F5:G5004;2;0);0))`

Berechnung des Conditional Value at Risk (Expected Shortfall) der Abweichung des erwartungstreuen Planwerts vom Risikowert in Excel:

Excel-Beispiel: `C13=ABS(MITTELWERT('Risikoanalyse (1)'!G5:G253))`

Vorgehensweise

Vorbemerkung: Wir führen hier die Monte-Carlo-Simulation beispielhaft mit dem Softwareprogramm Risk-Kit durch. Jede andere, geeignete Software kann selbstverständlich auch verwendet werden. Es ist hier wiederum anzumerken, dass die Ergebnisse der Monte-Carlo-Simulation nur angezeigt werden, wenn die entsprechende Software auch auf dem Computer installiert ist. Bitte stellen Sie sicher, dass folgende Einstellungen in Risk-Kit gewählt wurden. Wichtig ist, dass im Simulationsmodus `Aktive Arbeitsmappe` gewählt wurde.

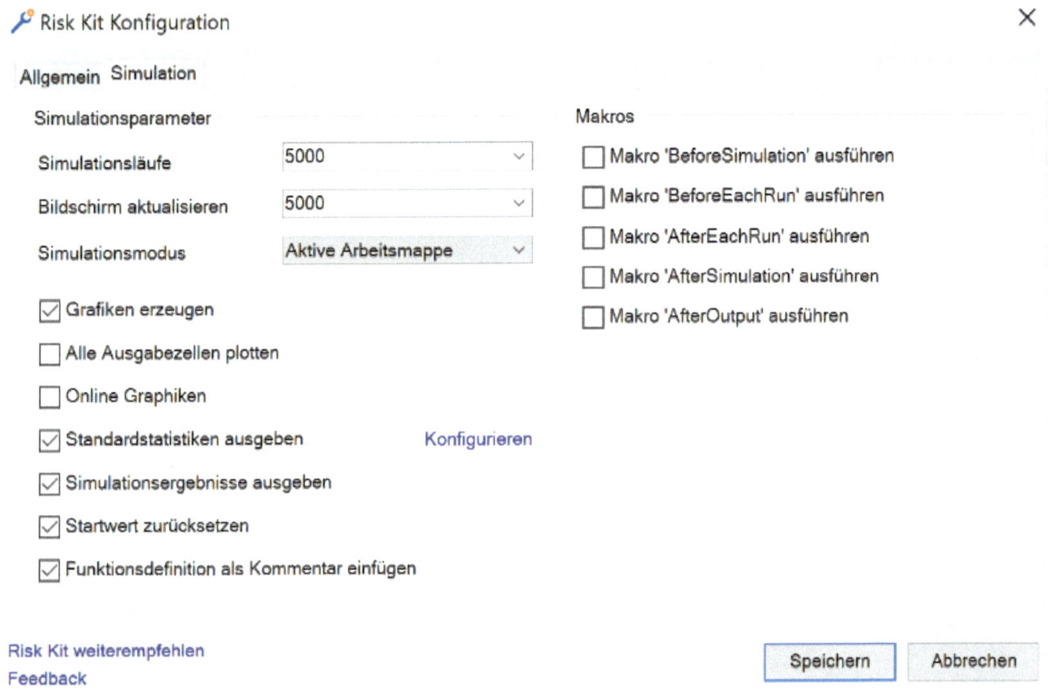

Risk Kit Konfiguration ×

Allgemein Simulation

Simulationsparameter

Simulationsläufe 5000

Bildschirm aktualisieren 5000

Simulationsmodus Aktive Arbeitsmappe

☑ Grafiken erzeugen

☐ Alle Ausgabezellen plotten

☐ Online Graphiken

☑ Standardstatistiken ausgeben Konfigurieren

☑ Simulationsergebnisse ausgeben

☑ Startwert zurücksetzen

☑ Funktionsdefinition als Kommentar einfügen

Makros

☐ Makro 'BeforeSimulation' ausführen

☐ Makro 'BeforeEachRun' ausführen

☐ Makro 'AfterEachRun' ausführen

☐ Makro 'AfterSimulation' ausführen

☐ Makro 'AfterOutput' ausführen

Risk Kit weiterempfehlen

Feedback

Speichern Abbrechen

Abbildung 91: Risk Kit Konfiguration

- Im ersten Schritt wird die Monte-Carlo-Simulation mit 5.000 Ziehungen durchgeführt. Stellen Sie sicher, dass die Ergebnisse der Monte-Carlo-Simulation, d. h. die 5.000 Output-Werte des EBIT, ausgewiesen werden. Diese Werte werden dann in das Arbeitsblatt `Risikoanalyse (1)` kopiert. Für das Jahr t_1 befinden sich die EBIT-Werte in den Zellen `C5:C5004`.
- Im nächsten Schritt werden die Abweichungen vom Zielwert ermittelt `D5=C5-$D$2`. Diese Abweichung ist das Risiko, dass der angestrebte Zielwert nicht erreicht wird.
- Die Abweichungen vom Zielwert werden nun in den Spalten `F:G` in aufsteigender Reihenfolge wiedergegeben `G5=KKLEINSTE($D$5:$D$5004;F5)`.
- Die weitere Risikoanalyse erfolgt im Arbeitsblatt `Risikoanalyse (2)`. Auf Grundlage dieser Liste wird bei der Ermittlung des Value at Risk bei einer diskreten Wahrscheinlichkeitsverteilung die Anzahl der α-% kleinsten Werte ermittelt. In unserem Beispiel sind es die 5 % kleinsten Werte. Das sind bei 5.000 vorliegenden Renditen 250 Werte. Das 5 % -Quantil liegt nach statistischer Definition beim 250. niedrigsten Wert. Bei unserem VaR-Ansatz verwenden wir den 250-zigsten Wert der geordneten Liste in Spalte `G` des Arbeitsblattes `Risikoanalyse (1)`. Dies wird mit der Funktion `C8=ABRUNDEN((C6)*ANZAHL('Risikoanalyse (1)'!G5:G5004);0)` berechnet.
- Darauffolgend wird die Rendite des 250-kleinsten Wertes bestimmt. Dies erfolgt für das 5 %-Quantil mit der Funktion `C10=ABS(MIN(SVERWEIS(C8;'Risikoanalyse (1)'!F5:G5004;2;0);0))`. Der ermittelte Value at Risk (= Relativer Value at Risk) beträgt 1.664 €.
- Abschließend kann der Conditional Value at Risk berechnet werden `C13=ABS(MITTELWERT('Risikoanalyse (1)'!G5:G253))`. Er beträgt 2.051 €.

Ergebnis

Zielwert	EBIT t(1)	5.867 €		
Versuchswerte	EBIT t(1)	Abweichung zum Zielwert		Abweichungen sortiert
1	6.310 €	443	1	-3.637
2	4.226 €	-1.642	2	-3.576
3	5.722 €	-144	3	-3.169
4	7.687 €	1.820	4	-3.159
5	5.596 €	-270	5	-3.157
6	4.149 €	-1.718	6	-3.053
7	5.488 €	-379	7	-3.026
8	6.767 €	900	8	-3.025
9	7.425 €	1.558	9	-2.892
10	6.097 €	230	10	-2.869
11	5.987 €	120	11	-2.844
12	4.556 €	-1.312	12	-2.832
13	5.699 €	-168	13	-2.771
14	5.059 €	-808	14	-2.747
15	6.957 €	1.090	15	-2.739
16	5.625 €	-242	16	-2.730
17	5.249 €	-618	17	-2.718
18	5.728 €	-139	18	-2.704
19	5.253 €	-614	19	-2.681
20	5.788 €	-79	20	-2.679
21	6.321 €	454	21	-2.663
22	5.040 €	-827	22	-2.662
23	5.576 €	-291	23	-2.651
24	4.535 €	-1.332	24	-2.639
25	5.017 €	-850	25	-2.596
26	6.300 €	433	26	-2.579

Zielwert	EBIT t(2)	6.043 €		
Versuchswerte	EBIT t(2)	Abweichung zum Zielwert		Abweichungen sortiert
1	5.426 €	-617	1	-3.237
2	5.916 €	-127	2	-3.082
3	6.796 €	753	3	-3.036
4	4.746 €	-1.297	4	-2.957
5	4.781 €	-1.262	5	-2.884
6	6.035 €	-8	6	-2.856
7	5.098 €	-945	7	-2.785
8	4.933 €	-1.109	8	-2.748
9	5.268 €	-775	9	-2.728
10	5.755 €	-288	10	-2.714
11	7.355 €	1.312	11	-2.711
12	6.978 €	935	12	-2.652
13	5.264 €	-778	13	-2.642
14	5.729 €	-314	14	-2.642
15	8.578 €	2.535	15	-2.628
16	5.227 €	-816	16	-2.611
17	5.340 €	-703	17	-2.610
18	7.577 €	1.535	18	-2.609
19	7.026 €	984	19	-2.596
20	4.539 €	-1.504	20	-2.594
21	6.316 €	274	21	-2.591
22	6.536 €	493	22	-2.586
23	6.116 €	73	23	-2.574
24	6.807 €	764	24	-2.550
25	7.113 €	1.070	25	-2.548
26	4.595 €	-1.448	26	-2.529

Abbildung 92: Ergebnisse der Monte-Carlo-Simulation

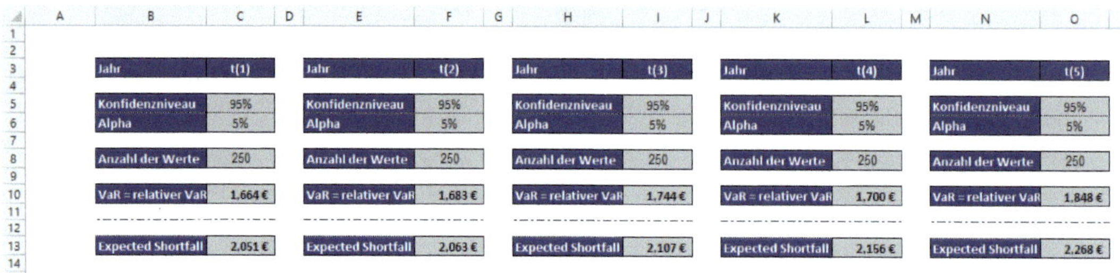

Jahr	t(1)	t(2)	t(3)	t(4)	t(5)
Konfidenzniveau	95%	95%	95%	95%	95%
Alpha	5%	5%	5%	5%	5%
Anzahl der Werte	250	250	250	250	250
VaR = relativer VaR	1.664 €	1.683 €	1.744 €	1.700 €	1.848 €
Expected Shortfall	2.051 €	2.063 €	2.107 €	2.156 €	2.268 €

Abbildung 93: Value at Risk und Expected Shortfall

Literatur und Verweise auf das Excel-Tool

Siehe Excel-Datei `Case Study Risk Management Teil 3`, Excel-Arbeitsblätter `Risikoanalyse (1)` und `Risikoanalyse (2)`

Stichwortverzeichnis

Abbildungsverzeichnis